中等职业教育新编规划教材
中等职业教育新编规划教材专家指导委员会审定

数控铣床(加工中心)编程及实训

主　编　刘雪莲
副主编　王　星
主　审　宋树恢

合肥工业大学出版社

图书在版编目(CIP)数据

数控铣床(加工中心)编程及实训/刘雪莲主编．—合肥：合肥工业大学出版社，2007.12

ISBN 978-7-81093-589-0

Ⅰ.数… Ⅱ.刘… Ⅲ.①数控机床：铣床—程序设计—专业学校—教材 ②数控机床加工中心—程序设计—专业学校—教材 ③数控机床：铣床—操作—专业学校—教材 ④数控机床加工中心—操作—专业学校—教材 Ⅳ.TG547.TG659

中国版本图书馆CIP数据核字(2007)第165945号

数控铣床(加工中心)编程及实训

主编 刘雪莲　　　　责任编辑 汤礼广

出 版	合肥工业大学出版社	版 次	2008年1月第1版
地 址	合肥市屯溪路193号	印 次	2008年1月第1次印刷
邮 编	230009	开 本	787×1092 1/16
电 话	总编室：0551-2903038	印 张	14.5
	发行部：0551-2903198	字 数	350千字
网 址	www.hfutpress.com.cn	印 刷	合肥现代印务有限公司
E-mail	press@hfutpress.com.cn	发 行	全国新华书店

ISBN 978-7-81093-589-0　　　　定价：25.00元

《中等职业教育新编规划教材》
专家指导委员会

《中等职业教育新编规划教材》
编 委 会

《中等职业教育新编规划教材》出版说明

我们正处于一个变革的时代，一个创新与超越的时代。在这场前所未有的变革中，职业教育正在从社会边缘走向社会中心，成为影响我国经济和社会发展的重要因素之一。职业教育的改变和发展从来没有像今天这样备受瞩目，职业教育也从来没有像今天这样承载着如此沉重的历史使命和面临着如此多的挑战，职业教育呼唤着新的理念和新的课程，职业教育需要从本质上转变传统的教学观和课程观。基于这一背景，根据教育部制定的技能型紧缺人才培养工程专业教改方案，在参考劳动与社会保障部制定的《国家职业标准》中相关工种等级考核标准和借鉴国外先进的职业教育理念、模式和方法的基础上，结合目前我国中等职业教育的实际情况，我们组织编写了这套《中等职业教育新编规划教材》。

课程是学校教育的核心。在课程开发过程中所做出的决策，不管是有意还是无意的，都极大地影响着教师教什么、怎么教，学生学什么、怎么学。随着时间的推移，新的知识又在实践中不断发生着变化，这些变化对课程又有着深刻的影响。因此，课程开发是一个持续不断的过程。

那么，采用什么标准来决定哪些知识应该纳入课程呢？技能是单独来教还是在解决真实问题时教？理论和实践应该怎样联系起来才能改进教学？教学过程中采用哪些方法更有利于提高教学效果？

过去在解决上述这些问题时，我们曾获得了许多有益的经验。借鉴这些宝贵经验，我们编写本套教材时力图体现以下特色：

（1）“导、学、做合一”的职业教育思想。结合中等职业学校的培养目标，在教材内容选择上，力求降低专业理论的重心，突出与操作技能相关的必备专业知识；在教学思想贯彻上，注重充分发挥教师引导、学生在任务引领下构建知识和技能的现代职业教育理念的作用；在结构和内容安排上，保证理论实践一体化等教学方法的实施。

（2）改变传统的单科独进式的专业课程体系，实现课程综合化和模块化。将专业基础理论知识与实训项目综合在一起，配套设置成实践性教学训练教材，以贴近学生生活实例和工作任务为基础，激发学生学习兴趣，体现生本教育思想。

（3）紧扣中等职业教育的培养目标，坚持削繁就简和实用的原则。如本套教材中将《机械制图》改为《机械识图》，目的是着重提高中等职业学校学生的读图能力；在《机械基础》中删除了有关机械原理的论述和复杂计算；把机械制造工艺知识及测量技术与实训项目结合起来，以提高教学效率，同时培养学生理论联系实际的优良学风，等等。

尽管本套教材的编写人员大多来自中等职业学校教学第一线，有着丰富的教学经验和强烈的教改意识，但由于时间仓促，教改水平也有限，因此不当之处恳请读者批评指正。

《中等职业教育新编规划教材》编委会

2008年1月

前 言

本书是根据教育部颁发的《中等职业学校数控专业教学大纲》的基本要求，并以国家职业技能鉴定和中级技术工人等级考核标准，结合作者多年从事中等职业学校数控类课程教学的实践经验以及多年在企业工作的经验编写而成的。

本书以职业活动为导向，以职业技能为核心，以实践能力为重点，在结构上打破一般同类教材体系，采用模块化形式，强化知识性和实践性的统一，实现教学理论和实践一体化。

本书共分六章：第一章介绍 FANUC 0i－MC 系统数控铣床的操作；第二章介绍数控铣床(加工中心)常用指令编程与加工；第三章介绍数控铣床(加工中心)简化编程与加工；第四章介绍宏程序与自动编程加工；第五章为数控铣床(加工中心)综合训练；第六章介绍数控铣床(加工中心)维护与保养。其中前四章为数控铣床(加工中心)的基本操作和编程；第五章综合训练部分是按照初级工、中级工相应等级的鉴定标准和要求编写的，是对数控铣床(加工中心)典型加工类型的综合训练，目的是使学生的应用能力和综合能力得以提高。

本书以数控铣床(加工中心)加工过程中所需要的基础知识与基本操作技能为主线，以实训为始终，按照先易后难，前后内容紧密联系，将课程内容分为若干个模块，同时每个模块又是相对独立地介绍一个知识点或技能点。每个模块均包括[知识点击]→[示范案例]→[知识窗]→[示范性操作]→[任务性操作]→[知识链接]等栏目，有的栏目还安排有“想一想”、“议一议”、“做一做”这样的复习题和练习题，以便教学过程逐层展开，环环相扣。因每个模块都需实际操作，因此在每个模块中还安排了 2～3 个加工图例。[知识点击]是各章节中要求学生掌握的理论知识和操作技能；[示范案例]是教师的教学案例；[知识窗]是围绕着[示范案例]对所涉及知识的内容进行详细讲解；[示范性操作]是教师针对[示范案例]中的零件图纸，进行零件的工艺分析、程序的分析和编制以及加工分析，并且在“注意”事项中阐述了编程技巧和加工技巧；[任务性操作]是学生对知识点的理解和巩固，图例是对[示范性操作]的补充与拓展，是学生在掌握和理解基本知识点基础上的延伸，目的是让学生学以致用。

本书由浅入深，图文并茂，图例形式多样(有二维平面图和三维立体图)；围绕技能鉴定标准，每个模块中的加工程序都是经过实际加工后优化的参考程序，全部为原创性。第四章宏程序与自动加工部分包括简单宏程序与自动编程加工两个模块，介绍宏程序与 CAM 加工等有关内容，以便学生对编程方法有一个全面的了解。

在内容组织上，本书选用了技术先进和占市场保有量大的 FANUC 系统；考虑到有些中等职业学校采用的是国产华中系统，限于篇幅，我们只在[知识链接]的同一指令(G)代码中，以华中系统与FANUC系统不同编程格式的比较形式来介绍(例如FANUC系统镜像采用(G51.1,G50.1)，而华中系统采用(G24,G25))，方便教师和学生掌握同一个示范案例中的华中系统的编程方法，以扩大本教材的适用范围。

本书以国家职业技能鉴定为标准，融入企业实际岗位需求，使职业标准和实际就业紧密联系，突出了实践操作技能，重点培养学生灵活应用基础知识的能力和综合能力。

本书可安排138节课时(不包括选学42课时)，方案建议如下表(仅供参考)：

<table>
<tr><th>序号</th><th colspan="2">课 程 内 容</th><th>课时</th></tr>
<tr><td>第一章</td><td colspan="2">FANUC 0i－MC系统数控铣床的操作</td><td>12</td></tr>
<tr><td>第二章</td><td colspan="2">数控铣床(加工中心)常用指令编程与加工</td><td>42</td></tr>
<tr><td>第三章</td><td colspan="2">数控铣床(加工中心)简化编程与加工</td><td>30</td></tr>
<tr><td>第四章</td><td colspan="2">宏程序与自动编程和加工</td><td>18 (选学)</td></tr>
<tr><td rowspan="2">第五章</td><td rowspan="2">数控铣床(加工中心)综合训练</td><td>第一节　数控铣床初级工综合训练
第二节　数控铣床中级工综合训练(1)
第三节　加工中心中级工综合训练(1)
第四节　数控铣床中级工综合训练(2)
第五节　加工中心中级工综合训练(2)</td><td>42</td></tr>
<tr><td>第六节　加工中心中级工配合件训练
第七节　“CAXA制造工程师2004”自动编程综合训练</td><td>24(选学)</td></tr>
<tr><td>第六章</td><td colspan="2">数控铣床(加工中心)的使用、维护与保养</td><td>12</td></tr>
<tr><td colspan="3">总　　计</td><td>138</td></tr>
</table>

本书由刘雪莲任主编、王星任副主编。参加编写的主要有刘雪莲(合肥市职业教育中心)、王星(安徽叉车集团)、陈传厚(合肥市职业教育中心)、胡必成(安徽省肥西县金桥职业高中)、胡学平(合肥市职业教育中心)。另外参编的还有陈洪杨(福建省长汀职业中专学校)、凌达峰(江西省上饶职业技术学院)、刘安全(安徽省霍山县高级职业中学)、周智勇(江西省鹰潭应用工程学院)、丁美龙(安徽省泾县职业高中)、张良华(浙江信息工程学校)。全书由刘雪莲负责统稿，由合肥工业大学工业培训中心高级工程师宋树恢审稿。

由于编者水平有限，本书难免有不足之处，望读者和各位同仁提出宝贵意见。

编　者

2008年1月

目　录

第一章　FANUC 0i—MC 系统数控铣床的操作

本章主要学习FANUC 0i—MC系统的控制面板分区、功能键名称及用途；数控铣床开机、关机的顺序及步骤；数控铣床六项主要操作步骤。

说明：加工中心是在数控铣床的基础上增加了刀库和换刀装置等。对于操作来说，加工中心的刀库可以同时装载多把刀具，通过换刀装置实现自动换刀，而数控铣床只能手动换刀；对于编程来说，加工中心可以在程序中编制自动换刀指令M06。其他操作、编程基本相同。

第一节　数控铣床(FANUC 0i—MC系统)控制面板的简介

知识点击

(1)控制面板分区、功能键名称及用途；(2)操作面板的工作方式设定键说明；(3)操作面板的基本键说明。

示范案例

案例：在实训车间(或仿真机房)认识FANUC 0i—MC系统数控铣床控制面板。

知识窗

1. FANUC 0i—MC系统数控铣床控制面板分区简介(见图1-1)

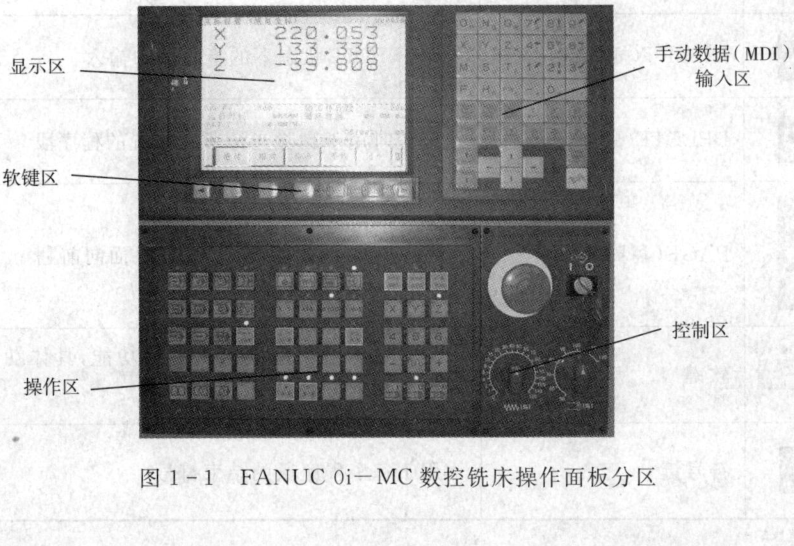

图1-1　FANUC 0i—MC数控铣床操作面板分区

2. 显示器(CRT)MDI 操作面板主要功能键及其用途(见表 1-1)

表 1-1 CRT/MDI 操作面板主要功能键

序号	键图	功能键	用途
1		POS(位置显示)	显示当前位置的各种坐标
2		PROG(程序)	显示程序的内容
3		OFFSET / SETTING(偏置量设定)	显示或者输入刀具偏置量和磨耗值
4		SYSTEM(系统参数)	显示对系统参数的设置选项
5		MESSAGE(信息)	显示报警信息和用户提示信息
6		CUSTOM /GRAPH(图形显示)	显示或输入设定,选择图形模拟方式

3. 显示器(CRT)MDI 操作面板其他键及其用途(见表 1-2)

表 1-2 CRT/MDI 操作面板其他键

序号	键图	功能键	用途
1		RESET(复位键)	用于解除报警,CNC 复位
2		CAN(取消键)	消除键入缓冲区的文字或符号
3		INPUT(输入键)	用于非 EDIT 状态下的指令段及数据的输入
4		ALTER(修改替换键)	修改替换程序段中错误内容
5		INSERT(插入键)	用于 EDIT 状态下的指令段的输入
6		DELETE(删除键)	编程时用于删除光标所在位置的程序段
7		PAGE(翻页键)	使页面向后翻;使页面向前翻
8		软键	软键按照用途可以给出种种功能,具体功能可在 CRT 画面的最下方显示
9		符号键	用于每个程序段的结束符号

（续表）

序号	键图	功能键	用　途
10	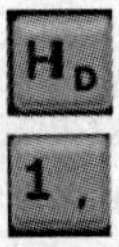	地址/数字键	字母、数字等文字的输入
11		上档键	同一个按键的上下档字母或数字、符号输入时的切换键

4. 机床操作面板上的键及用途（见表1－3和表1－4）

表1－3　操作面板的工作方式设定键说明

序号	键图	用　途
1		自动方式选择键
2		编辑方式选择键
3		手动数据输入方式选择键
4		DNC方式选择键（在线加工）
5		机床回参考点方式选择键
6		手动方式选择键
7		增量方式选择键
8		手轮操作方式选择键
9		辅助功能锁住选择键
10		Z轴锁住选择键
11		手持单元选择键
12		限位解除选择键

表 1-4　操作面板的基本键说明

序号	键(按钮)图	键名称	用　途
1		单段选择键	按下此键,灯亮,执行一个程序段
2		段跳跃选择键	按下此键,灯亮,当程序执行时,跳过标号前带有"/"符的程序段
3		选择停键	按下此键,灯亮,程序运行遇到 M01 指令时,机床处于进给保持状态
4		程序再启动键	按下此键,灯亮,程序再开始运行
5		程序测试功能键	按下此键,灯亮,实现程序测试功能;再一次按下该键,指示灯灭,取消该功能
6		空运行键	按下此键,灯亮,加快程序执行速度。主要用于模拟时进给锁定状态
7		循环启动键	按下此键,灯亮,程序运行
8		进给保持键	按下此键,灯亮,程序暂停
9		程序停止键	在遇到 M00 时程序停止,灯亮
10		冷却控制键	按下此键,灯亮,可实现 M08 功能,再按一次该键,指示灯灭,取消该功能
11		灯检查控制键	按下此键不松手,面板指示灯全亮,松手后灯部分灭
12		手轮进给控制键	按下此键,灯亮,可以进行手轮进给操作示教
13		步距(倍率)选择键×1 档	在简装式手轮使用时,选择手轮进给倍率。每格移动 1μm
14		步距(倍率)选择键×10 档	在简装式手轮使用时,选择手轮进给倍率。每格移动 10μm
15		步距(倍率)选择键×100 档	在简装式手轮使用时,选择手轮进给倍率。每格移动 100μm
16		步距(倍率)选择键×1000 档	在简装式手轮使用时,选择手轮进给倍率。每格移动 1000μm 即 1mm
17		X 轴选择键	选 X 轴,X 轴指示灯亮

（续表）

序号	键(按钮)图	键名称	用　途
18		*Y* 轴选择键	选 *Y* 轴，*Y* 轴指示灯亮
19		*Z* 轴选择键	选 *Z* 轴，*Z* 轴指示灯亮
20		负方向键	在 JOG 方式下，按下此键，灯亮，相应轴朝负方向进行运动；松开此键，灯灭，相应轴停止运动。
21		正方向键	在手动(JOG)方式下，按下此键，灯亮，相应轴朝正方向进行运动；松开此键，灯灭，相应轴停止运动。在“回零”方式下，按正向键，相应轴作回零运动，到位后灯亮。
22		快速移动键	当各轴归零后，在 JOG 方式下，按坐标轴键的同时按下此键，灯亮，相应轴将以快进速度运动；松开该键，将以手动速度运动
23		主轴正转键	在 JOG 方式下，按下此键主轴正转
24		主轴反转键	在 JOG 方式下，按下此键主轴反转
25		主轴停止键	在 JOG 方式下，按下此键主轴停止。
26		润滑控制键	此键控制机床润滑是否正常，不正常时指示灯快闪报警
27	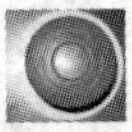	急停按钮	按下此键，机床紧急停止，断开伺服驱动器电源
28		程序编辑控制钮	当钥匙拧向“O”时当前的程序可以编辑，而当钥匙拧向“I”时当前的程序不可编辑，从而起到对重要程序的保护作用
29		进给速度倍率旋钮	在手动及程序执行状态时，适时调节进给速度倍率的大小
30		主轴转速倍率旋钮	在手动及程序执行状态时，适时调节主轴转速倍率的大小
31		选择轴功能旋钮	旋钮拧到哪一个轴，就对该轴进行操作

任务性操作

任务:在实训车间(或仿真机房)熟习 FANUC 0i—MC 系统数控铣床控制面板上的各种功能键。

第二节　数控铣床(FANUC 0i—MC 系统)六项主要操作步骤

知识点击

(1) 掌握数控铣床开机、关机的顺序及步骤;

(2)掌握数控铣(FANUC 0i—MC 系统)六项主要操作步骤。

示范案例

案例:在数控铣床上加工如图 1-2 所示零件,坯料为 80mm×80mm×20mm 的尼龙块,刀具尺寸为 $\phi 10$ 键槽铣刀,沟槽深度 3mm。

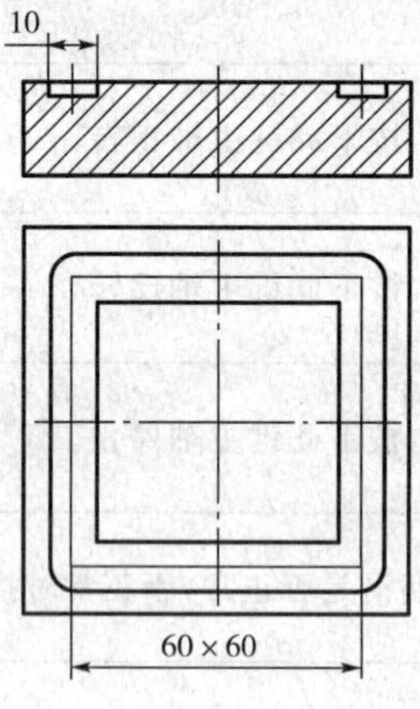

图 1-2　示范案例图

知识窗

一、开机(关机)

进行开机前各项检查,确定没有问题后,方可开机送电。

开机六个步骤:

1. 总电源上电

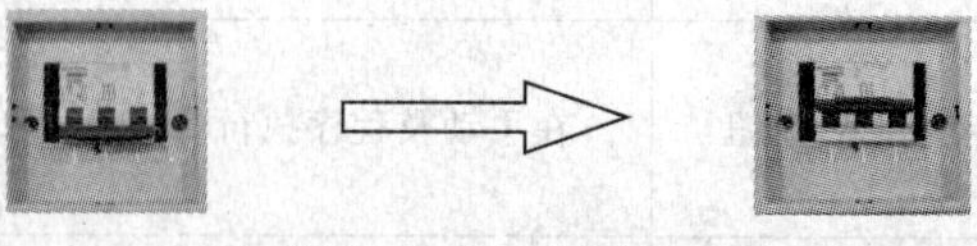

图 1-3　三相开关

状态描述:如图 1-3 所示,将电气控制推后面或侧面的三相开关由“OFF”拨至“ON”,机床电源的上桩头就带上了电。

2. 机床上电

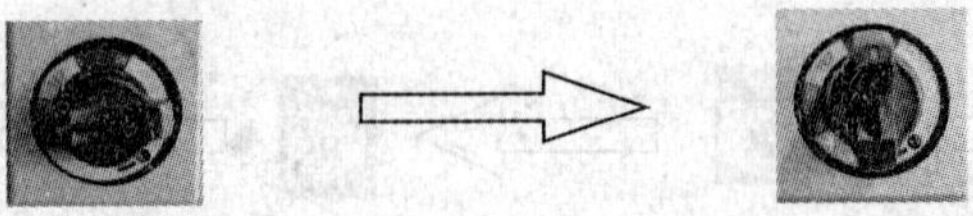

图 1－4 机床旋钮开关

状态描述：如图 1－4 所示，机床开关由“OFF”至“ON”，相关的指示灯被点亮，数控柜的微型风扇便转动起来。

3. 系统上电

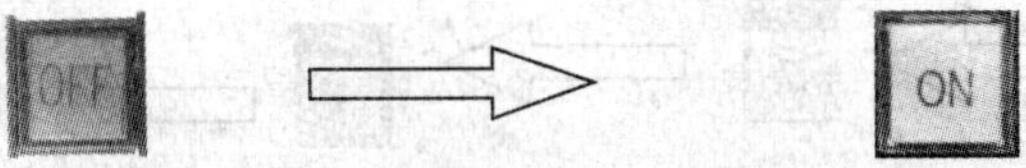

图 1－5 系统上电

状态描述：如图 1－5 所示，系统开关由“OFF”至“ON”，操作面板上所有的指示灯都慢闪。正常启动后，指示灯慢闪结束，显示屏上出现“ALM”“EMG”，双报警信号闪烁。

4. 松开（急停旋钮）

状态描述：按旋钮所示的方向旋开弹出，显示屏上的“ALM”报警信号消失。

5. 按（RESET）键（复位键）

状态描述：用手按 RESET 键，显示屏上的“EMG”报警信号消失（不按 RESET 键，时间长了“EMG”报警信号也会消失）。

6. 按（POS 键）（位置显示）

状态描述：用手按 POS 键，显示屏上显示与坐标相关的信息，“相对”、“绝对”、“综合”三种显示状态可由按 POS 键切换，按一次换一次，也可由显示屏下方的软键对应切换。一般放在“综合”显示状态，为下一步的机床回零做准备。

开机六个步骤用框图表示为：（请同学们自己填写）

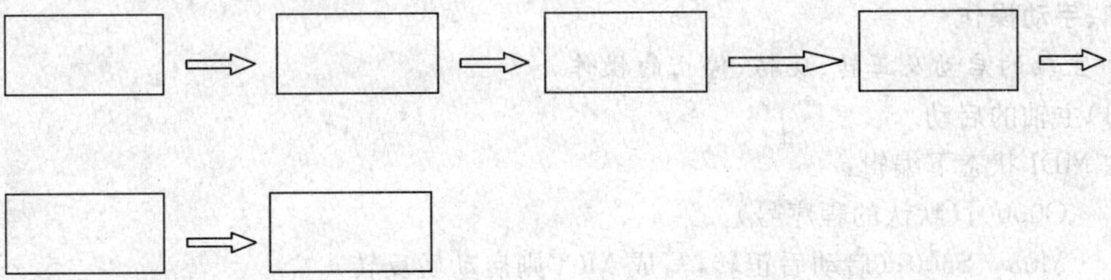

关机四个步骤用框图表示为：（请同学们自己填写）

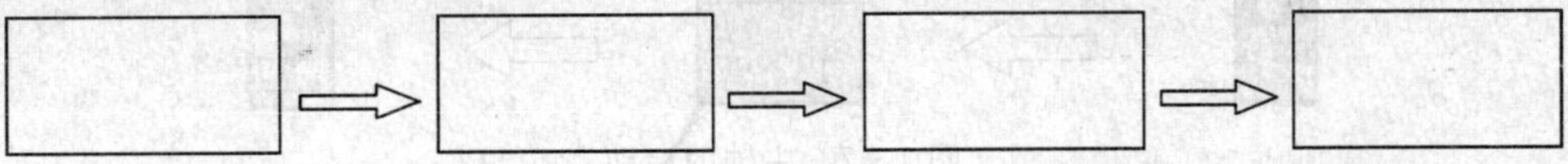

结论：顺序开机，逆序关机

二、手动回零(参考点)

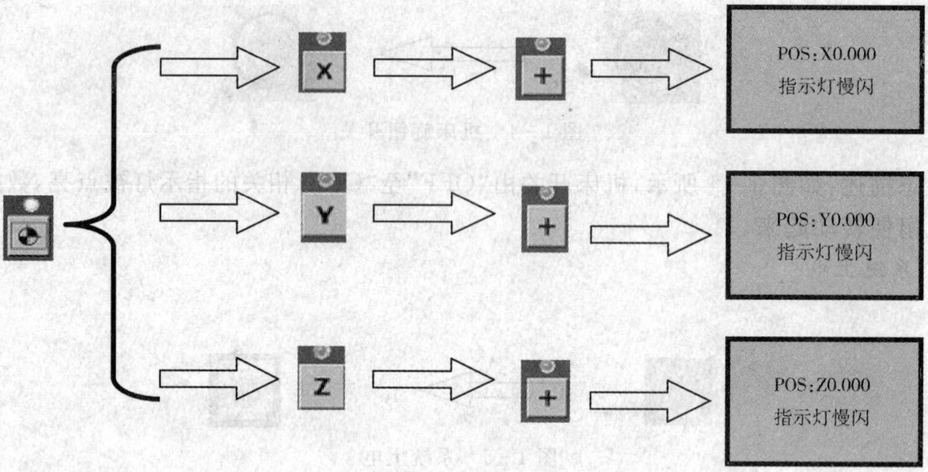

图 1-6　手动回零

用框图表示为:(请同学们自己填写)

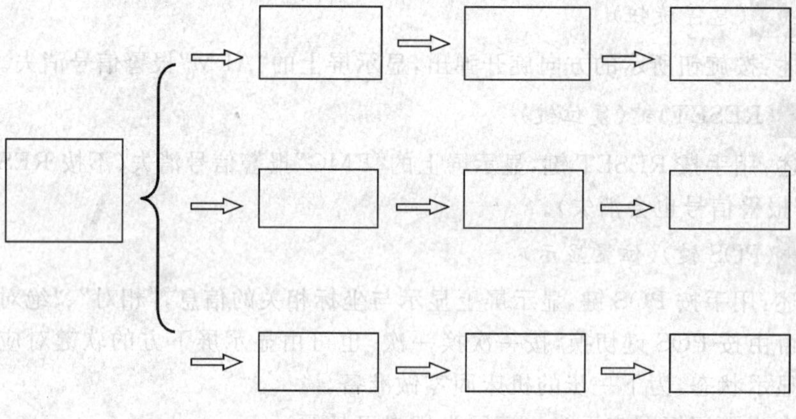

注意:(1)先回 Z 轴,再回 X、Y 轴;(2)等 X、Y、Z 向的指示灯都慢闪后,此步骤才算结束。

三、手动操作

1. 主轴的启动及正转、反转、停止的操作

(1)主轴的启动

在 MDI 状态下编辑:

O0000;(默认的程序号)

M03　S600;(启动后正转,写成 M04 则启动后反转)

再按循环启动键自动运行,如图 1-7 所示。

图 1-7　主轴的启动

用框图表示为：

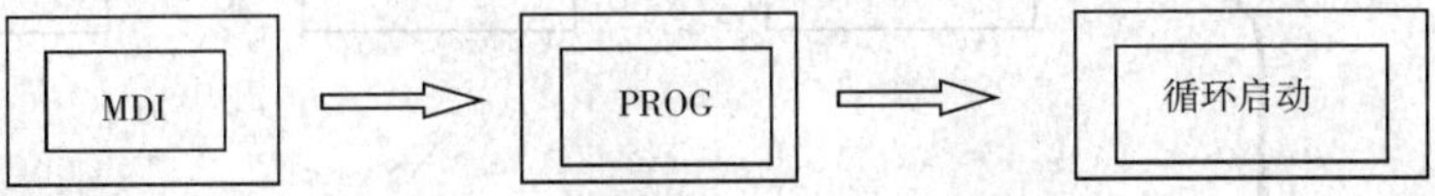

(2)主轴的正转、反转、停止的操作

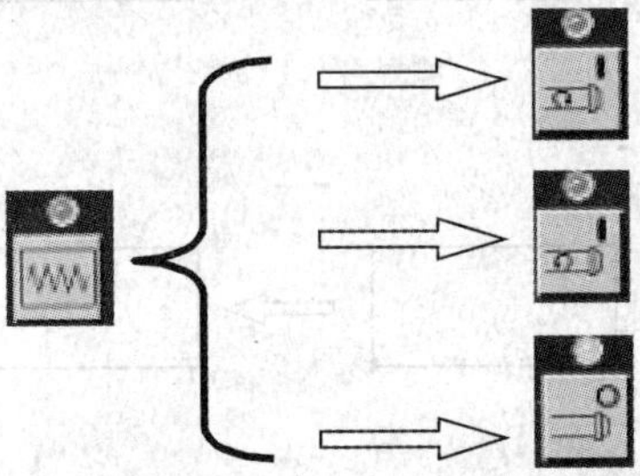

图1－8　主轴的正转、反转、停止

用框图表示为：

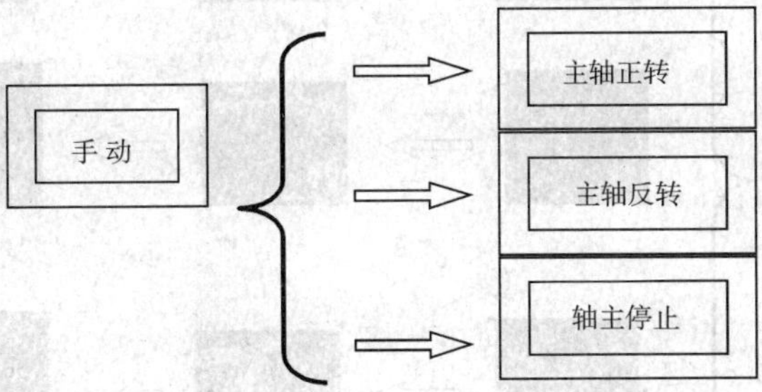

2. 进给装置的操作

(1)用面板按键操作

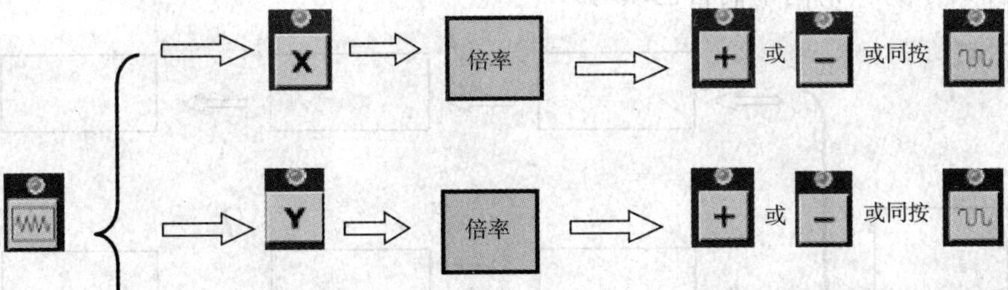

图1－9　面板按键手动操作

用框图表示为：(请同学们自己填写)

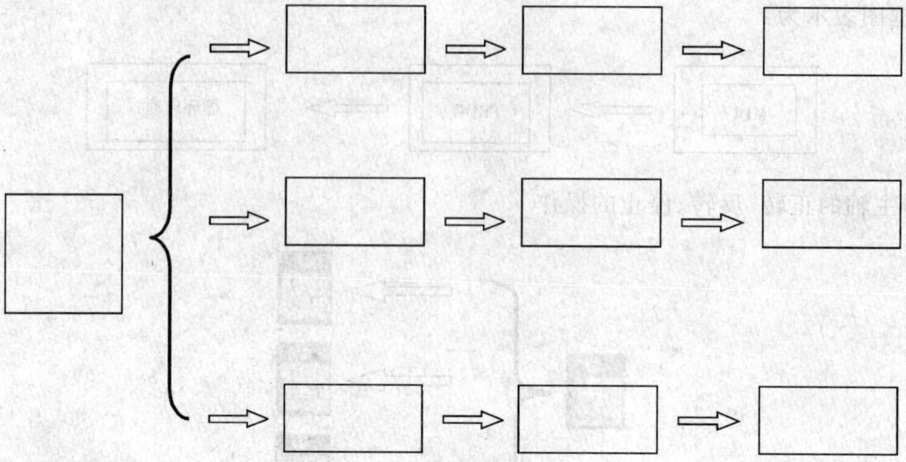

(2)用手摇轮操作

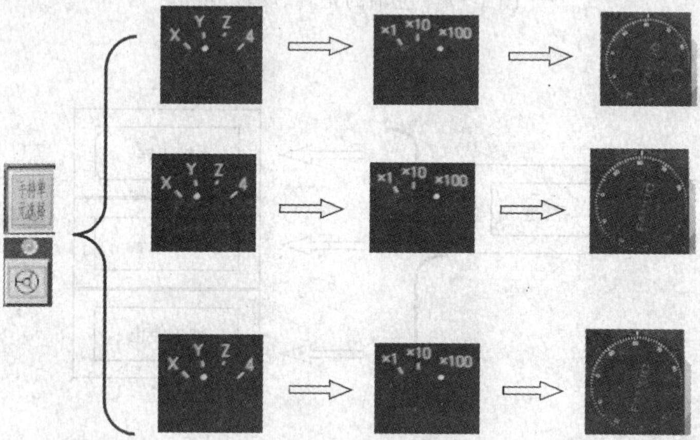

图 1-10　手摇轮操作

用框图表示为:(请同学们自己填写)

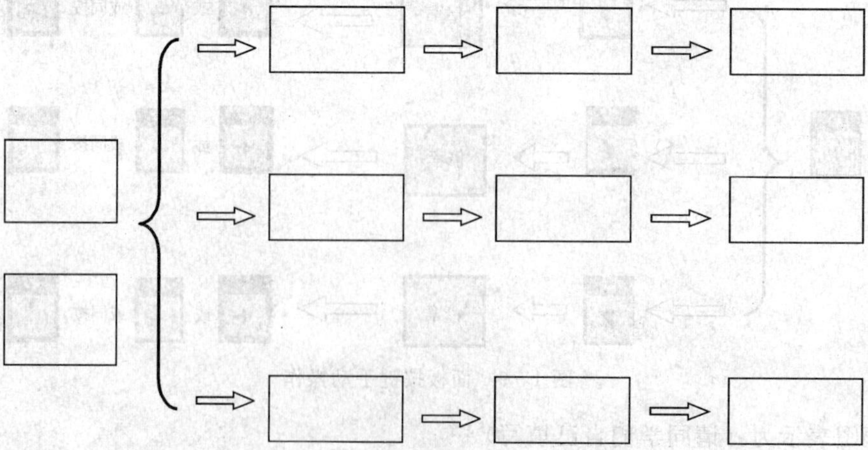

四、编程及校验

1. 程序的建立、编辑、调用及删除

(1)程序的建立

程序的建立首先要输入程序号并存储,再输入程序段的字。具体操作如下:

①按(EDIT)键。

②按(PROG)键,进入程序编辑画面。

③键入地址O。

④输入准备存储的程序号,如O0001,按(INSERT)键(注意此时不能加分号,否则格式错误)。

⑤按(EOB)键,再按(INSERT)键。

⑥每输完一个程序段后,按(EOB)键,再按(INSERT)键,结束一段的程序输入后,在CRT界面上光标自动换行,直至全部程序段输入完成。如果程序段的字输入错误,可按(CAN)键取消,连续按(CAN)键可取消多个字。

(2)程序编辑

程序编辑包括修改、插入和删除等操作。具体操作如下:

①用(↓)键或(↑)键移动光标到需要编辑的字。

②修改字符:输入要修改的字符后,按下(ALTER)键。

③插入字符:输入要插入的字符后,按下(INSERT)键,则在光标所在的字之后,插入刚输入的字符。

④删除字符:光标放在要删除的字符上,按下(DELET)键删除。

(3)程序调用

调用存储器中已有的程序,编辑或为自动加工做准备。具体操作如下:

①转动程序保护开关至"O"位。

②按下(EDIT)键。

③按下(PROG)键。

④输入程序号,如O0001。

⑤按下(↓)键或按 搜索 (搜索)键,并将光标移至程序头。

⑥程序显示,可按(PAGE↓)键或(PAGE↑)键翻页查看程序列表。

(4)程序删除

①按下(EDIT)键。

②按下(PROG)键。

③键入“O××××”(××××为要删除的数控程序在目录中显示的程序号),按下(DELET)键,程序即被删除。如果要删除全部的数控程序,则输入“O－9999”,再按下(DELET)键,全部的数控程序即被删除。

2. 程序的校验

在控制面板上,操作状态选择按下(EDIT)键(键上灯亮起),按下(PROG)键,输入所要模拟仿真图象的程序号,例如O0001,按下(CUSTOM/GRAPH)键,然后按(执行)软功能键,再按(操作)软功能键,在控制面板上选择(循环启动)键,最后按(开始)软功能键,完成图象的模拟仿真,从而通过图形的正确与否来检验判断编写程序的正确性,进而达到对编写的程序进行进一步修改的目的。

五、对刀

一般情况下,对刀之前的第一步操作是机床必须回零,再实施对刀。

对刀按的位置分为以下几种情况:

1. 对刀点为工件轮廓角点(注意刀具半径对对刀坐标值的影响)

(1)设置主轴转动

按下(MDI)键,再按(PROG)键,输入M03 S600;按(INSERT)键,再按(循环启动)键,主轴便转动起来。

(2)*X*方向对刀

如图1-11所示,在手动(JOG)方式下移动铣刀沿*X*方向靠近被测件左边,直到铣刀周刃轻微接触到工件表面,听到刀刃与工件表面的摩擦声(但没有切屑)。保持*X*、*Y*坐标不变,仅＋*Z*方向退刀。按(POS)键,按下(操作)软功能键,输入*X*,按下(归零)软功能键,然后沿*X*向移动刀具半径的距离。按下(OFFSET/SETTING)键,在(工作系)状态下,选择相应的坐标系(例如G54),用(↓)键或(↑)键移动光标到*X*位置上,输入X0,按下(↑)软功能键,该值就是被测的*X*的坐标。

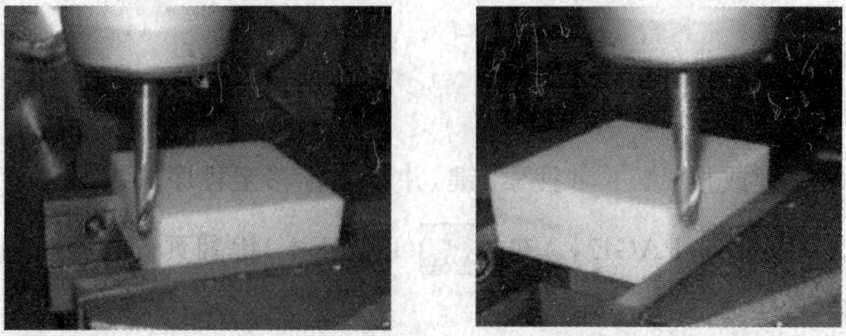

图1-11　*X*轴、*Y*轴的对刀

(3)*Y*方向对刀

与*X*方向对刀原理相同。

(4)Z 方向对刀

图 1-12 Z 轴对刀

如图 1-12 所示，在手动(JOG)方式下移动铣刀沿 Z 方向靠近工件上表面，直到铣刀端刃轻微接触到工件表面，听到刀刃与工件表面的摩擦声(但没有切屑)。按下(OFFSET/SETTING)键，在(工件系)状态下，选择相应的坐标系(例如 G54)，用(↓)键或(↑)键移动光标到 Z 位置上，输入 Z0，按下(测量)软功能键，该值就是被测的 Z 坐标。

2. 对刀点为工件的中心点

(1)设置主轴转动

按下(MDI)键，按(PROG)键，输入 M03 S600；按(INSERT)键，再按(循环启动)键。

(2)X、Y 方向对刀

如图 1-13 所示，在手动(JOG)方式下移动铣刀沿 X(或 Y)方向靠近工作被测边，直到铣刀周刃轻微接触到工件表面，听到刀刃与工件表面的摩擦声(但没有切屑)。保持 X、Y 坐标不变，仅+Z 方向退刀。按下(POS)键，按下(操作)软功能键，输入 X(或 Y)，再按下(归零)软功能键，移动刀具至 X(或 Y)方向的工件另一侧，移动铣刀靠近被测边，直到铣刀周刃轻微接触到工件表面，听到刀刃与工件表面的摩擦声(但没有切屑)。保持 X、Y 坐标不变，仅+Z 方向退刀。再将刀具移动到所测数值的一半位置，按下(OFFSET/SETTING)键，在(工件系)状态下，选择相应的坐标系(例如 G54)，用(↓)键或(↑)键移动光标到 X(或 Y)位置上，输入 X0(或 Y0)，按下(测量)软功能键，该值就是被测的 X(或 Y)的坐标。

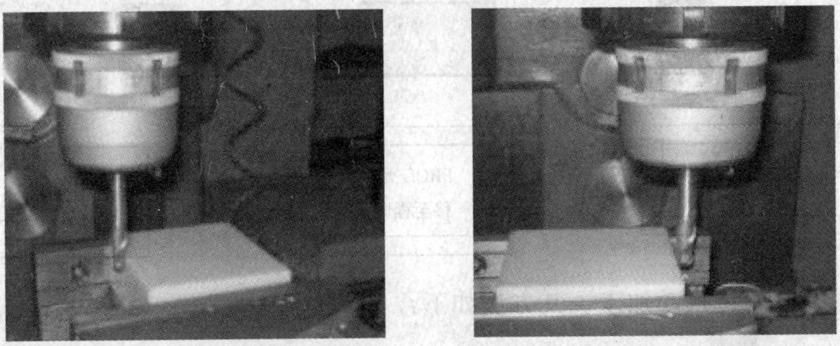

图 1-13 X 轴的对刀

(3)Z 方向对刀

如图 1-14 所示，在手动(JOG)方式下移动铣刀沿 Z 方向靠近工件上表面，直到铣刀端刃轻微接触到工件表面，听到刀刃与工件表面的摩擦声(但没有切屑)。按下(OFFSET/SETTING)键，在(工件系)状态下，选择相应的坐标系(例如 G54)，用(↓)键或(↑)键移动光标到 Z 位置上，输入 Z0，按下(测量)软功能键，该值就是被测的 Z 坐标。

对刀后的检验：

检验是在 MDI 方式下进行。MDI 方式也叫手动数据输入方式，它具有从 CRT/MDI 操作面板输入一个程序段的指令并执行该程序段的功能。按下(MDI)键，按(PROG)键，输入一个程序段，按(INSERT)键，按(循环启动)键。

图 1-14　Z 轴对刀

如输入：O0000；

　　G54G90G00X0Y0Z50；

自动运行后的刀具正确位置应在工件中心的正上方 50mm 处。

MDI 方式下的运行是板块式运行，不管光标在哪，它都从头运行到尾，且运行完之后，程序自动消失，不再存储。

六、程序的运行加工

1. 存储器中程序的自动方式运行

(1)执行存储器中的程序自动方式运行。其方法如下：

在防护门关好的前提下，按下自动方式选择键(自动方式)；按下(PROG)键以显示程序屏幕，输入程序号 O××××(例如 O0001)，按下(↓)键或(搜索)软功能键，调出程序，光标移至程序首行，按(循环启动键)，循环起动键上指示灯亮，启动自动加工方式。

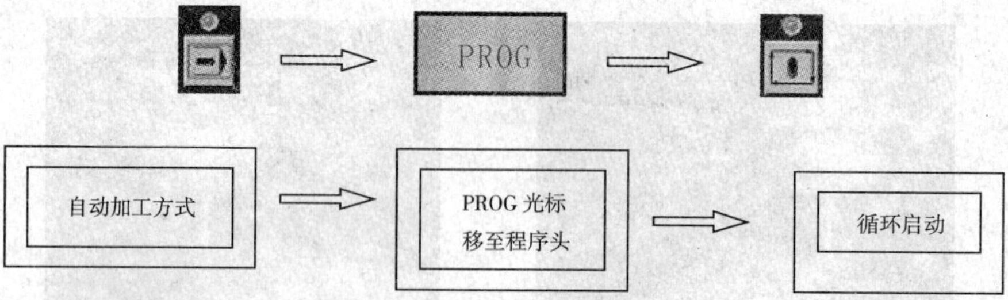

(2)要在中途停止自动加工。其方法如下：

程序运行时按(循环停止)键，可使自动运行暂停，循环指示灯灭。

若要再加工，再按(循环启动)键即可。

(3)终止自动加工。其方法如下：

按 MDI 面板上的（复位键），自动加工被终止，并进入复位状态，机床减速直到停止。

2. MDI 方式运行

执行 MDI 方式运行。其方法如下：

MDI 方式也叫手动数据输入方式，适用于简单的测试操作，它具有从 CRT/MDI 操作面板输入一个程序段的指令并执行该程序段的功能。按下（MDI）键；按（PROG）键；编制一个要执行的程序，按（INSERT）键；按（循环启动）键。

3. DNC 方式运行

执行 DNC 方式运行。其方法如下：

按下（在线加工）键，按下（单段）选择键，等待执行程序，在计算机端，通过传输软件将计算机中程序向数控系统传送，此时开始加工，每按一次（循环启动）键，执行一段加工程序。当程序正常运行后，取消单段运行方式，程序连续运行。

示范性操作

按数控铣床（FANUC 0i－MC 系统）六项主要操作步骤，加工如图 1－2 所示的示范案例零件。

其参考程序如下：

O0001；		程序号
N001	G40G49G69G80；	设置程序初始状态
N002	M03S600；	主轴启动
N003	G54G90G00X0Y0Z50；	快速到达 *Z* 坐标安全高度处的 G54 坐标系的原点
N004	X30Y30；	快速到达定位点
N005	Z5；	主轴快速定位
N006	G01Z－3F300；	主轴直线插补至深度
N007	X－30；	直线插补
N008	Y－30；	
N009	X30；	
N010	Y30；	
N011	G00Z50；	主轴快速提刀
N012	X0Y0；	快速到达原点
N013	M05；	主轴停止
N014	M30；	程序结束返回开始处

任务性操作

任务:在数控铣床上加工如图 1-15 所示工件,坯料为 80mm×80mm×20mm 尼龙块,刀具尺寸 ϕ10mm,键槽铣刀,槽深 3mm。

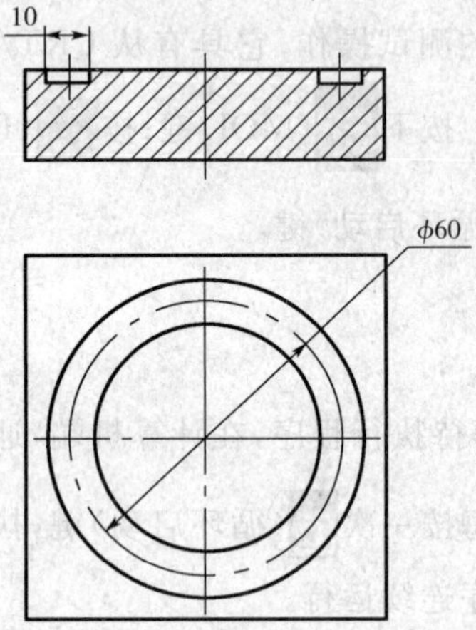

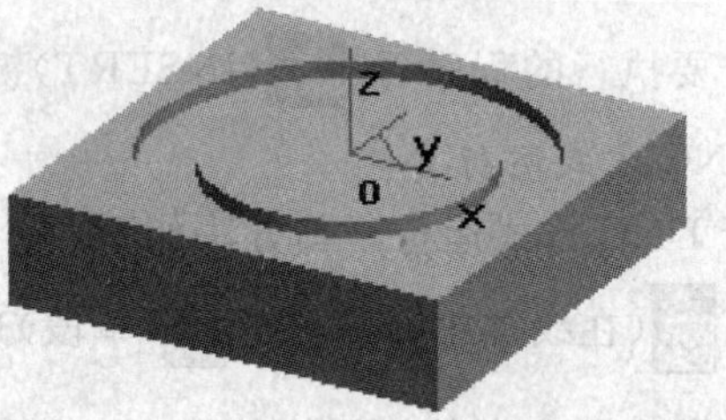

图 1-15　任务性操作图

O0002;		程序号
N001	G40G49G69G80;	设置程序初始状态
N002	M03S600;	主轴启动
N003	G54G90G00X0Y0Z50;	快速到达 G54 坐标系中的原点
N004	X-30Y30;	快速到达定位点
N005	Z5;	主轴快速定位
N006	G01Z-3F300;	主轴直线插补至深度
N007	G02I30J0;	圆弧插补
N008	G00Z50;	主轴快速提刀
N009	X0Y0M05;	快速到达原点,主轴停
N010	M30;	程序结束返回开始处

第二章　数控铣床(加工中心)常用指令编程与加工

本章主要学习 FANUC 0i－MC 系统的常用基本指令的编程规则，共设计 7 个模块。每个模块中，[示范案例]详细介绍了加工工艺以及通过加工验证后的程序和操作要点等。在[知识链接]中，介绍了华中系统的编程规则等。

第一节　沟槽形零件的加工

知识点击

本节内容涉及的知识点有：坐标系概念，系统功能指令，程序结构，英制和公制指令(G20，G21)，绝对坐标系和增量坐标系指令(G90，G91)，快速点定位指令 G00，直线插补 G01 指令格式及功能，按刀具中心轨迹的编程方法。

示范案例

案例：在数控铣床上加工如图 2－1 所示的沟槽形零件，槽深 2mm，按刀具中心轨迹的编程方法加工。

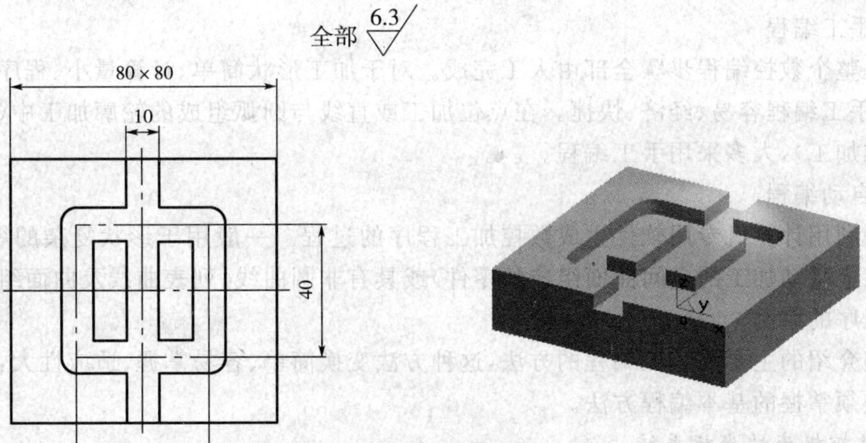

图 2－1　示范性零件图

分析：图 2－1 所示沟槽形零件加工，可以运用直线插补指令，按照中心轨迹，利用 $\phi10$ 键槽铣刀加工完成。

知识窗

1. 数控加工的过程

数控加工是指利用数控机床对零件进行加工的一种工艺方法,数控机床是严格按照从外部输入的程序来自动对工件进行加工。数控机床加工零件的主要过程是:

零件工艺分析→编写程序→输入→调试、模拟和首件试切→零件加工

(1)零件工艺分析

根据零件加工图样进行工艺分析,确定加工方案、工艺参数和位移数据。

(2)编写程序

用规定的程序代码和格式编写零件加工程序单;或用自动编程软件进行CAD/CAM工作,直接生成零件的加工程序文件。

(3)向CNC系统输入零件的加工程序

手工编写的程序一般通过数控机床的操作面板输入;软件生成的程序是通过计算机的串行通信接口(RS232接口)直接传输到数控机床的数控单元(控制器)。

(4)程序调试、刀具路径的模拟和首件试切

将输入到数控系统存贮单元的加工程序,进行试运行(空运行)、刀具路径模拟等,校验刀具走刀路线是否与工件加工要求相符。

数控加工程序经过校验之后,还无法确定加工程序能否加工出符合精度要求的零件,因此要进行首件试加工。

(5)零件的加工

通过对机床的正确操作,运行程序,完成零件的加工。

2. 编程方法

数控机床是按照事先编制好的加工程序自动地对工件进行加工的机床,编程方法有:

(1)手工编程

就是整个数控编程步骤全部由人工完成。对于加工形状简单、计算量小、程序不多的零件,采用手工编程容易、经济、快捷。在点位加工或直线与圆弧组成的轮廓加工中(二维或简单的三维加工),大多采用手工编程。

(2)自动编程

就是利用计算机专用软件生成数控加工程序的过程。一般用于形状复杂的零件(尤其是三轴以上联动加工的空间曲面组成的零件)或具有非圆曲线、列表曲线及曲面组成的零件的加工程序的编制。

本书介绍的主要是手工编程的方法,这种方法变换简单、容易掌握、适应性大,是数控操作人员必须掌握的基本编程方法。

3. 数控机床的坐标系统

数控机床标准的坐标系统符合刀具相对于工件而运动的原则,轴的正方向是指增大工件和刀具之间距离的方向,采用右手笛卡儿坐标系。如图2-2所示:大母指的指向为X轴的正方向;食指指向为Y轴的正方向;中指指向为Z轴的正方向。其中Z轴为机床的主轴方向,X、Y轴为工作台运动方向。根据右手螺旋定则,围绕X、Y、Z轴的旋转运动用A、B、C表示。

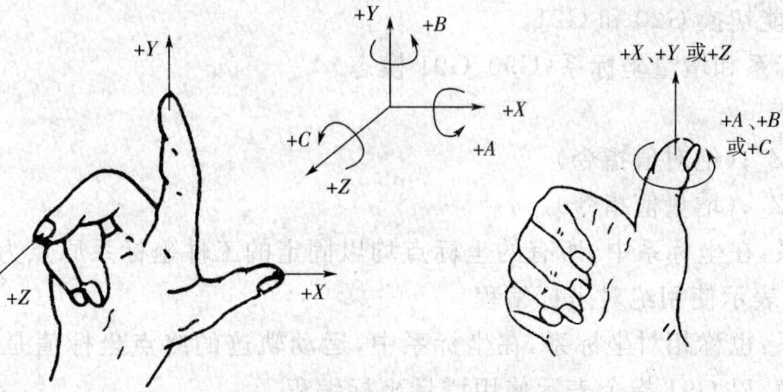

图 2-2　右手直角笛卡尔坐标系

4. 数控铣床的坐标系统

(1)机床坐标系

以机床原点为坐标系原点建立的坐标系,称为机床坐标系。它是数控机床的基本坐标系,机床原点由机床生产厂家设定,不能随意改变。机床通电后,执行手动返回参考点或回零,建立机床坐标系。

(2)编程坐标系

编程坐标系是指根据加工零件图样选定的编制零件程序的坐标系。编程原点应尽量选择在设计或工艺基准上,编程坐标系中各轴的方向应该与机床相应的坐标轴方向一致。

(3)工件坐标系(G54～G59)

加工工件时使用的坐标系(编程时所确定)为工件坐标系,也就是零件安装在工作台后,找正测出编程原点相对于机床坐标系原点的位置而建立的坐标系。

5. 系统功能指令

数控机床在编程时,对机床自动运行的各个动作,如主轴的转、停,切削的进给速度等,都要以指令的形式予以给定。系统功能指令分为准备功能 G 指令、辅助功能 M 指令以及 F、S、T、D 等指令。

(1)准备功能

准备功能有称为 G 功能或 G 指令、G 代码,它是用来指令机床进行加工运动和插补方式的功能。

准备功能 G 指令有模态和非模态两种。

非模态 G 指令:只在指令它的程序段中有效,也称为一次性 G 代码。

模态 G 指令:一直有效,直到被同一组的其他 G 指令所替代。

①英制和公制(G20、G21 模态)

编程格式:G20;

G21;

式中

G20 为英寸(in)输入;

G21 为毫米(mm)输入。

G20、G21 为模态,可以相互取消,G21 为系统开机缺省值。

G20、G21 代码必须在设定坐标系之前,在程序的开头以单独程序段指定,在程序执行过程中,绝对不能切换 G20 和 G21。

②绝对坐标系和增量坐标系(G90、G91 模态)

编程格式:

G90 X_Y_Z_;(绝对值指令)

G91 X_Y_Z_;(增量值指令)

绝对坐标系:在坐标系中,所有的坐标点均以固定的工件坐标系原点为起始点确定坐标值,以 G90 指令表示使用绝对坐标编程。

增量坐标系:也称相对坐标系,在坐标系中,运动轨迹的终点坐标值是相对于起始点坐标开始的增量值,以 G91 指令表示使用增量坐标编程。

例:如图 2-3 所示,分别用绝对值指令和增量值指令编写从起点到终点的程序

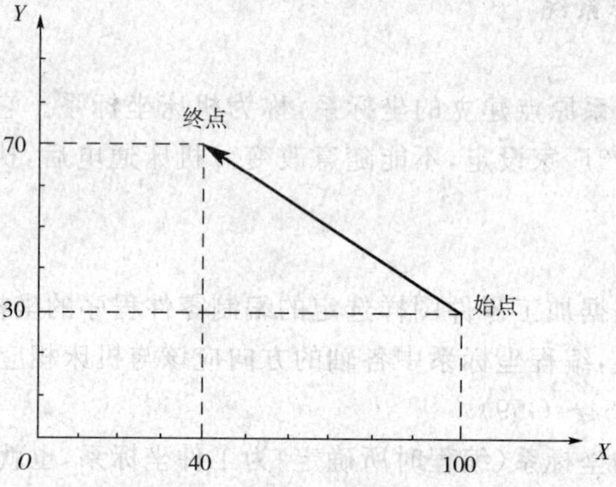

图 2-3 绝对坐标系和增量坐标系

绝对值指令 G90: G90G00X40Y70;

增量值指令 G91: G91G00X-60Y40;

③快速定位指令 G00(模态)

使用快速定位指令可使刀具快速移动到指定的工作坐标系中的位置。

编程格式:G00X_Y_Z_;

说明:各轴的快速移动速度由参数设置,所以快速移动速度不需要编程。用机床操作面板上的开关,可以对快速移动速度施加倍率,执行 G00 指令时不能对工件进行加工。

④直线插补指令 G01(模态)

使用直线插补指令可使刀具直线移动到指定的工作坐标系中的位置。

编程格式:G01X_Y_Z_F_;

说明:进给速度是用 F 代码后面的数值指定的,用机床操作面板上的开关,可以对进给速度施加倍率。

⑤自动返回参考点 G28

刀具经过中间点沿着指定轴自动地移动到参考点。

编程格式:G28X_Y_Z_;

例:G91G28Z0;(主轴从当前位置快速返回 Z 轴原点,在机床坐标系中显示值为零)

(2)辅助功能

辅助功能代码用地址字 M 及两位数字表示,也称 M 功能或 M 指令,它用来指令数控

机床辅助装置的接通和断开,如主轴的启动、切削液的开关等。

辅助功能 M 指令有模态和非模态两种。

非模态 M 指令:只在指令它的程序段中有效,也称为一次性 M 代码。

模态 M 指令:一直有效,直到被同一组的其他 M 指令所替代。

辅助功能 M 指令分为前指令和后指令两种。

前指令:是指该指令在程序段中首先被执行(不管写在程序段的前或后),然后执行其他指令。

后指令:是指该指令在程序段中最后被执行(不管写在程序段的前或后)。

① M03　　主轴正转　　　(模态　前指令)

所谓主轴正转即设定为由 Z 轴正方向向负方向看去,主轴顺时针方向旋转。

②M08　　冷却液开　　　(模态　前指令)

④M09　　冷却液关　　　(模态　后指令)

⑤M30　　程序结束　　　(非模态　后指令)

M30 指令为程序的最后一段,作为整个程序结束符号用来结束整个程序。它表示执行完程序内所有指令后,主轴停止,进给停止,切削液关闭,机床处于复位状态,且返回到程序的第一条语句,准备下一个工件的加工。

(3)进给速度指令 F

进给速度 F 是单位时间内工件与铣刀沿进给方向的相对位移,进给速度指令用 F 及后面的数字表示,如 F200(单位为 mm/min)。

(4)主轴转速指令 S

主轴转速 S 表示加工时机床主轴的转速,主轴转速指令用 S 及后面的数字表示,如 S900(单位为 r/min)。

6. 程序的组成结构

不论是主程序还是子程序,每一个程序都是由程序号、程序内容和程序结束三部分组成。

(1)程序号:为程序的开始部分,为了区别储存器中的程序,每个程序都要有程序编号,在程序前采用程序号地址码。如在 FANUC 系统中,采用英文字母“O”作为程序编号地址,后面跟四位数字(如 O0000～O9999),而其他系统有的采用“P”、“%”、“:”等。

(2)程序内容:是整个程序的核心,由许多程序段组成,每个程序段由一个或多个指令组成,表示数控机床要完成的全部动作。

(3)程序结束:以程序结束指令 M02 或 M30 作为整个程序结束的符号,来结束整个程序。

程序结构举例如下:

O0001;	程序号
N10 G90G54G00X0Y0M03S1200T01;	程序内容
N20 G00G43Z50;	
N30 Y50;	
N40 Z5;	
……	
N90 M30;	程序结束

一个程序段以用于识别程序段的顺序号开始,而以程序段结束代码结束,例如:

N10	G90	G0	G54	X0	Y0	M03	S1200	T01	;
顺序号	准备功能			尺寸字		辅助功能	主轴功能	刀具功能	程序段结束

示范性操作

1. 工艺分析

图 2-1 所示沟槽形零件的上表面中心定义为编程坐标系原点。

编程坐标系原点选择原则是:

(1)编程原点最好与图样上的尺寸基准重合。

(2)在进行数值计算时,运算简便。

(3)引起的加工误差最小。

(4)编程原点在夹具上应该容易找正,测量方便。

工装:采用机用平口虎钳装夹,底部用精度较高的平行垫块,垫块厚度与宽度适当。

工步及刀具:见表 2-1。

表 2-1　零件的数控加工工序表

工步号	工步内容	刀具号	刀具名称	刀具规格(D)	主轴转速(r/min)	进给量(mm/min)
1	加工沟槽形零件	T1	键槽铣刀	10	1000	120(垂直下刀 60)

2. 程序编制

零件的上表面中心定义为编程坐标系原点($Z=0$)。

	O0201;	加工 2mm 深沟槽,刀具为 ϕ10 键槽铣刀
N001	G21;	毫米输入
N002	G90G54G00X0Y50Z50;	刀具初始位置,在定位点刀具避开工件
N003	M03S1000;	主轴启动
N004	G00Z2;	快速接近工件,定位于表面上 2mm 处(下刀平面)
N005	G01Z-2F60M08;	进给到加工深度,加工中心线沟槽
N006	Y-41F120;	直线进给加工出超工件 1mm
N007	G00Z2;	刀具快速抬高工件上表面 2mm
N008	X-20Y20;	定位于下刀点
N009	G01Z-2F60;	进给到加工深度(垂直下刀)
N010	X20F120;	直线进给加工四方形沟槽
N011	Y-20;	直线插补
N012	X-20;	直线插补
N013	Y20;	直线插补
N014	G00Z50M09;	快速退回到初始平面
N015	X0Y0;	快速移动到工件坐标系原点上方 50mm 处。
N016	G91G28Z0M05;	主轴返回参考点,主轴停止
N017	M30;	程序结束

3. 操作步骤

(1)数控铣床(加工中心)开机和返回参考点。

(2)装夹工件。使用百分表找正平口钳钳口与机床 X 轴平行,在钳口内安装平行垫铁,保证工件底面与水平面平行,以工件两侧面定位夹紧,工件合理高出钳口。

(3)安装刀具、对刀。

①X、Y 向对刀(试切对刀):

按下(MDI)键,按(PROG)键,输入 M03 S600;按(INSERT)键,再按(循环启动)键。在手动(JOG)方式下移动 ϕ10 键槽铣刀沿 X(或 Y)方向靠近被测边,直到铣刀周刃轻微接触到工件表面,听到刀刃与工件表面的摩擦声(但没有切屑)。保持 X、Y 坐标不变,仅 $+Z$ 方向退刀。按下(POS)键,按下【(操作)】(操作)键,输入 X(或 Y),按下(归零)键,移动刀具至 X(或 Y)方向的工件另一侧,移动铣刀靠近被测边直到铣刀周刃轻微接触到工件表面,听到刀刃与工件表面的摩擦声(但没有切屑)。保持 X、Y 坐标不变,仅(+Z)方向退刀。再将刀具移动到所测数值的一半位置,按下(OFFSET/SETTING)键,在(工件系)状态下,选择相应的坐标系(例如 G54),用(↓)键或(↑)键移动光标到 X(或 Y)位置上,输入 X0(或 Y0),按下(测量)键,该值就是被测的 X(或 Y)的坐标。试切对刀方法简单,但会在工件表面留下刀痕,对刀精度不是很高。为了保护工件表面,可以在刀具和工件之间加入塞尺,主轴不要旋转,或者采用心轴和块规对刀。

有条件的学校可以安装寻边器对刀,确定工件坐标系零点为 80mm×80mm×20mm 坯料上表面的中心。通过寻边器对刀操作得到坯料上表面的中心 X、Y 零偏值,后输入到 G54 中。这种方法操作简便、直观,对刀精度高。

②Z 向对刀(试切对刀):

在手动(JOG)方式下移动铣刀沿 Z 方向靠近工件上表面,直到铣刀端刃轻微接触到工件表面,听到刀刃与工件表面的摩擦声(但没有切屑)。按下(OFFSET/SETTING)键,在(工件系)状态下,选择相应的坐标系(例如 G54),用(↓)键或(↑)键移动光标到 Z 位置上,输入 Z0,按下(测量)键,该值就是被测的 Z 坐标。有条件的学校可以安装 Z 轴设定器精确对刀。

(4)输入、验证程序。在程序输入完毕后,应对其正确性进行校验。可采用以下两个步骤:

①图形模拟或空运行,验证指令格式,有无非法字符,是否过切,是否超行程等。

在控制面板上,操作选择按(EDIT)键上,再按下(PROG)键,输入所要模拟仿真图像的程序号 O0201,按下(CSTM/GRAPH)键,然后按(执行)软功能键,再按【(操作)】(操作)软功能键,在控制面板上选择(自动)键,最后按【开始】(开始)软功能键,完成图像的模拟仿真。

②相对于工件上平面 Z 轴,回退一段安全距离,单段执行加工程序,校验刀具走刀路线是否与工件加工要求相符。

(5)程序优化。根据验证程序结果,对刀具运动轨迹进行优化。

(6)先单段试加工,后自动加工。加工时,随时注意观察加工运行情况,适当调整主轴速度和进给速度,保证加工正常。

(7)尺寸测量。

(8)加工结束。松开平口虎钳,卸下零件,去毛刺倒钝,打扫清理数控机床。

注意:在第二章、第三章、第四章的模块中,1 把刀对刀方法可参考此对刀方法。

任务性操作

任务:在数控铣床上加工如图 2-4 所示沟槽形零件,槽深 2mm,按刀具中心轨迹的编程方法加工。

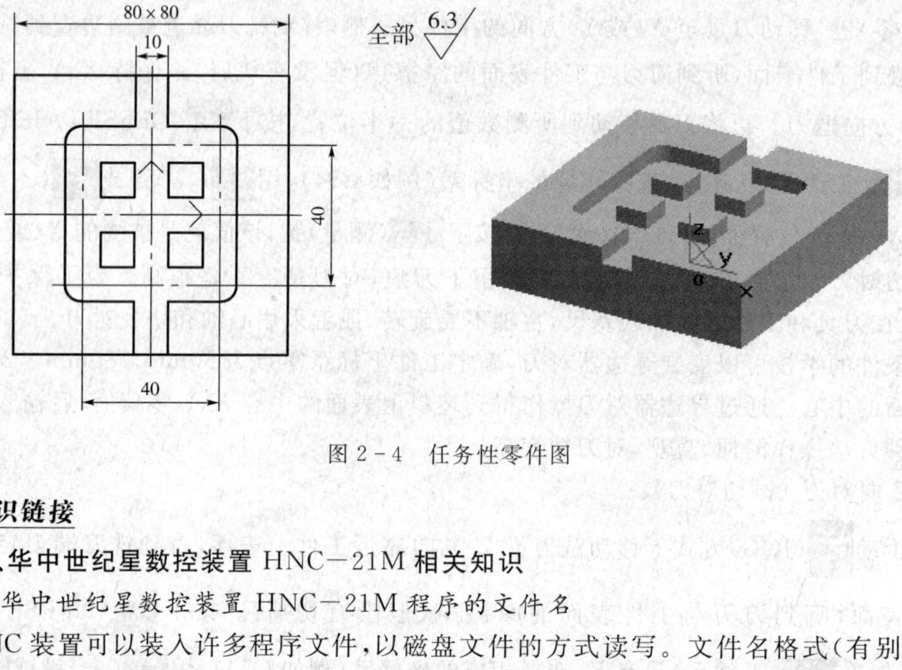

图 2-4　任务性零件图

知识链接

一、华中世纪星数控装置 HNC—21M 相关知识

1. 华中世纪星数控装置 HNC—21M 程序的文件名

CNC 装置可以装入许多程序文件,以磁盘文件的方式读写。文件名格式(有别于 DOS 的其他文件名)如 O06XY(地址英文 O 后面必须是数字或字母),主程序、子程序必须写在同一个文件名下。华中世纪星数控系统通过调用文件名来调用程序,进行加工或编辑。

2. 华中世纪星数控装置 HNC—21M 的程序结构

华中世纪星数控装置 HNC—21M 的程序结构包括程序起始符、程序内容和程序结束符。

程序起始符:%(或 O)后跟数字(或字母),如%06XY。程序起始符应单独一行,并从程序的第一行、第一格开始。

程序结束符:M02 或 M30。

注释符:括号"()"内或分号";"后的内容为注释文字。

华中世纪星数控装置 HNC—21M 的程序结构如下:

%06XY	程序起始符
N10 G90G54G00X0Y0M03S1200;	程序内容
N20 G00G43Z50;	
N30 Y50;	
N40 Z5;	
……	
N90 M30;	程序结束符

二、FANUC 数控系统相关知识

2. 参考点

(1)自动返回参考点(G28)

参考点是机床上的一个固定点,当执行过手动返回参考点操作后,机床位于机床坐标系原点,此时,机床主轴上刀具的基准点与机床零点重合,在机床坐标系的显示值为零。

格式:G28 X_Y_Z_;

执行 G28 指令,使各轴快速移动到设定的坐标值为 X、Y、Z 中间点位置,返回到参考点定位。指令轴的中间点坐标值,可以用绝对值指令或增量值指令。

图 2-5 所示的 G28 编程如下:

绝对方式编程:G90G28X350Y200;

增量方式编程:G91G28X250Y50;

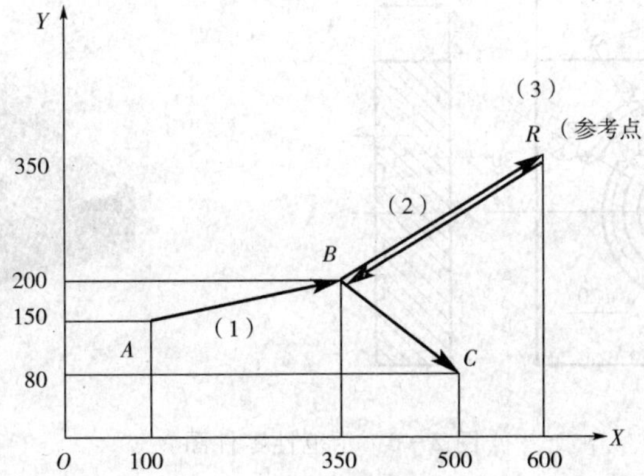

图 2-5　返回参考点

G28 程序段的动作顺序如下:

①快速从当前位置定位到指令轴的中间点位置(A 点→B 点)。

②快速从中间点定位到参考点(B 点→R 点)。

③若机床处于非锁住状态,返回参考点完毕时,回零指示灯亮。

这个指令一般在自动换刀时使用。所以使用这个指令时,原则上要取消刀具半径补偿和刀具长度补偿。

(2)从参考点返回(G29)

格式：G29 X_Y_Z_；

执行 G29 指令，首先使各轴快速移动到 G28 所设定的中间点位置，然后再移动到 G29 所设定的坐标值为 X、Y、Z 的返回点位置上定位。用增量值指令时，其值为对中间点的增量值。

如图 2-5 所示，在执行 G29 后，轴从 R 点移到 C 点，程序段如下：

绝对方式编程：G90G29X500Y80；(参考点从 $R \to B \to C$)

增量方式编程：G91G29X150Y-120；(参考点从 $R \to B \to C$)

通常 G28 和 G29 指令应配合使用，使机床换刀直接返回到加工点 C，而不必计算中间点 B 与参考点 R 之间的实际距离。

第二节　圆弧槽形零件的加工

知识点击

本节内容涉及的知识点有：插补平面选择(G17 G18 G19)，圆弧方向的顺逆，整圆，圆弧插补(G02、G03)指令格式及功能，螺旋线插补指令格式及功能，刀具中心轨迹的编程方法。

示范案例

案例：在数控铣床上按照规定的加工轨迹加工如图 2-6 所示零件，槽宽 6mm，加工轨迹：$A \to B$、$C \to D$、$E \to F$、$G \to H$。

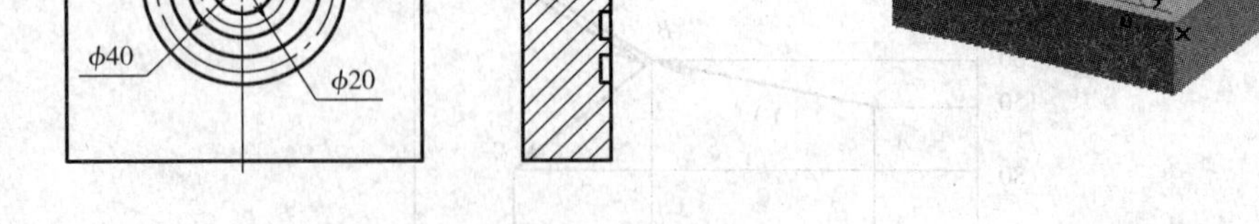

图 2-6　示范性零件图

分析：图中整圆、圆弧的加工，可以运用圆弧插补指令，按照中心轨迹利用 φ6 键槽铣刀加工完成。

知识窗

1. 插补平面选择(G17 G18 G19)

功能：该组指令用于选择直线、圆弧插补的平面。G17 选择 XY 平面，G18 选择 XZ 平面，G19 选择 YZ 平面，如图 2-7 所示。

对于数控铣床，通常都是在 XY 坐标平面内进行轮廓加工。该组指令为摸态指令，一般系统初始状态为 G17 状态，故 G17 可省略。

2. 圆弧插补(G02/G03)

(1)功能：刀具以圆弧轨迹从起始点移动到终点，G02 为顺时针方向，G03 为逆时针方向。

(2)圆弧方向的判别方法：在圆弧插补中，沿垂直于待加工圆弧所在平面的坐标轴，由正方向向负方向看，刀具相对于工件的转动方向，即顺时针方向为 G02，逆时针方向为 G03，如图 2－7 所示。

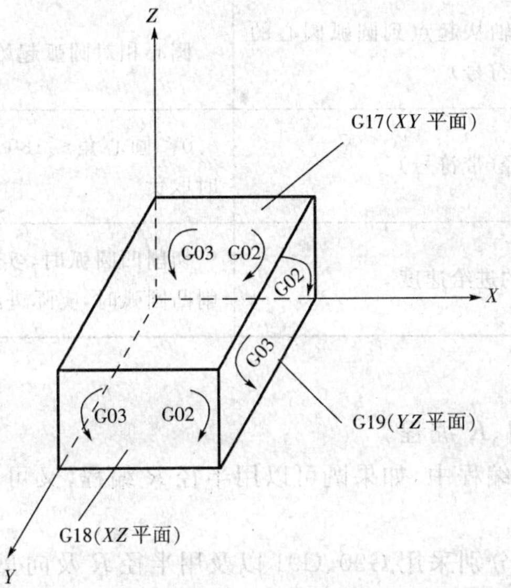

图 2－7　圆弧逆、顺时针方向的判断

圆弧插补的编程格式及其说明：

(1)编程格式

在 XY 平面内：

$$G17\begin{Bmatrix}G02\\G03\end{Bmatrix}X\_\ Y\_\quad\begin{Bmatrix}I\_\ J\_\\R\_\end{Bmatrix}F\_$$

在 XZ 平面内：

$$G18\begin{Bmatrix}G02\\G03\end{Bmatrix}X\_\ Z\_\quad\begin{Bmatrix}I\_\ K\_\\R\_\end{Bmatrix}F\_$$

在 YZ 平面内：

$$G19\begin{Bmatrix}G02\\G03\end{Bmatrix}Y\_\ Z\_\quad\begin{Bmatrix}J\_\ K\_\\R\_\end{Bmatrix}F\_$$

(2)参数说明

圆弧插补指令符号意义，见表 2－2。

表 2-2　圆弧插补指令符号意义

指　令	说　明	备　注
G17、G18、G19	指定 *XY*、*ZX*、*YZ* 平面上的圆弧	
G02、G03	圆弧插补顺时针方向(CW)、逆时针方向(CCW)	
X、Y、Z	*X*、*Y*、*Z* 轴的终点坐标值	圆弧的终点坐标可以用绝对或增量方式
I、J、K	*X*、*Y*、*Z* 轴从起点到圆弧圆心的距离(带符号)	圆心相对圆弧起始点的坐标增量，与 G90 无关
R	圆弧半径(带符号)	0＜圆心角≤180 时取正；180＜圆心角＜360 时取负
F	沿圆弧的进给速度	切削凹圆弧时，实际进给速度大于给定值；切削凸圆弧时，实际进给速度小于给定值

(3)整圆的加工

只能用圆心坐标 *I*、*J*、*K* 编程。

建议：在圆弧插补的编程中，如果既可以用半径 *R* 编程，又可以用向量 *I*、*J*、*K* 编程时，建议采用半径 *R* 编程。

例：如图 2-8 中，试分别采用 G90、G91 以及用半径 *R* 及向量 *I*、*J* 编写 A→B→C 圆弧的程序。

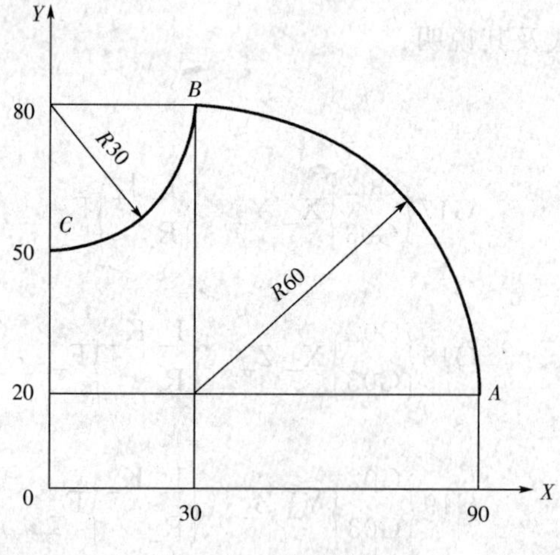

图 2-8　圆弧插补

采用绝对值编程方式 G90 时：

G90G03X30Y80I-60J0(或 R60)F200；　(*A*→ *B*)

G90G02X0Y50I-30J0(或 R30)F200；　(*B*→ *C*)

采用相对值编程方式 G91 时：

G91G03X－60Y60I－60J0(或 R60)F200；　($A \rightarrow B$)

G91G02X－30Y－30I－30J0(或 R30)F200；　($B \rightarrow C$)

示范性操作

1. 工艺分析

零件的上表面中心定义为编程坐标系原点。

工装:采用机用平口虎钳装夹,底部用精度较高的平行垫块,垫块厚度与宽度适当。

工步及刀具:见表 2－3。

表 2－3　零件的数控加工工序表

<table>
<tr><th>工步号</th><th>工步内容</th><th>刀具号</th><th>刀具名称</th><th>刀具规格
(D)</th><th>主轴转速
(r/min)</th><th>进给量
(mm/min)</th></tr>
<tr><td>1</td><td>加工整圆 $\phi20$</td><td rowspan="5">T1</td><td rowspan="5">铣刀</td><td rowspan="5">6</td><td rowspan="4">1200</td><td rowspan="4">60
(垂直下刀)</td></tr>
<tr><td>2</td><td>加工 $R20$ 小于 180 度圆弧 $\overset{\frown}{AB}$</td></tr>
<tr><td>3</td><td>加工 $\phi40$ 大于 180 度圆弧 $\overset{\frown}{CD}$</td></tr>
<tr><td>4</td><td>加工 $R30$ 右圆弧 $\overset{\frown}{EF}$</td></tr>
<tr><td>5</td><td>加工 $R30$ 左圆弧 $\overset{\frown}{GH}$</td><td>1320</td><td>100</td></tr>
</table>

坐标点计算:

D 点的坐标:X 轴坐标 $20 \times \cos30 = 17.321$

Y 轴坐标 $20 \times \sin30 = 10$

E 点的坐标:X 轴坐标 $30 \times \cos30 = 25.981$

Y 轴坐标 $30 \times \sin30 = 15$

坐标点	X 轴坐标值	Y 轴坐标值
A	－10	17.321
B	10	17.321
C	－17.321	10
D	17.321	10
E	25.981	15
F	15	25.981
G	－25.981	15
H	－15	25.981

2. 程序编制

零件的上表面中心定义为编程坐标系原点(Z＝0)。编制加工程序如下:

	O0202；	加工各圆弧、刀具为 $\phi6$ 键槽铣刀
N001	G90G54G00X－10Y0Z50.0；	刀具初始位置，定位 X 轴上
N002	M03S1200；	主轴启动
N003	G00Z2；	快速接近工件，定位于表面 2mm 处
N004	G01Z－2F60M08；	进给到加工深度，切削液开
N005	G02I10F100；	加工整圆 $\phi20$
N006	G00Z2；	快速退回到表面 2mm 处
N007	X－10Y17.321	快速定位于 A 点
N008	G01Z－2F60；	进给到加工深度
N009	G02X10R20F100；	加工 AB 段圆弧
N010	G00Z2；	快速退回到表面 2mm 处
N011	X－17.321Y10；	快速定位于 C 点
N012	G01Z－2F60；	进给到加工深度
N013	G03X17.321R－20F100；	加工 CD 段圆弧
N014	G00Z2；	快速退回到表面 2mm 处
N015	X25.981Y15	快速定位于 E 点
N016	G01Z－2F60；	进给到加工深度
N017	G03X15Y25.981R30F100；	加工 EF 段圆弧
N018	G00Z2；	快速退回到表面 2mm 处
N019	X－25.981Y15；	快速定位于 G 点
N020	G01Z－2F60；	进给到加工深度
N021	G02X－15Y25.981R30F100；	加工 GH 段圆弧
N022	G00Z2M09；	快速退回到表面 2mm 处，切削液关
N023	G91G28Z0M05	主轴返回参考点，主轴停止
N024	M30；	程序结束

3. 操作步骤

(1)数控铣床(加工中心)开机和返回参考点。

(2)装夹工件。

(3)安装刀具、对刀。

①X、Y 向对刀；

②Z 向对刀。

(4)输入、验证程序。

(5)程序优化。根据验证程序结果，对刀具运动轨迹进行优化。

(6)先单段试加工，后自动加工。

(7)尺寸测量。

(8)加工结束。

想一想 议一议

(1)在本节[示范案例]中,各点坐标值有何规律?在以后的计算中,要学会运用这些规律。

(2)在本节[示范案例]中,试用(终点坐标+圆弧半径)的编程方法,编写 $\phi 20$ 整圆的加工程序。

想一想 做一做

(1)过平面上的两定点,用同一半径值可以有几个圆弧?想一想,编程时怎么区分它们?试举一实例编程,并在机床上运行观察。

(2)在本节[示范案例]中加工整圆,试用 I、J、G03 编制整圆,在机床上运行。

任务性操作

任务 1:使用 G02、G03 圆弧插补指令在数控铣床上按照规定的加工轨迹加工如图 2-9 所示零件,槽宽 6mm,加工轨迹由 $A \rightarrow B$、$C \rightarrow D$。

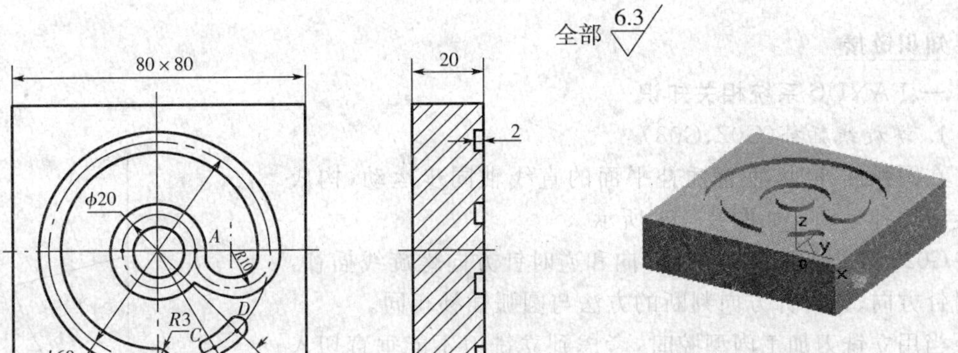

图 2-9　任务性零件图

想一想 做一做

在上述任务 1 中,若由 $B \rightarrow A$ 加工,那么与原加工程序中的 G02、G03 有何不同?想一想加工方向和圆弧顺逆的关系,并用改编程序空运行加工。

任务 2:在数控铣床上加工八卦形图,如图 2-10 所示,槽深 2mm,槽宽 4mm(或 6mm,

5mm),按刀具中心轨迹的编程方法。

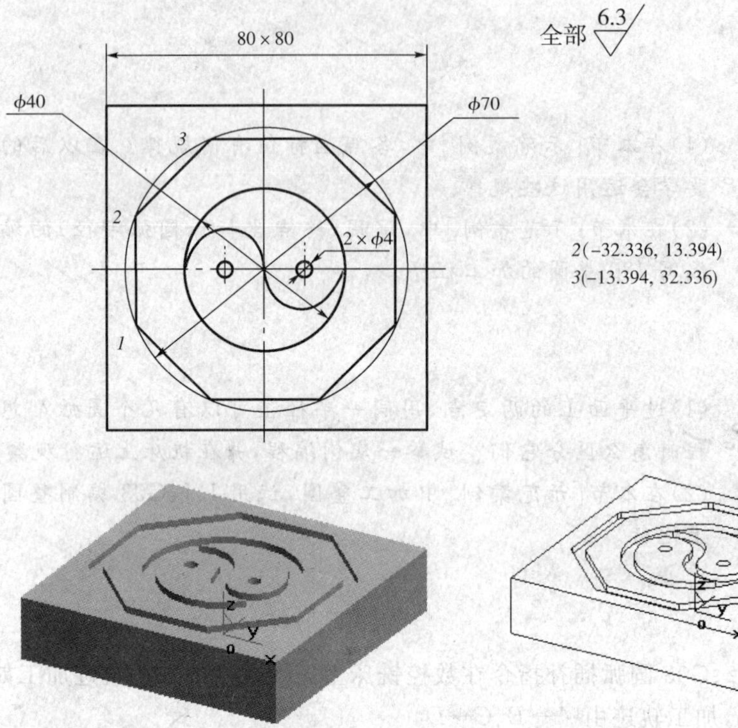

图 2-10　任务性零件图

知识链接

一、FANUC 系统相关知识

1. 螺旋线插补(G02、G03)

在圆弧插补时,垂直插补平面的直线轴同步运动,构成螺旋线插补运动。如图 2-11 所示。

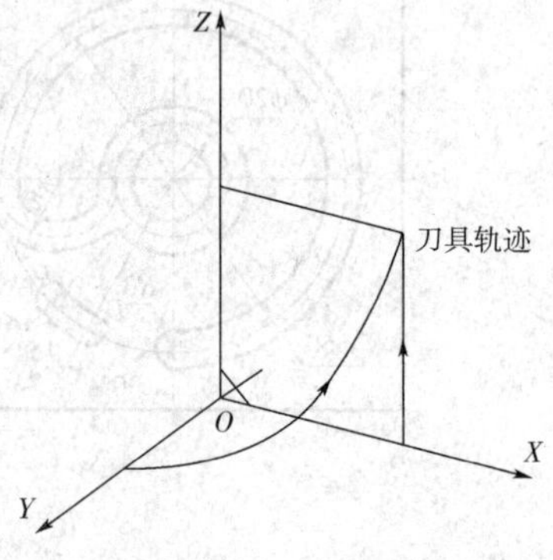

图 2-11　螺旋线说明图

G02、G03 分别为顺时针方向和逆时针方向螺旋线插补,顺时针方向、逆时针方向判断的方法与圆弧插补相同。

当用立铣刀加工内型腔时,考虑到立铣刀不能垂直切入工件,下刀时采用螺旋切入工件。

(1)编程格式(见表 2-4)

XY 平面的螺旋线插补;$G17\left\{\begin{matrix}G02\\G03\end{matrix}\right\}X\_Y\_\left\{\begin{matrix}R\_\\I\_J\_\end{matrix}\right\}Z\_F\_;$

ZX 平面的螺旋线插补;$G18\left\{\begin{matrix}G02\\G03\end{matrix}\right\}X\_Z\_\left\{\begin{matrix}R\_\\I\_K\_\end{matrix}\right\}Y\_F\_;$

YZ 平面的螺旋线插补;$G19\left\{\begin{matrix}G02\\G03\end{matrix}\right\}Y\_Z\_\left\{\begin{matrix}R\_\\J\_K\_\end{matrix}\right\}X\_F\_;$

该指令方法是在圆弧指令的基础上增加一个移动轴指令,这个垂直于插补平面的轴为非圆弧插补轴。

(2)参数说明

表 2-4　螺旋线插补参数说明

指　令	说　明
G17、G18、G19	指定 XY、ZX、YZ 平面上的螺旋线
G02、G03	G02 顺时针方向螺旋线插补,G03 逆时针方向螺旋线插补
X、Y、Z	X 、Y、Z 是螺旋线的终点坐标值
I、J、K	圆心相对螺旋线起始点的坐标增量

注意:在使用中,刀具半径补偿只用于圆弧移动,刀具长度补偿不能用于指令螺旋线切削程序段。

2. 案例

如图 2-12 所示,用 $\phi 8$ 的球刀,加工密封槽,槽深 5mm,试编程。

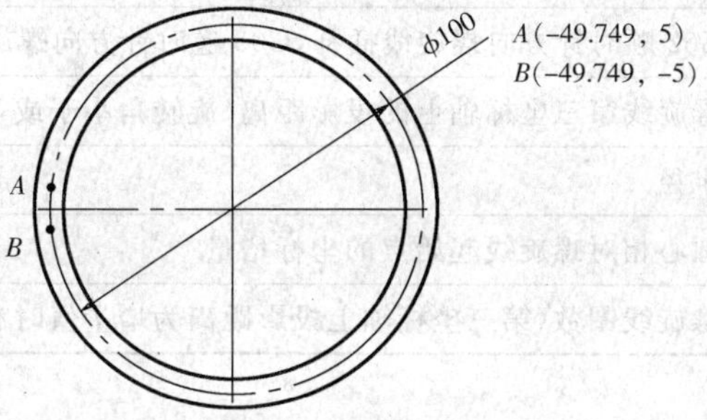

图 2-12　密封槽

环形封闭轮廓,一般为密封槽,通常用与槽等宽的刀具直接加工出来。由于图形所限,无法用径向切向切入切出方式,为改善刀具进刀产生的切削停顿,改用轴向斜向切入切出,或螺旋线切入切出。刀具用球头刀,球 R4mm。从 A 点螺旋线切入,B 点再螺旋线切出。程序如下:

```
O1028;(零件的上表面中心定义为编程坐标系原点)
N10  G54G90G49;
N20  G00G43Z50H01;
N30  M03S500;
N40  X-49.749Y5;(→A 点)
N50  Z5;
N60  G01Z-3.5F40;(垂直切入,因为球刀 R4,所以未切到轮廓)
N70  G03X-50Y0Z-5I49.749J-5F50;(螺旋线切入)
N80  I50;
N90  X-49.749Y-5Z-3.5I50F120;(螺旋线切出,B 点)
N100  G00G49Z20;
N110  X0 Y0 M05;
N120  M30;
```

二、华中世纪星数控装置 HNC－21M 相关知识

1. 螺旋线插补(G02、G03)

(1)编程格式：

XY 平面的螺旋线：$G17\left\{\begin{matrix}G02\\G03\end{matrix}\right\}X\_Y\_\left\{\begin{matrix}R\_\\I\_J\_\end{matrix}\right\}Z\_F\_L\_$；

ZX 平面的螺旋线：$G18\left\{\begin{matrix}G02\\G03\end{matrix}\right\}X\_Z\_\left\{\begin{matrix}R\_\\I\_K\_\end{matrix}\right\}Y\_F\_L\_$；

YZ 平面的螺旋线：$G19\left\{\begin{matrix}G02\\G03\end{matrix}\right\}Y\_Z\_\left\{\begin{matrix}R\_\\J\_K\_\end{matrix}\right\}X\_F\_L\_$；

螺旋线插补参数说明见表 2－5。

表 2－5　螺旋线插补参数说明

指　令	说　明
G17、G18、G19	指定 XY、ZX、YZ 平面上的螺旋线
G02、G03	G02 顺时针方向螺旋线插补，G03 逆时针方向螺旋线插补
X、Y、Z	螺旋线第三坐标轴上的投影距离(旋转角小于或等于 360°的范围内)
R	半径
I、J、K	圆心相对螺旋线起始点的坐标增量
L	螺旋线圈数(第三坐标轴上投影距离为增量值时有效)

2. 案例

如图 2－13 所示，用 $\phi10$ 的键槽铣刀，采用螺旋线插补方式编写孔为 $\phi50$mm、工件深度为 10mm 的加工程序。

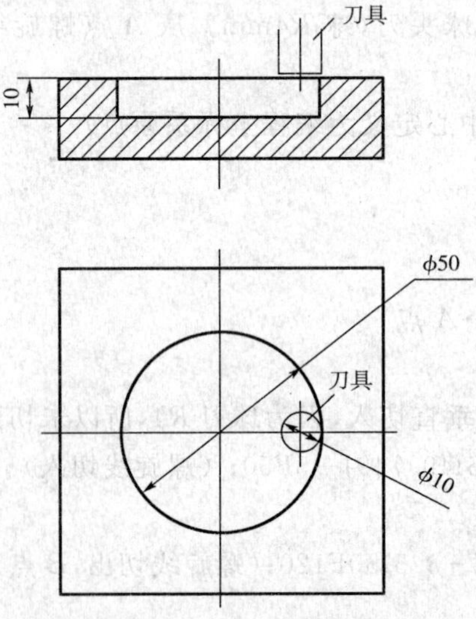

图 2－13　案例图

%1028(零件的上表面中心定义为编程坐标系原点)

```
N10   G54G90G49;
N20   G90G00G43Z50H01;
N30   X0Y0M03S500;
N40   Z5;
N50   G01Z11X20F200;
N60   G91G03I-20Z-1L11;
N70   G03I-20;
N80   G90G01X0;
N90   G00G49Z50M05;
N100  M30;
```

第三节　外轮廓零件的加工

知识点击

本节内容涉及的知识点有:刀具半径补偿功能、长度补偿功能,自动倒角、拐角圆弧过渡,外轮廓切向切入与切出方式,平面外轮廓的加工满足加工要求,等等。

示范案例

案例:使用刀具半径补偿、自动倒角、拐角圆弧过渡功能在数控铣床上按照规定的加工轨迹加工如图 2-14 所示零件。

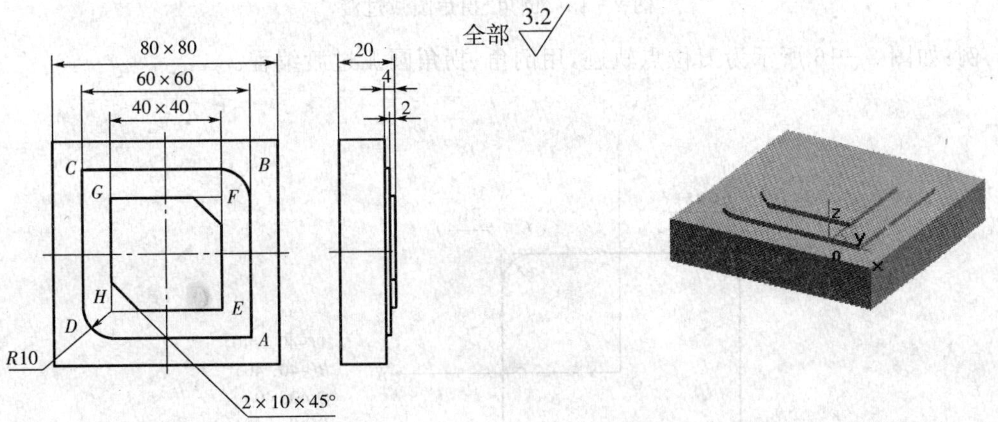

图 2-14　示范性零件图

分析:图中两个正方形外轮廓的加工,可以运用刀具半径补偿,按照图纸尺寸编程,刀具中心轨迹由数控系统自动计算完成,四方形顶点的倒角、倒圆由自动倒角、拐角圆弧过渡功能完成。

知识窗

FANUC 系统对于轮廓加工的简化编程如下:

1. 任意角度倒角、拐角圆弧过渡

在直线插补或圆弧插补程序段的末尾加上“,C”或“,R”时,加工中自动在拐角处加上倒角或过渡圆弧。倒角、拐角圆弧过渡的程序段可以连续地指定。

(1)编程格式:

G01/G02/G03,C_　　(倒角)

G01/G02/G03,R_　　(拐角圆弧过渡)

(2)具体含义如下:

①倒角

在C之后,指定从虚拟拐点到拐角起点和终点的距离,假想虚拟拐角交点,即未倒角过渡前的拐角交点,如图2-15a所示。

②拐角圆弧过渡

在R之后,指定拐角圆弧的半径,假想虚拟拐角交点,即未圆弧过渡前的拐角交点,如图2-15b所示。

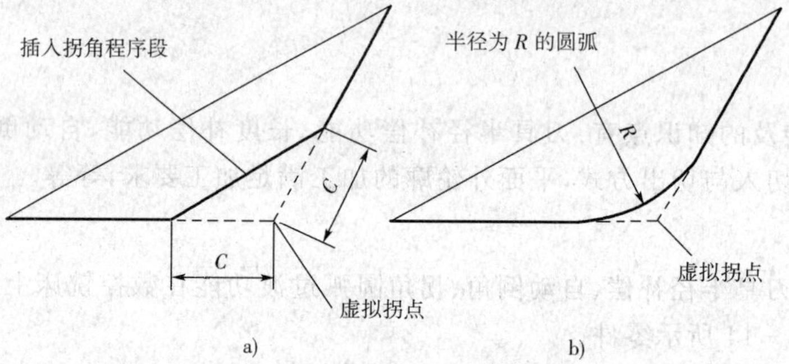

图2-15　倒角、拐角圆弧过渡

例:如图2-16所示为刀位点轨迹,用倒角、拐角圆弧过渡编程。

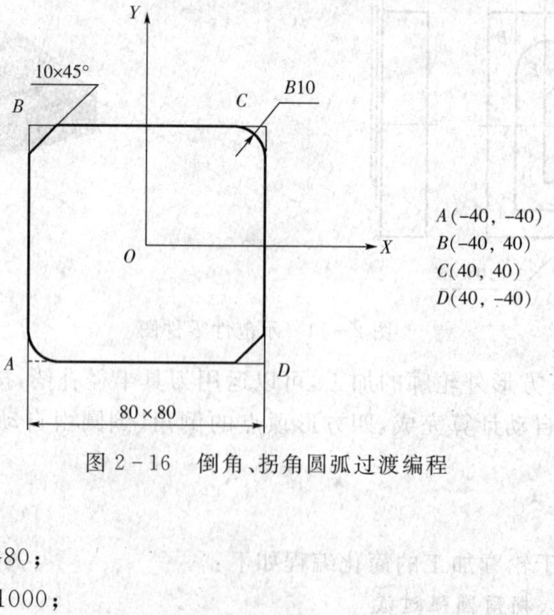

图2-16　倒角、拐角圆弧过渡编程

O0001;

N10 G40G49G69G80;

N20G54G90M03S1000;

N30G00Z20;

N40X－45Y－60；
N50Z2；
N60 G01Z－2F300；
N70 G01X－45Y45，C10；（→*B*）
N80 X45，R10；（*B*→*C*）
N90 Y－45，C10；（*C*→*D*）
N100 X－45，R10；（*D*→*A*）
N110 X－45Y0；
N120 X－60；
N130 G00Z20；
N140 X0Y0M05；
N150 M05；

2．刀具半径补偿(G41 G42 G40)

(1)刀具半径补偿的目的

由于数控系统控制的是刀心轨迹，在铣床上进行轮廓加工时，因为铣刀具有一定的半径，所以刀具中心(刀位点)轨迹和工件轮廓不重合，因此编程时要根据零件轮廓尺寸计算出刀位点轨迹。由于零件轮廓加工经常根据需要分为粗铣、半精铣和精铣，每个工步加工时加工余量不同，因此它们就有相对应的刀位点轨迹，还有当刀具磨损、重新刃磨或更换刀具时，也需要重新计算刀位点轨迹和编写不同的加工程序，可以想像这有多大的工作量。

为了解决这个难题，现在数控装置大都具有刀具半径补偿功能，为程序编制提供了方便。当编制零件加工程序时，不需要计算刀具中心运动轨迹，而只需按零件轮廓编程，在程序中使用刀具半径补偿指令，同时在控制面板上用 CRT/MDl 方式，手工输入刀具半径补偿值，数控系统便能自动计算出刀具中心的偏移向量，从而得到偏移后的中心轨迹，并使刀具按偏移以后的中心轨迹运动。

当刀具磨损、重新刃磨或更换刀具时，只需要修改刀具半径补偿值，输入系统内存并在程序中调用，不必修改程序，刀具补偿功能用来对零件的精度进行调整。

(2)刀具半径补偿编程格式(模态指令)

编程格式：

在 *XY* 平面内：

刀补建立：$G17\left\{\begin{matrix}G41\\G42\end{matrix}\right\}\left\{\begin{matrix}G01\\G00\end{matrix}\right\}X\_Y\_D\_$； 取消补偿：G40G00(G01)X_ Y；或 G40；

在 *XZ* 平面内：

刀补建立：$G18\left\{\begin{matrix}G41\\G42\end{matrix}\right\}\left\{\begin{matrix}G01\\G00\end{matrix}\right\}X\_Z\_D\_$； 取消补偿：G40G00(G01)X_ Z；或 G40；

在 *YZ* 平面内：

刀补建立：$G19\left\{\begin{matrix}G41\\G42\end{matrix}\right\}\left\{\begin{matrix}G01\\G00\end{matrix}\right\}Y\_Z\_D\_$； 取消补偿：G40G00(G01)Y_ Z；或 G40；

参数说明见表 2－6。

表 2-6　刀具半径补偿参数说明

指　令	说　明
G41	刀具半径左补偿
G42	刀具半径右补偿
G40	取消刀具半径补偿
X、Y、Z	G00/G01 运动的目标点坐标
D	刀具半径补偿寄存器地址字，后面常用两位数字表示(D00～D99)，D 代码中存有刀具半径补偿值作为偏置量。

(3)刀具左补偿、右补偿的判别

沿垂直于待加工工件轮廓所在平面的坐标轴由正方向向负方向看，顺着刀具前进的方向看，刀具中心轨迹偏在工件轮廓的左边时，用左补偿指令 G41，刀具中心轨迹偏在工件轮廓的右边时，用右补偿指令 G42，如图 2-17 所示。

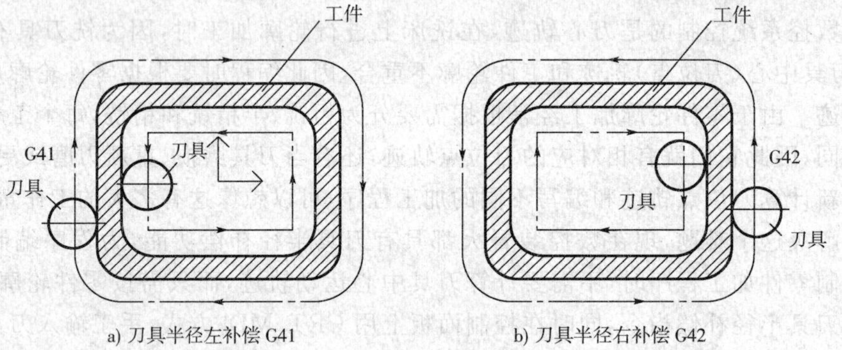

图 2-17　刀具左、右补偿的判别

(4)刀具半径补偿过程

刀具半径补偿过程分为三个过程：刀具半径补偿的建立、刀具半径补偿实施、刀具半径补偿取消，如图 2-18a、b 所示。

(5)使用刀具半径补偿指令注意事项

① G41、G42 及 G40 为模态指令，一旦建立便一直维持该状态直到 G40 取消补偿。G41 或 G42 必须与 G40 成对使用(现在先进的数控系统已经可以使 G41 和 G42 相互变换，无需在其中再写入 G40)。

②在执行 G41、G42 及 G40 时，通过移动来建立刀补，但移动指令只能用 G01 或 G00 来实现，不能用 G02 和 G03 及指定平面以外轴的移动来实现。

③注消刀补时，可以用 G00 或 G01 控制轴移动。也可以仅用 G40 指令，此时半径补偿结束，刀具停在前面移动程序段结束时的位置。

④补偿建立与撤消的刀具移动轨迹的长度距离必须大于刀具半径补偿值，否则系统会产生刀具补偿无法建立的情况，有时会产生报警。刀具补偿建立应在刀具进入加工零件之前，撤消轨迹最好在零件加工完成之后，即在零件体外面建立或取消刀补，以提高零件表面质量。如图 2-18a、b 所示。

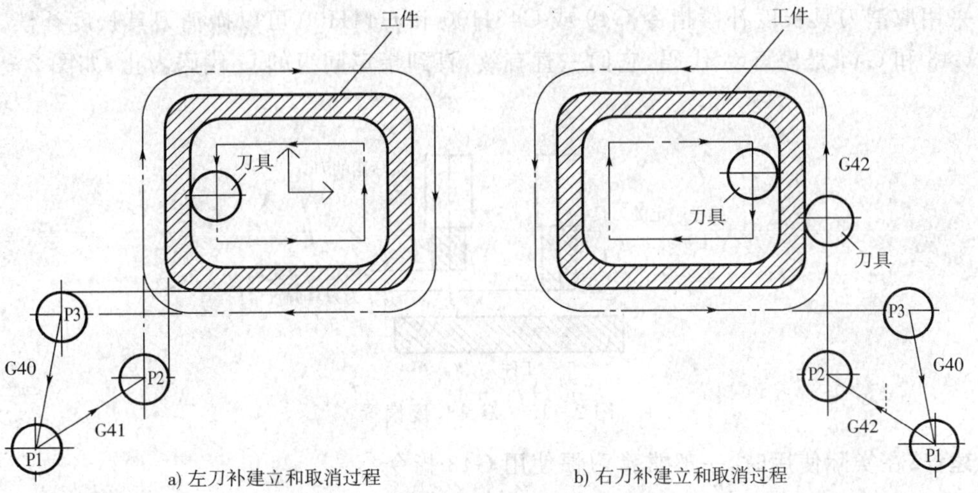

图 2-18 刀具半径补偿过程

⑤不要造成欠切或过切的现象。在刀具补偿建立后的刀具补偿状态中,如果存在有连续两段以上没有移动指令或存在非指定平面轴的移动指令段,则有可能产生过切现象。

3. 刀具长度补偿(G43、G44、G49)

(1)刀具长度补偿的目的

刀具长度补偿功能用于 Z 轴方向的刀具补偿,它可以使刀具在 Z 轴方向的实际位移量大于或小于程序给定值。

实际应用时,编程者可以在不知道刀具长度的情况下,按假定的标准刀具长度编程,即编程不必考虑刀具的长短,实际用刀具长度与标准刀具长度不同时,可用长度补偿功能进行补偿。同样,当加工刀具因磨损、重磨、换新刀而长度不同时,也不必修改程序中的坐标值,只需要修改刀具长度补偿值。其次,若加工一个零件需要用几把刀,各刀具长短不一,可以把其中一把刀设为标准刀,其余各刀相对标准刀设置长度补偿值,本书中的加工中心均采用此方法。

(2)刀具长度补偿编程格式(模态指令):

编程格式 G00/G01G43Z_H_;
G00/G01G44Z_H_;
G00/G01G49_;

其中:

G43 刀具长度正方向补偿;

G44 刀具长度负方向补偿;

G49 取消刀具长度补偿;

Z 程序中的指令值;

H 偏置号,后面一般用两位数字表示代号。H 代码中放入刀具的长度补偿值作为偏置量。

执行 G43 时:Z 实际值=Z 指令值+(H××)

执行 G44 时:Z 实际值=Z 指令值-(H××)

式中:H××是指编号为××寄存器中的刀具长度补偿量。

采用取消刀具长度补偿指令 G49 或 G43H00 和 G44H00 可以撤消刀具长度补偿。

G43 和 G44 是模态 G 代码，它们一直有效，直到指定同组的 G 代码为止，如图 2-19 所示。

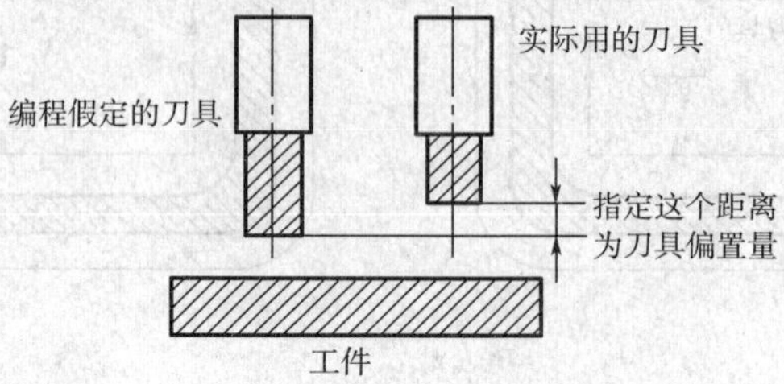

图 2-19　刀具长度偏置

建议：在实际使用时，一般常常习惯使用 G43 指令。

示范性操作

1. 工艺分析

工装：采用机用平口虎钳装夹，底部用精度较高的平行垫块，垫块厚度与宽度适当。

工步及刀具：见表 2-7。

表 2-7　零件的数控加工工序表

工步号	工步内容	刀具号	刀具名称	刀具规格 (D)	主轴转速 (r/min)	进给量 (mm/min)
T1	加工 40×40 四方形凸台	T1	铣刀	50	760	560
2	加工深 4mm 凸台					
3	精加工	T1	铣刀	50	1200	300

2. 程序编制(零件的上表面中心定义为编程坐标系原点)

编写零件加工程序如下：

	O0204；	粗加工 2mm 和 4mm 凸台，刀具 ϕ50 端面铣刀
N001	G90G54G00X50Y-80；	刀具初始位置，在定位点刀具避开工件
N002	G43 Z50H01；	建立长度补偿功能
N003	M03S760；	主轴启动
N004	G00Z2；	快速接近工件，定位于表面 2mm 处
N005	G01Z-2F1000；	高速进给到加工深度，加工 40×40 小凸台
N006	G42X20Y-50D01F560；	启动右刀补粗加工，留 0.5 余量，D01=25.5(50/2+0.5)
N007	Y20,C10；	刀具补偿模式，自动加工 *F* 处倒角
N008	X-20；	加工至 *G* 点
N009	Y-20,C10；	自动加工 *H* 处倒角
N010	X50；	进给到 *E* 点并引出 30mm
N011	G40X80Y-90F1000；	取消刀具半径补偿

(续表)

N012	G01Z-4；	进给到加工深度
N013	G42X30Y-60D01F560；	启动右刀补粗加工，留 0.5 余量，D01＝25.5
N014	Y30，R10；	*B* 点处自动 *R*10 圆弧过渡
N015	X-30；	进给到 *C* 点
N016	Y-30，R10；	*D* 点处自动 *R*10 圆弧过渡
N017	X70；	进给到 *A* 点并引出 30mm
N018	G40X100Y-100 F1000；	取消刀具半径补偿
N019	G49G00Z50；	取消长度补偿功能
N020	G91G28Z0M05；	主轴返回参考点，主轴停止
N021	M30；	程序结束

3. 操作步骤

(1)数控铣床(加工中心)开机和返回参考点。

(2)装夹工件。

(3)安装刀具，对刀，确定刀具补偿值，刀具半径补偿值的设定。

①*X*、*Y* 方向对刀。

②*Z* 方向对刀。

③刀具半径补偿值的设定。

按下(OFFSET/SETTING)键，按下“补正”，用(←)或(→)移动到相应的刀号处，在形状处输入半径补偿值，按下(INPUT)键。

(4)输入、验证程序。

(5)程序优化。

(6)先单段试加工，后自动加工。

(7)尺寸测量。根据对已加工零件的检测结果，如果需要重新设置刀补值，再次执行程序加工零件，直到满足尺寸精度和粗糙度等。

(8)加工结束。

注意：粗加工后，测量工件的实际尺寸，减小半径补偿值，重新运行以上程序精加工。半径补偿减小值等于实测值减去理论值的一半。例如：若测得 40 为 41，则(41－40)/2＝0.5，半径补偿值为：20.5－0.5＝25。建立长度补偿 H01，测量工件的实际尺寸后，调整。

4. 操作要点及注意事项

(1)在平面轮廓铣削加工中，正确选择刀具的切入、切出方向，正确填入刀具半径补偿值。切入时，刀具应沿零件外轮廓曲线延长线的切线方向切入工件；切出时，刀具应沿零件外轮廓延长线的切线方向逐渐切离工件，从而保证零件轮廓的平滑过渡。

(2)在平面外轮廓粗加工时，采用由外逐渐接近工件轮廓铣削的方式，用增加刀具半径补偿值的方法实现。

(3)最后精加工时，应尽量避免在轮廓切削过程中停顿，一次走刀连续加工出来，保证轮廓表面加工后的粗糙度要求。

(4)铣削平面零件外轮廓时,尽量采用顺铣方式加工,以提高表面精度。

想一想 议一议

(1)采用倒角、倒圆指令只适合于加工出什么样尺寸要求的倒角、倒圆?

(2)加工平面轮廓时,为保证工件表面粗糙度和加工精度,一般可以采取哪些措施?

任务性操作

任务:使用刀具半径补偿、长度补偿功能、自动倒角、拐角圆弧过渡功能在数控铣床上加工如图 2-20 所示零件。

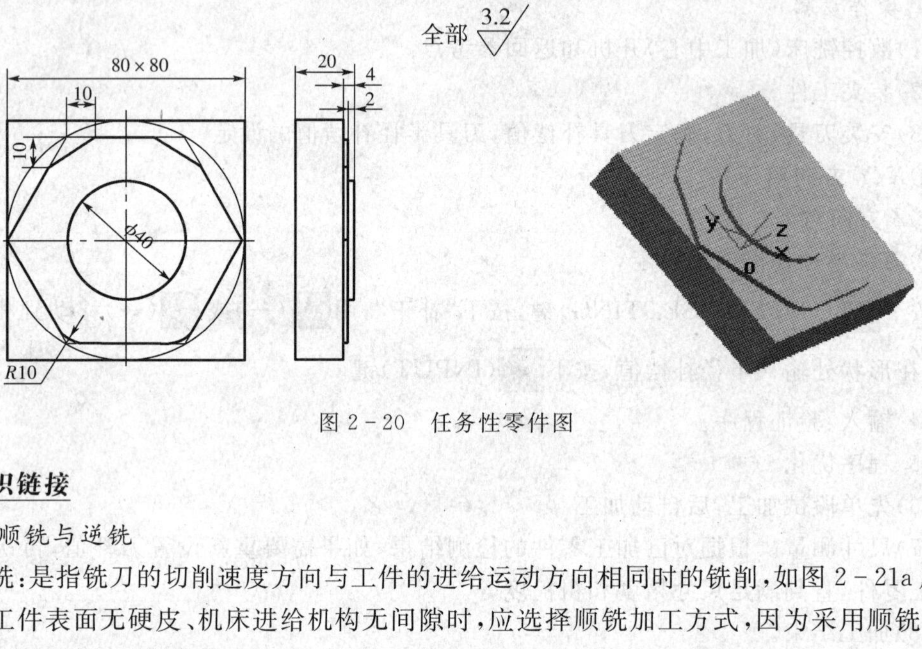

图 2-20　任务性零件图

知识链接

1. 顺铣与逆铣

顺铣:是指铣刀的切削速度方向与工件的进给运动方向相同时的铣削,如图 2-21a 所示。

当工件表面无硬皮、机床进给机构无间隙时,应选择顺铣加工方式,因为采用顺铣,零件加工表面质量好,刀齿磨损小。

逆铣:是指铣刀的切削速度方向与工件的进给运动方向相反时的铣削,如图 2-21b 所示。

当工件表面有硬皮、机床进给机构有间隙,应选择逆铣加工方式,因为逆铣时,刀齿是从已加工表面切入,不会崩刀,机床进给机构的间隙不会引起振动和爬行。

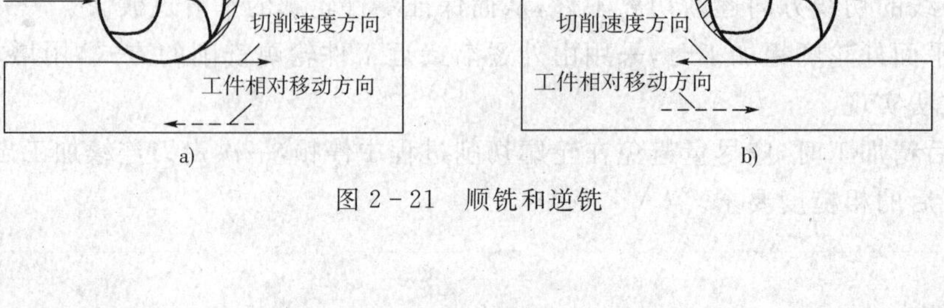

图 2-21　顺铣和逆铣

加工外轮廓：刀具相对工件顺时针走刀为顺铣，反之为逆铣，如图 2-22 所示。

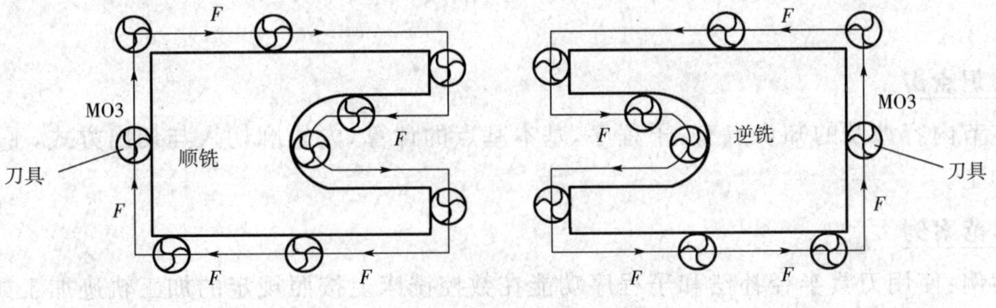

图 2-22　顺铣和逆铣与走刀关系一

加工内轮廓：刀具相对工件逆时针走刀为顺铣，反之为逆铣，如图 2-23 所示。

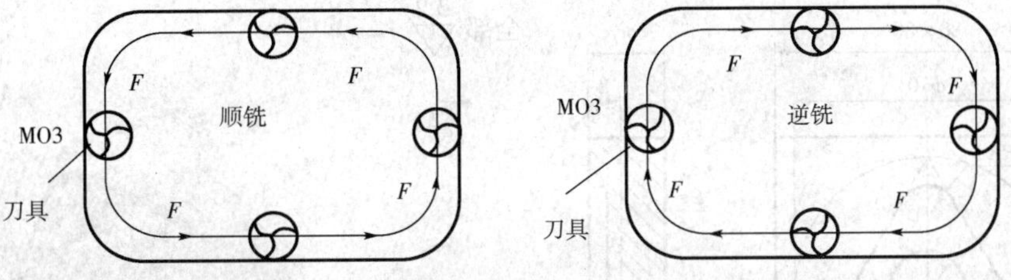

图 2-23　顺铣和逆铣与走刀关系二

2. 切削力的影响

对于立式数控铣床所采用的立铣刀，在切削加工时会产生弹性形变：当用立铣刀顺铣加工时，会产生让刀现象，如图 2-24a；当用立铣刀逆铣加工时，会产生啃刀现象，如图2-24b。所以在选择刀具时，从提高生产率、减小刀具弹性弯曲变形的影响方面考虑，应选直径大的；在装刀时刀杆尽量伸出短些。在编程时，如果粗加工采用顺铣，可不留精加工余量(可由让刀让出)；若采用逆铣，必须留有精加工余量，预防由于“过切”引起加工工件的报废。在后面的编程中，为方便粗加工采用顺铣，半精和精加工可采用顺铣、逆铣。

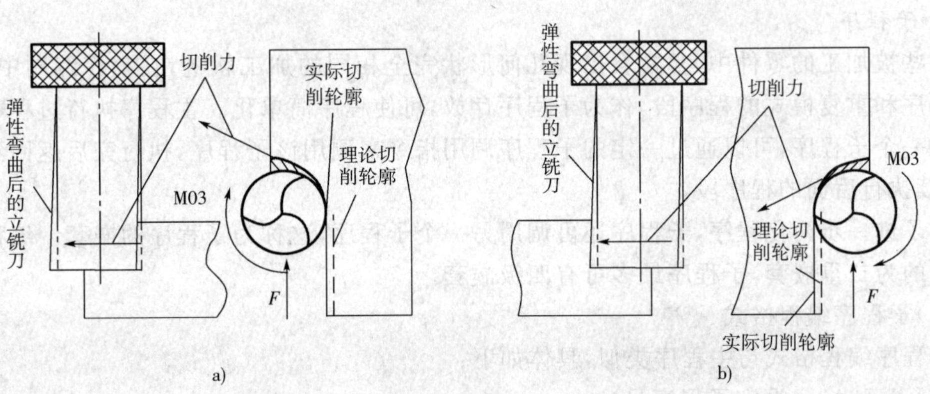

图 2-24　顺铣和逆铣对切削的影响

第四节　内轮廓零件的加工

知识点击

本节内容涉及的知识点有：子程序，基本基点的计算，内轮廓切入与切出方式，平面内轮廓的加工。

示范案例

案例：使用刀具半径补偿和子程序功能在数控铣床上按照规定的加工轨迹加工如图 2-25 所示零件。

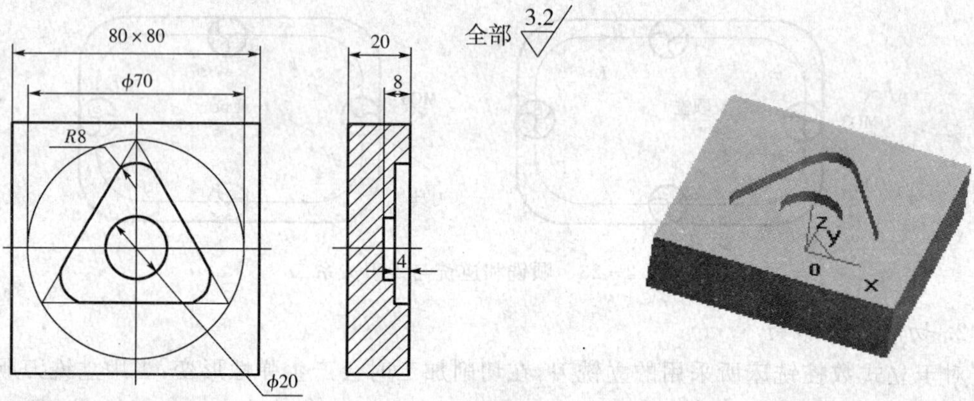

图 2-25　示范性零件图

分析：图中三角形和整圆内轮廓的加工，可以把三角形和整圆编制成子程序，运用不同的刀具半径补偿值，调用子程序完成粗加工、精加工。

知识窗

1. 子程序

某些被加工的零件中，常常会出现几何形状完全相同的加工轨迹，在程序编制中，将有固定顺序和重复模式的程序段，作为子程序存放，可使程序简单化。主程序执行过程中如果需要某一个子程序，可以通过一定的子程序调用指令来调用该子程序，执行完后返回到主程序，继续执行后面的程序段。

为了进一步简化程序，子程序还可调用另一个子程序，这称为子程序的嵌套。编程中使用较多的为二重嵌套，子程序最多可有四级嵌套。

(1)子程序编程格式

子程序编程格式与主程序类似，具体如下：

O∧∧∧∧；(设定子程序号)

⋮

⋮

M99；(子程序结束，返回主程序)

子程序的程序号组成与主程序号组成相同，以英文字母“O”开头，后跟四位数字。M99为子程序结束指令，M99不一定要单独在一个程序段，例如“G01Z50M99；”是可以的。

(2)子程序调用

调用子程序格式：

M98 P×××　∧∧∧∧

∧∧∧∧为子程序号后四位数字，×××为子程序被重复调用的次数，子程序最多调用999次，如果调用的次数为1次，可以省略1，例如“M98 P∧∧∧∧”。

在主程序中调用子程序时，地址“O”(英文)不要写。例如：M98 P61029；表示程序号为O1029的子程序连续调用6次。

(3)子程序的执行过程

例如：

主程序	子程序
O1028；	O1029；
N10 G40G49G69G80；	N10 G91；
N20 G54G90M03S1000；	N20 G41G01X_Y_D_；
N30 M98P61029；	N30；
N40 G90；	⋮
N50 G01X_Y _；	⋮
N60 M98P1029；	N100M99；
⋮	
⋮	
N120 M30；	

当主程序执行到N30M98P61029：调用O1029子程序，调用六次子程序后，返回主程序N40 G90，当主程序执行到N60 M98 P1029时，又调用O1029子程序，调用一次子程序后，返回主程序执行后面的主程序段。

(4)利用子程序时要考虑的问题

①主程序中模态G代码(如G90)可以被次子程序中同一组的其他G(如G91)代码替换，同样在主程序中模态指令(如G54、M03、S1000)在子程序中如果没有同一组的模态指令替换，在子程序中有效。

②不提倡在主程序中建立刀补后再调用子程序，当子程序中如果存在有连续两段以上没有移动指令或存在非指定平面轴的移动指令段，则有可能产生过切现象，如：

主程序	子程序	
O1028；	O1029；	
N10 G40G49G69G80；	N10 G91M08；	在 *XY* 平面没有移动指令段
N20 G54G90M03S1000；	N20 G01Z_；	
N35 G17G41G01X_Y_D_；		
N30 M98 P61029；	N30；	
N40 G90；	⋮	
N50 G01X_Y _；	⋮	

N60 M98 P1029；　　　　　N100M99；

⋮

⋮

N100 G40；

⋮

⋮

N120 M30；

示范性操作

1. 工艺分析

工装：采用机用平口虎钳装夹，底部用精度较高的平行垫块，垫块厚度与宽度适当。

工步及刀具：见表 2-8。

表 2-8　零件的数控加工工序表

工步号	工步内容	刀具号	刀具名称	刀具规格(D)	主轴转速(r/min)	进给量(mm/min)
1	留余量粗加工三角形内腔	T1	键槽铣刀	12	700	80
2	留余量加工 ϕ20 圆					
3	精加工各形腔	T2	立铣刀	12	1050	150

2. 坐标点数值计算

如图 2-26 所示。

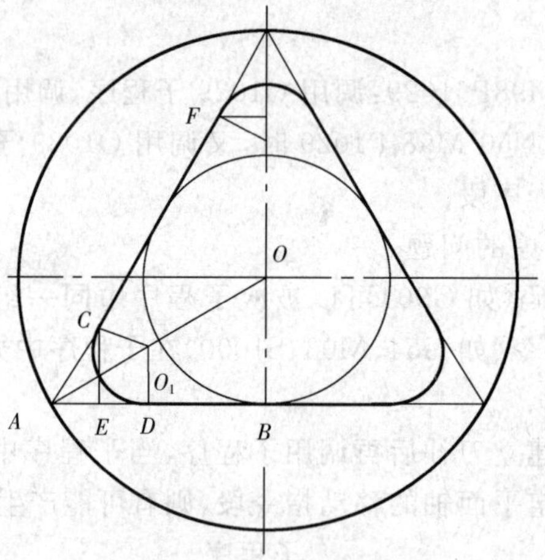

图 2-26　基点计算

(1)求 D 点坐标

在$\triangle OAB$中，已知$\angle OAB=60/2=30^\circ$，$OA=35$，可得出：

$$OB=OA\times\sin30^\circ=17.5$$

$$AB=OA\times\cos30^\circ=30.311$$

在 O_1AD 中，已知 $O_1D=8$，可得出：

$$AD=O_1D\times\text{ctan}30^\circ=13.856$$

$$DB=AB-AD=16.454$$

D 点坐标值为：$X=-16.454, Y=-17.5$

(2)求 C 点坐标

在△ACE 中，已知 $AC=AD=13.856$，$\angle ACE=30°$，可得出：

$$AE=AC\times\sin30°=6.928$$

$$CE=AC\times\cos30°=12$$

$$EB=AB-AE=30.311-6.928=23.383$$

C 点坐标值为：$X=-23.383, Y=OB-CE=-17.5+12=-5.5$

同理可求出 F 点坐标值：$X=-6.928, Y=23$

3. 加工轨迹示意图

在铣削封闭内轮廓表面时，刀具切入、切出方式与外轮廓相同。但当切入、切出无法外延时，切入、切出点应选在零件轮廓两几何要素的交点上，进给过程中要避免停顿。当加工精度要求高时，采用"圆进圆出"的方法。如图 2-27 所示，1(Oa 直线)为建立刀补段，2(ac 圆弧)为圆弧切入段(软切入)，3 为轮廓切削阶段(三角形内腔)，4(cb 圆弧)为圆弧切出段(软切出)，5(bO 直线)为取消刀补段。

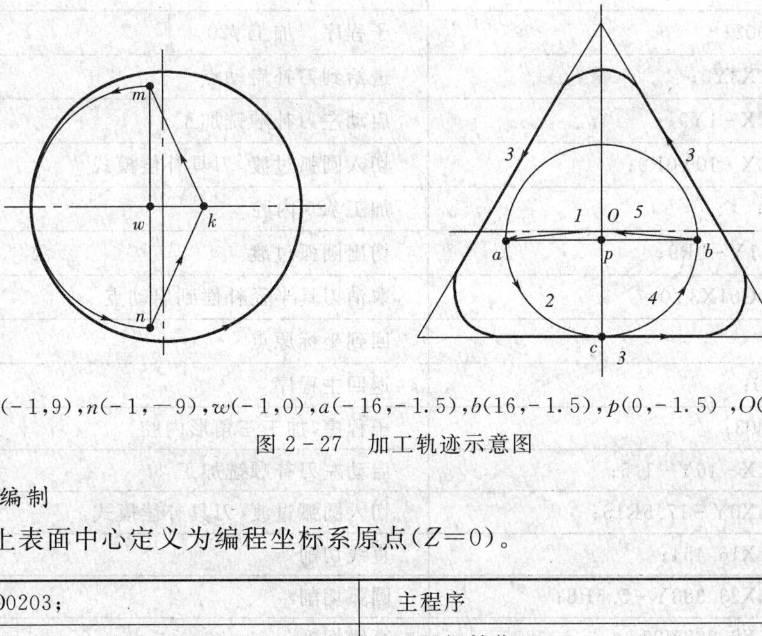

k(3,0)，m(-1,9)，n(-1,-9)，w(-1,0)，a(-16,-1.5)，b(16,-1.5)，p(0,-1.5)，O(0,0)，

图 2-27　加工轨迹示意图

4. 程序编制

零件的上表面中心定义为编程坐标系原点(Z=0)。

	O0203；	主程序
N001	G90G00G40G54G43X0Y0Z50H01；	刀具初始位置
N002	M03S700；	键槽铣刀 φ12 用于粗加工，主轴起动
N003	G00Z1；	快速接近工件，定位于表面 1mm 处
N004	G01Z-4F50M08；	慢速进给到三角形内腔加工深度，切削液开
N005	D01M98P0002F80；	调用铣 φ20 的子程序，D01 刀补粗加工三角形内腔余量，D01=0
N006	D03M98P0003；	调用铣三角形的子程序，粗加工内腔，D03=6.5
N007	G01Z-8F50；	慢速进给到 φ20 内腔加工深度

(续表)

N008	D03M98P0002F80；	调用铣 ϕ20 的子程序，D03 刀补粗加工 ϕ20 内腔
N009	G00Z50M09；	快速退回到初始面，切削液关
N010	M05；	主轴停止
N011	M30；	程序停止
	O0213；	主程序
N001	M03S1500；	换上立铣刀 ϕ12 用于精加工，主轴启动
N002	G54G90G00G40G43X0Y0Z20H02；	刀具初始位置
N003	G00Z1；	快速接近工件，定位于表面 1mm 处
N004	G01Z-4F150M08；	进给到三角形内腔加工深度，切削液开
N005	D02 M98P0003；	精加工三角形内腔，D02＝6
N006	G01Z-8；	慢速进给到 ϕ20 内腔加工深度
N007	D02 M98P0002；	精加工 ϕ20 内腔，D02＝6
N008	G00Z50M09；	快速退回到初始面，切削液关
N009	M30；	程序结束
	O0002；	子程序　加工 ϕ20
N001	G01X3Y0；	进给到刀补启动点
N002	G41X-1Y9；	启动左刀补顺铣加工
N003	G03X-10Y0R9；	切入圆弧过渡，刀具补偿模式
N004	I10；	加工 ϕ20 内腔
N005	X-1Y-9R9；	切出圆弧过渡
N006	G40G01X3Y0；	取消刀具半径补偿到启动点
N007	X0；	回到坐标原点
N008	M99；	返回主程序
	O0003；	子程序，加工三角形内腔
N001	G41X-16Y-1.5；	启动左刀补顺铣加工
N002	G03X0Y-17.5R16；	切入圆弧过渡，刀具补偿模式
N003	G01X16.454；	直线切削
N004	G03X23.383Y-5.5R8；	圆弧切削
N005	G01X6.928Y23；	直线切削
N006	G03X-6.928R8；	圆弧切削
N007	G01X-23.383Y-5.5；	*FC* 直线切削
N008	G03X-16.454Y-17.5R8；	*CD* 段圆弧
N009	G01X0.5Y-17.5；	多切削出接刀 *B* 点 0.5
N010	G03X16Y-1.5R16；	切出圆弧过渡
N011	G40G01X0Y0；	取消刀具半径补偿回到坐标原点
N012	M99；	返回主程序

注意:精加工的长度补偿和半径补偿值要根据粗加工或半精加工后的实际测量尺寸来确定输入精加工时的补偿值,程序中给的半径补偿值均为理论值。精加工半径补偿值(D02)要根据测量工件的实际尺寸调整,满足加工精度。

5. 操作步骤

(1)数控铣床开机和返回参考点。

(2)装夹工件。

(3)安装刀具、对刀,确定刀具补偿值。

①*X*、*Y* 向对刀;

②*Z* 向对刀。

此模块共使用两把刀具,把键槽铣刀和立铣刀分别安装到对应的刀柄上,然后按序号依次放置在刀架上(分别检查两把刀具安装的牢固性和正确性)。

根据教学实际情况,常用刀具直接试切对刀,把 T1 键槽铣刀安装在主轴上,为基准刀 *Z* 向对刀,在手动(JOG)方式下移动铣刀沿 Z 方向靠近工件上表面,直到铣刀端刃轻微接触到工件表面,听到刀刃与工件表面的摩擦声(但没有切屑)。按下(OFFSET/SETTING)键,在(工件系)状态下,选择相应的坐标系(例如 G54),用(↓)键或(↑)键移动光标到 *Z* 位置上,输入 Z0,按下(测量)键,该值就是被测的 *Z* 坐标,自动输入到 G54 中,T1 刀具的长度补偿数值为零(H01=0),通过手动换上 T2 立铣刀,使其到工件表面,直到铣刀端刃轻微接触到工件表面,听到刀刃与工件表面的摩擦声(但没有切屑),基准刀 T1 和 T2 刀长度的差值就显示在屏幕的绝对坐标系中,作为 T2 刀具长度补偿值。H02 内输入是 T1 键槽铣刀和 T2 立铣刀两把刀长度的差值,若编程中长度补偿采用 G43 刀具长度正方向补偿时,当 H02 为正值,T2 立铣刀比 T1 键槽铣刀长;当 H02 为负值,T2 立铣刀比 T1 键槽铣刀短。

(4)输入、验证程序。

(5)程序优化。

(6)先单段试加工,后自动加工。

(7)尺寸测量:根据对已加工零件的检测结果,如果需要,重新设置刀补值,再次执行程序加工零件,直到满足尺寸精度和粗糙度等。

(8)加工结束。

注意:在第二章、第三章、第四章的有关模块中,两把以上的对刀(*X*、*Y*、*Z* 向)方法可参考此对刀方法。

6. 操作要点及注意事项

(1)在平面内轮廓铣削加工中,精加工时铣刀半径(R)应小于或等于工件内轮廓。

(2)切除平面内轮廓余量时,应采用环形切除方式(一圈一圈的加工),一般选择从里向外加工。不过切时,通常用减少刀具半径补偿值的方法实现切除平面内轮廓余量。

(3)通过改变刀具半径补偿值及 S、F 进行粗精铣。

(4)铣削平面零件外轮廓的一般原则适用内轮廓的加工。

(5)*Z* 向对刀,也常采用依次安装两把刀具,每把刀具都从参考点 R 运动到工件上表面时,记录此时机床坐标系下的 Z 值,输入到对应的刀具长度补偿号(H01、H02)中,将工件坐标系 G54 的 Z 值设置为零。

想一想 议一议

(1)通常采用哪些方法切除内、外轮廓的余量?

(2)加工平面轮廓时,切入点、切出点如何选择?刀补启动点、过渡圆弧的大小如何选择比较合理?

想一想 做一做

(1)在本节[示范性操作]中,如果采用自动拐角圆弧过渡功能加工三角形,如何?

(2)采用切入点、切出点选在零件轮廓两几何要素的交点上这一方法编程加工。

(3)采用环形切除方式把 $\phi20$ 加工成 $\phi30$,试用 J、G02 编制整圆。

任务性操作

任务:使用刀具半径补偿和子程序功能在数控铣床上加工如图 2-28 所示零件。

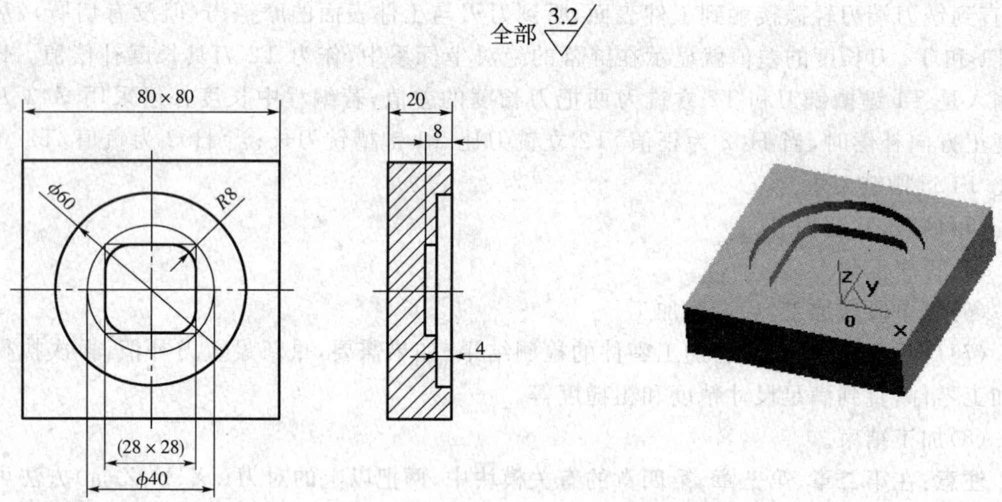

图 2-28　任务性零件图

知识链接

华中世纪星数控装置 HNC-21M 的相关知识

1. 子程序调用 M98 及从子程序返回 M99

M98 用来调用子程序,M99 表示子程序结束,当执行 M99 时返回主程序。

(1)子程序编程格式

子程序编程格式与主程序类似,具体如下:

%★★★★　　　(程序起始符)

⋮

⋮

M99；　　(返回主程序)

在子程序的开头，必须在%后规定子程序号，以作为调用入口地址。在子程序的结尾用M99以控制执行完该子程序后返回主程序，为子程序结束指令。

(2)子程序调用

调用子程序格式：

M98 P★★★★ L◆◆◆；

式中：P★★★★　为子程序号；

L◆◆◆为子程序被重复调用的次数，如果调用的次数为1次，可以省略1。

例如：M98P1029L6；表示程序号为1029的子程序连续调用6次。主程序、子程序必须写在同一个文件名下。

(3)子程序的执行过程

例如：

主程序

```
%1028
N10 G40G49G69G80;
N20 G54G90M03S1000;
N30 M98P31029;
N40 G90;
N50 G01X_Y_;
N60 M98P1029;
⋮
⋮
N120 M30;
%1029(子程序)
N10 G91;
N20 G41G01X_Y_D_;
N30
⋮
⋮
N100M99;
```

第五节　钻孔零件的加工

知识点击

本节内容涉及的知识点有：固定循环概念、作用，固定循环各参数含义，各种孔加工的固定循环，运用钻孔循环G81、G82、G80进行孔加工，满足加工要求。

示范案例

案例：使用固定循环功能在数控铣床上加工如图 2－29 所示零件，工件为 80mm×80mm×15mm，材料为 45 号钢。

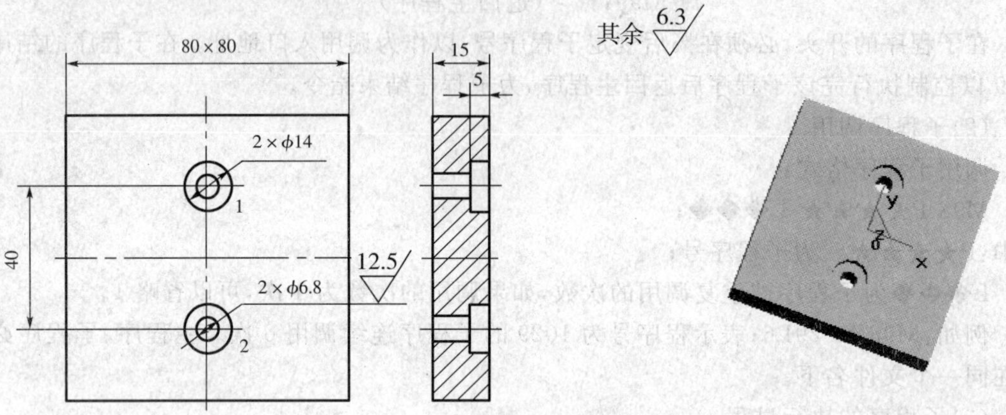

图 2－29　示范性零件图

分析：用固定循环指令(G81、G82)对 2×φ6.8 和 2×φ14 加工，只要在程序中给出各点坐标，系统便会自动重复钻孔动作，直到加工完成。

知识窗

1. 固定循环

一般由机床厂商提供，数控加工中，将钻孔、镗孔、攻螺纹等加工动作循环(孔位平面定位、快速引进、工作进给、快速退回等)预先编好程序，可用包含 G 代码的一个程序段调用，从而简化编程工作。它使编程变得容易，能缩短程序，还可节省存储器。

2. 孔加工循环动作

(1)孔加工循环指令为模态指令，一旦某个孔加工循环指令有效，在其后的所有(X,Y)位置均采用该孔加工循环指令进行加工，直到用 G80 取消孔加工循环为止。在孔加工循环指令有效时，(X,Y)平面内的运动方式为快速运动(G00)。

(2)孔加工循环一般由以下六个动作组成，如图 2－30 所示。

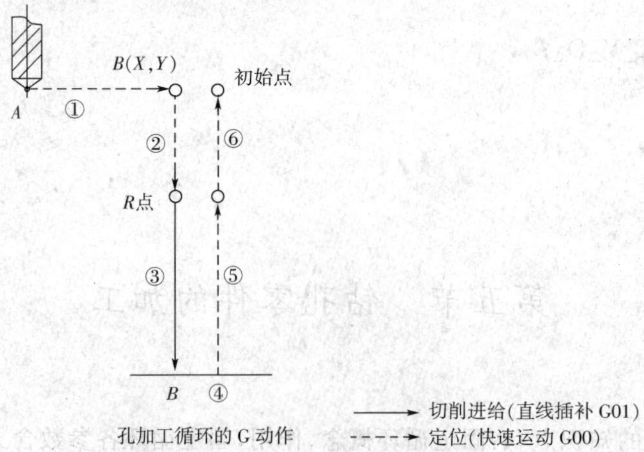

图 2－30　孔加工循环动作

动作①:X 轴和 Y 轴的定位。

动作②:快速移动到 R 点。

动作③:孔加工。

动作④:在孔底的动作。

动作⑤:返回到 R 点。

动作⑥:快速移动到初始点。

(3)G98 和 G99 两个模态指令控制孔加工循环结束后,刀具分别返回起始点和参考平面 R,如图 2-24 所示,其中 G98 是缺省方式。

(4)初始平面:是为安全进刀切削而规定的一个平面。参考平面:是刀具进刀切削时由快进转为工进的高度平面。孔底平面:加工盲孔时,为 Z 轴的高度;加工通孔时,为刀具还要伸长超过工件底平面一段距离。定位平面:由 G17、G18、G19 指定。

(5)采用绝对坐标(G90)和采用相对坐标(G91)编程时,孔加工循环指令中的值有所不同。

3. 孔加工循环控制指令

(1)钻孔循环指令 G81

如图 2-31 所示,主轴正转,刀具以进给速度向下运动钻孔,到达孔底位置后,快速退回(无孔底动作)。

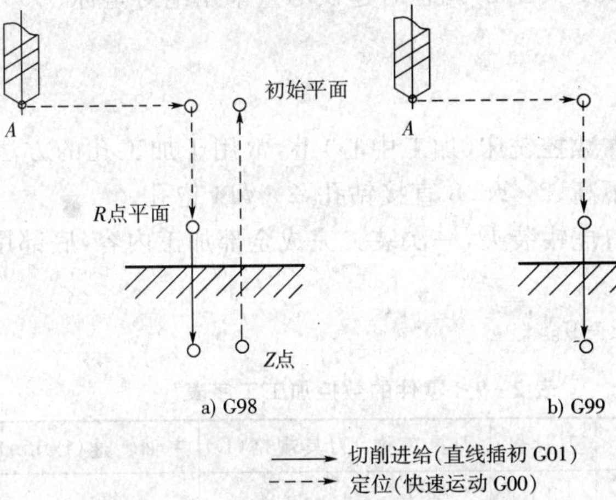

图 2-31　G81 指令动作循环

编程格式:

G90/G91 G98/G98　G81X_Y_Z_F_R_K_

其中:

X_Y_　为孔的位置,刀具以快速进给方式到(X,Y)点。

Z_　为孔加工轴方向切削进给最终位置坐标值,在采用绝对坐标(G90)时,Z 值为孔底坐标值;采用相对坐标(G91)编程时,Z 值规定为 R 点平面到孔底的距离。

F_　为进给速度(mm/min)

R_　在采用绝对坐标(G90)时,为 R 点平面的绝对值;采用相对坐标(G91)编程时,为初始点到 R 点平面的距离。

K_　为重复次数(如果需要的话)。当 K 没有规定时,默认为 1;当 K0 时,孔加工数据存入,但不执行加工动作。

(2)钻孔循环指令 G82

与 G81 格式类似,唯一的区别是 G82 在孔底加进给暂停动作,即当钻头加工到孔底位置时,刀具不作进给运动,并保持旋转状态,使孔的表面更光滑。该指令一般用于扩孔和沉头孔加工。

编程格式: G90/G91 G99/G98 G82 X_Y_Z_R_P_F_K_

其中:

P_ 为孔底暂停时间,单位为 ms(毫秒),如 P1000 等于 1 秒。

4. 固定循环的取消

使用 G80 或 01 组 G 代码,可以取消固定循环。01 组 G 代码包括:G00、G01、G02、G03、G60。

5. 注意事项

(1)固定循环不能在同一程序段中指定 01 组 G 代码。

(2)在固定循环方式中,刀具偏置被忽略。

(3)G82 中 P 在执行钻孔加工的程序段中指定 P。如果在不执行钻孔加工的程序段中指定,P 不能作为模态数据被贮存。

建议:钻孔循环指令(G81 、G82)编程时建议尽量采用绝对坐标(G90)编程。

示范性操作

1. 工艺分析

(1)加工方法的选择:在数控铣床(加工中心)上,常用于加工孔的方法有钻孔、扩孔、铰孔等。本零件孔加工要求不高,2×ϕ6.8 直接钻孔,2×ϕ14 锪孔。

(2)工装:采用机用平口虎钳装夹,一次装夹完成全部加工内容,底部用精度较高的平行垫块,垫块厚度与宽度适当。

(3)工步及刀具:见表 2-9。

表 2-9 零件的数控加工工序表

工步号	工步内容	刀具号	刀具名称	刀具规格(D)	主轴转速(r/min)	进给量(mm/min)
1	钻 2×ϕ6.8 孔	T1	钻头	6.8	2000	200
2	锪 2×ϕ14 台阶孔	T2	锪刀	14	800	100
3	去毛刺倒钝					

2. 程序编制

零件的上表面中心定义为编程坐标系原点($Z=0$)。

	O0205 ;	加工 2×ϕ6.8,刀具 ϕ6.8 钻头
N001	G90G54G00X0Y20Z50;	设置程序起始状态,刀具初始位置
N002	M03S2000;	主轴启动
N003	G99G81Z-18R3F200M08;	定位,钻 1 孔,固定循环有效

(续表)

N004	G98Y-20；	定位，钻 2 孔，并返回到初始点位置
N005	G80M09；	取消固定循环，切削液关
N006	G91G28Z0Y0M05；	返回参考点，主轴停止
N007	M30；	程序停止
	O0215；	加工 2×ϕ14，刀具 ϕ14 锪刀
N001	G90G54G00X0Y20Z50；	设置程序起始状态，刀具初始位置
N002	M03S800；	主轴启动
N003	G99G82Z-5R3P1000F100M08；	定位，钻 1 孔，固定循环有效
N004	G98Y-20；	定位，钻 2 孔，并返回到初始点位置
N005	G80M09；	取消固定循环，切削液关
N006	G91G28Z0Y0M05；	返回参考点，主轴停止
N007	M30；	程序停止

3. 操作步骤

(1)数控铣床开机和返回参考点。

(2)装夹工件。保证加工通孔时不干涉。

(3)安装刀具、对刀，确定刀具补偿值。

①X、Y 向对刀；

②Z 向对刀，依次安装两把刀具。

(4)输入、验证程序。

(5)程序优化。

(6)先单段加工，后自动加工。

(7)尺寸测量。

(8)加工结束。

4. 操作注意事项

(1)孔加工固定循环指令是模态指令，孔加工数据为模态值，操作时注意取消。

(2)在指定 G81/G82 之前，用辅助功能(M 代码)旋转主轴。

(3)孔加工切削温度高，注意冷却。

想一想 议一议

(1)在[示范性操作]程序中，G98/G99 应用的好处是什么？G81、G82 指令的具体区别是什么？它们能相互替代吗？

(2)在[示范性操作]程序加工过程中，你能说出固定循环指令通常由哪几个顺序动作组成的吗？

做一做 比一比

在[示范性操作]程序中，试用增量值编制孔的位置，比一比，与绝对值编程的区别。

任务性操作

任务:使用固定循环功能在数控铣床上加工图 2-32 所示零件,工件为 80mm×80mm×15mm,材料为 45 号钢。

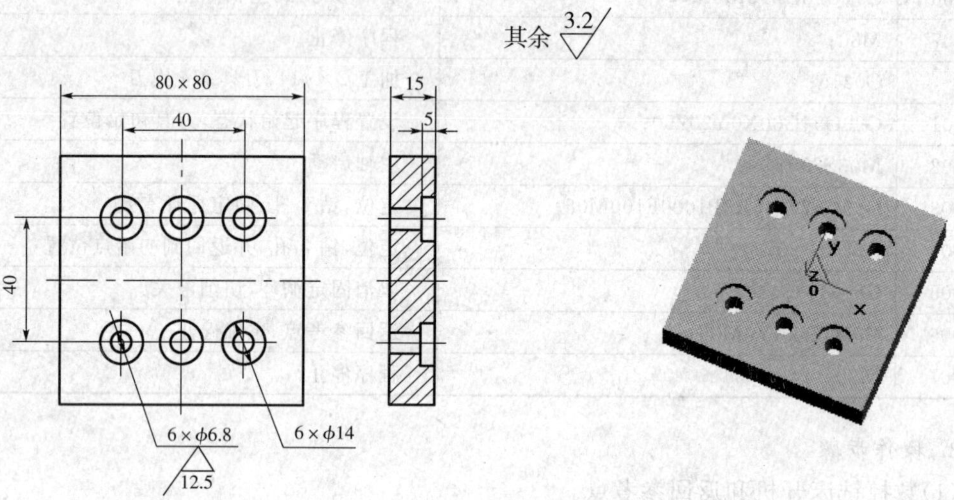

图 2-32 任务性零件图

想一想
做一做

试按照 G81/G82 固定循环的六个顺序的动作,用 G00 和 G01 编制子程序,来完成钻孔和锪孔的模拟。

做一做
比一比

(1)试用增量值与绝对值编制孔的位置,比一比,看哪个程序更简洁合理。

(2)试把 G81/G82 与 G90/G91 及子程序灵活结合起来运用,简化方便孔系的加工。

知识链接

一、FANUC 0i-MC 系统的相关知识

1. 暂停指令 G04(非模态指令)

在示范性操作案例中,2×φ10 锪孔,可以采用暂停指令 G04。G04 为非模态指令,仅在其被规定的程序段才有效。G04 指令可使刀具作暂短的无进给光整加工,一般用于镗平面、锪孔等场合。编程格式为:

G04 X(P)_

其中地址码 X 或(P)为暂停时间。X 后面可用带小数点的数,单位为秒(s);P 后面不允许用小数点的数,单位为毫秒(ms)。

例如:G04 X2;表示前面的程序执行完后,要经过 2 秒的暂停,才执行下面的程序;

P3000 表示前面的程序执行完后,要经过 3 秒的暂停,才执行下面的程序。FANUC 0i-MC 固定循环功能见表 2-10。

表 2-10 FANUC 0i-MC 固定循环功能

G 代码	钻削(-Z 方向)	在孔底的动作	回退(+Z 方向)	应用
G73	间歇进给	——	快速移动	高速深孔钻循环
G74	切削进给	停刀→主轴正转	切削进给	左旋攻丝循环
G76	切削进给	主轴定向停止	快速移动	精镗循环
G80	——	——	——	取消固定循环
G81	切削进给	——	快速移动	钻孔循环,钻中心孔循环
G82	切削进给	停刀	快速移动	钻孔循环,锪镗循环
G83	间歇进给	——	快速移动	深孔钻循环
G84	切削进给	停刀→主轴反转	切削进给	攻丝循环
G85	切削进给	——	切削进给	镗孔循环
G86	切削进给	主轴停止	快速移动	镗孔循环
G87	切削进给	主轴正转	快速移动	背镗循环
G88	切削进给	停刀→主轴停止	手动移动	镗孔循环
G89	切削进给	停刀	切削进给	镗孔循环

在示范性操作案例中,2×ϕ10 锪孔,采用暂停指令 G04 时,程序如下:

	O0215;	加工 2×ϕ14,刀具 ϕ14 锪刀
N001	G90G54G00X0Y20Z50	设置程序起始状态,刀具初始位置
N002	M03S800;	主轴启动
N003	G00Z5;	快速接近工件表面
N004	G01Z-5F100M08;	直线插补,锪孔
N005	G04P1000;	1 秒的暂停,无进给光整加工
N006	G00Z5;	快速提刀
N007	X0Y-20;	定位
N008	G01Z-5F100;	直线插补,锪孔
N009	G04P1000;	1 秒的暂停,无进给光整加工
N010	G00Z5M09;	快速提刀
N012	G91G28Z0Y0M05;	返回参考点,主轴停止
N013	M30;	程序停止

2. G73 与 G83 的指令用途

(1)高速深孔钻孔循环指令 G73

编程格式:

G73 X_Y_Z_R_Q_F_K_

其中固定循环指令工作如图 2-33 所示,高速深孔加工采用间断进给,有利于断屑、排屑。每次进给钻孔深度为 Q,一般取 3~10mm,最后一次进刀深度≤Q;d 为间断进给时的退刀量,由机床内部设定,一般为 0.2～1mm(可通过人工设定加以改变)。

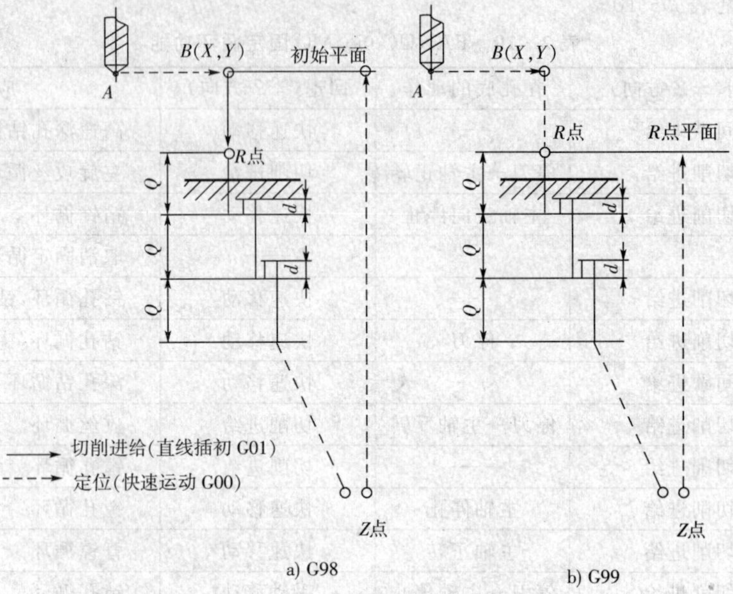

图 2-33　G73 指令动作循环

(2)深孔钻孔循环指令 G83

编程格式

G83 X_Y_Z_R_Q_F_K_

其中固定循环动作如图 2-34 所示。G83 与 G73 的区别在于 G73 每次以进给速度钻出 Q 深度后,快速抬高 $Q+d$,再由此处给进给速度钻孔至第二个 Q 深度,依次重复,直至完成整个深孔的加工;而 G83 则是在每次进给钻进一个 Q 深度后,均快速退刀至安全平面高度,然后快速下降至前一个 Q 深度之上 d 处再以进给速度钻孔至下一个 Q 深度。该钻孔加工方法因为退刀距离短,比 G83 钻孔速度快。

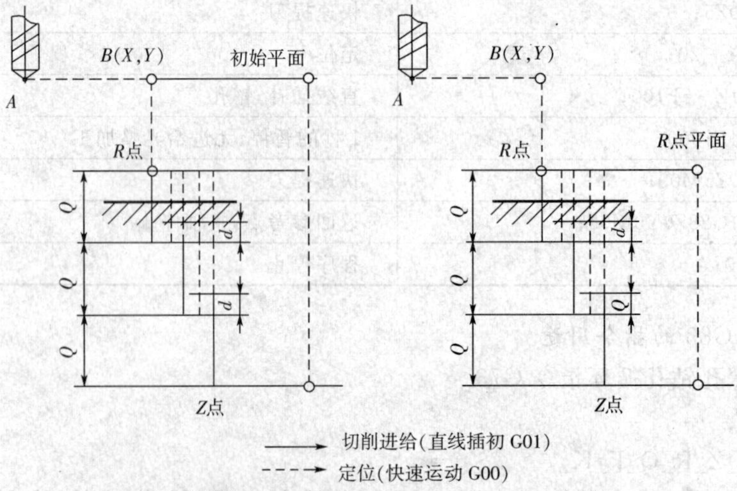

图 2-34　G83 指令动作循环

说明:不同的CNC系统,即使是同一功能的钻孔加工,其指令格式也有一定的差异,编程时应以加工机床所附编程手册的规定为准。

3. 内孔表面加工方法

内孔表面加工方法选择的原则:内孔表面加工方法有钻孔、扩孔、铰孔、镗孔、拉孔、磨孔和光孔加工。图2-35所示为常用的孔加工方案,应根据加工孔的加工要求、尺寸、具体生产条件、批量的大小及毛坯上有无预制孔等情况合理选用。

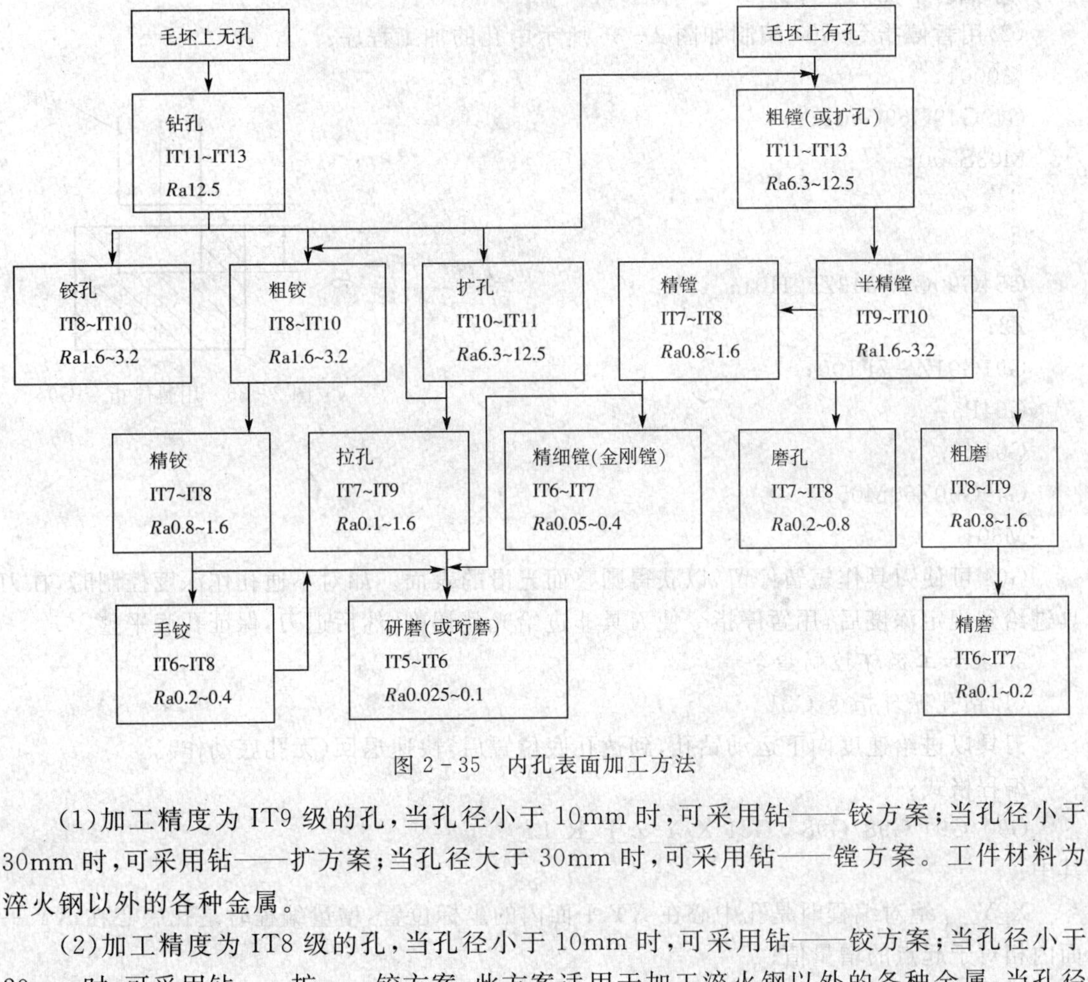

图2-35 内孔表面加工方法

(1)加工精度为IT9级的孔,当孔径小于10mm时,可采用钻——铰方案;当孔径小于30mm时,可采用钻——扩方案;当孔径大于30mm时,可采用钻——镗方案。工件材料为淬火钢以外的各种金属。

(2)加工精度为IT8级的孔,当孔径小于10mm时,可采用钻——铰方案;当孔径小于20mm时,可采用钻——扩——铰方案,此方案适用于加工淬火钢以外的各种金属,当孔径应在20~80mm之间,此外也可以采用最终工序为精镗或拉削的方案。淬火钢可采用磨削加工。加工精度为IT7级的孔,当孔径小于12mm时,可采用钻——粗铰——精铰方案;当孔在12~60mm时,可采用钻——扩——粗铰——精铰方案或钻——扩——拉方案。若毛坯上已铸出或锻出孔,可采用镗——半精镗——精镗方案或粗镗——半精镗——磨孔方案。最终工序为铰孔适用于未淬火钢或铸铁,对有色金属铰出的孔表面粗糙度较大,常用精细镗孔替代铰孔。最终工序为拉孔的方案适用于大批量生产,工件材料为未淬火钢、铸铁和有色金属。最终工序为磨孔。

二、华中世纪星数控装置 HNC－21M 的相关知识

1. 暂停指令 G04(非模态指令)

(1)编程格式:

G04 P_

其中:

P 为暂停时间,单位为秒(s)。例如:G04 P5,表示前面的程序执行完后,要经过 5 秒的暂停,才执行下面的程序。

(2)用暂停指令 G04 编制如图 2-36 所示中孔的加工程序:

```
%0001
G40G49G69G80;
M03S500;
⋮
⋮
G54G90G00G43Z50H01;
Z2;
G91G01Z-7F100;
G04P5;
G01Z7;
G49G00Z50M05;
M30;
```

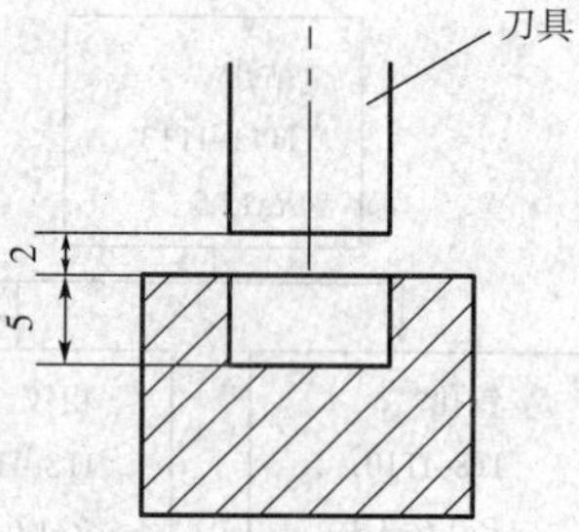

图 2-36　用暂停指令 G04

G04 可使刀具作短暂停留,以获得圆整而光滑的表面。如对不通孔作深度控制时,在刀具进给到规定深度后,用暂停指令使刀具非进给光整切削,然后退刀,保证孔底平整。

2. 孔加工循环控制指令

(1)钻孔循环指令 G81

刀具以进给速度向下运动钻孔,到达孔底位置后,快速退回(无孔底动作)。

编程格式:

G90/G91 G98/G98　G81 X_Y_Z_F_R_L_

其中:

X_Y_　绝对编程时是孔中心在 XY 平面内的坐标位置,增量编程时是孔中心在 XY 平面内相对于起点的增量值;

Z_　绝对编程时是孔底 Z 点的坐标值,增量编程时是孔底 Z 点相对于参照 R 点的增量值;

R_　绝对编程时是参照 R 点的坐标值,增量编程时是是参照 R 点相对于初始 B 点的增量值;

F_　钻孔进给速度;

L_　循环次数(一般用于多孔加工,所以 X_Y_应为增量值)。

注意:Z 移动量为零时,该指令不执行。

(2)带停顿的钻孔循环指令 G82

与 G81 格式类似,唯一的区别是 G82 在孔底加进给暂停动作,即当钻头加工到孔底位

置时,刀具不作进给运动,并保持旋转状态,使孔的表面更光滑。该指令一般用于扩孔和沉头孔加工。

编程格式:

G90/G91 G99/G98 G82 X_Y_Z_R_P_F_L_

其中:

P_　孔底暂停时间,单位为 s(秒),如 P1 等于 1 秒。

注意:Z 移动量为零时,该指令不执行。

(3)深孔钻孔循环指令 G83

编程格式:

G98(G99)G83 X_Y_Z_R_Q_P_K_F_L_

其中:

Q_　每次向下的钻孔深度(增量值,取负值);

K_　距已加工孔深上方的距离(增量值,取正值);

P_　孔底延时时间(主轴维持旋转状态);

L_　循环次数(一般用于多孔加工的简化编程)。

注意:Z、K、Q 移动量为零时,该指令不执行。

(4) 高速深孔钻孔循环指令 G73

编程格式:

G98(G99)G73 X_Y_Z_R_Q_P_K_F_L_

其中:

Q_　每次向下的钻孔深度(增量值,取负值);

K_　每次向上的退刀量(增量值,取正值);

P_　孔底延时时间(主轴维持旋转状态);

L_　循环次数(一般用于多孔加工的简化编程)。

注意:Z、K、Q 移动量为零时,该指令不执行。

6. 钻孔常见质量缺陷及其防止措施

钻孔注意事项:

(1)孔径增大、中心线偏移

序号	主要原因	形成结果	对策措施
1	钻头顶角刃磨不对称	一条切削刃工作,受力不平衡	刃磨顶角对称
2	两主刀刃长度不对称	钻削时形成两个中心孔	圆锥形刃磨法
3	刃磨后角时摆动角度超过砂轮中心水平面	形成负后角	钻头尾部摆动角度 12～15 度
4	钻头由轴向力引起的纵向弯曲	孔径大	调整切削参数
5	无中心孔或过小	钻削中导向不稳定	用定心钻预钻

(2)钻孔振动、孔不圆

序号	主要原因	形成结果	对策措施
1	钻头后角太大	左右切削刃不对称,摆差大	减小后角
2	工件表面不平或有气孔、砂眼。	钻头振动,折断	更换合格毛坯
3	孔钻通时,进给阻力迅速下降而进给量增大,或工件刚性不足,钻通时弹性恢复,使进给量增大	钻头振动、尖叫	调整切削参数刃磨
4	工件夹紧不牢	钻削时振动	改进夹具及定位
5	钻孔时切屑堵塞钻头的螺旋角或切屑卷在钻头上	切削液不能进入孔内	啄式钻孔模式

第六节　攻螺纹零件的加工

知识点击

本节内容涉及的知识点有:右旋螺纹和左旋螺纹的基本知识,螺纹加工的固定循环G74、G84,螺纹加工满足加工要求,等等。

示范案例

案例:使用固定循环功能在数控铣床上加工如图2-37所示6×M8零件,注意螺纹旋向(钻孔加工后工件)。

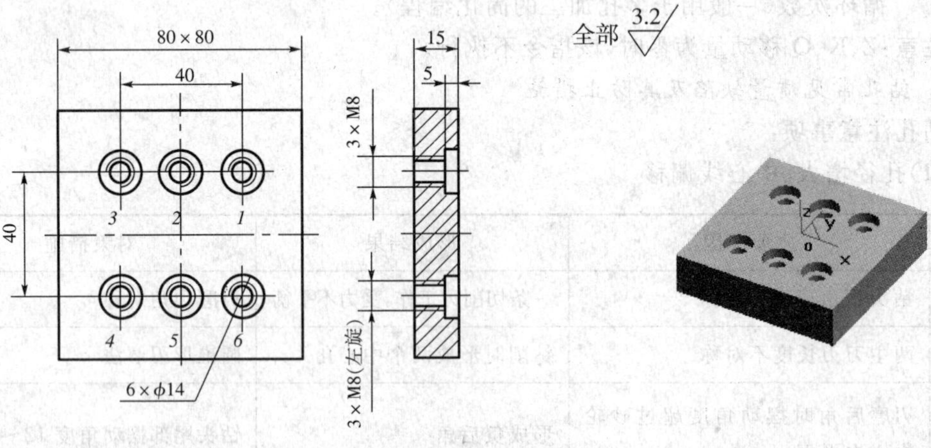

图2-37　示范性零件图

分析:由零件图分析,用攻丝循环指令(G74、G84)对6×M8加工,只要在程序中给出各点坐标,系统便会自动重复攻丝动作,直到加工完成。

知识窗

2. 螺纹加工

螺纹按旋向分为右旋螺纹和左旋螺纹，应用最广的是普通公制右旋螺纹。常用加工方法有车、铣螺纹等，M20 以下，攻丝是应用较广泛的加工方法，常见普通螺纹直径和螺距见表 2-11。

表 2-11　常见普通螺纹直径和螺距

公称直径(第一系列)	螺距(粗牙)	预钻孔直径
6	1	5.1
8	1.25	6.8
10	1.5	8.5
12	1.75	10.2
16	2	13.6
20	2.5	17
预钻孔直径经验公式：$d_1 \approx 0.85d$(d——螺纹公称直径)		

3. 普通攻螺纹循环(又称柔性攻螺纹循环)

(1)右旋螺纹循环指令 G84

攻螺纹如图 2-38 所示，进给时主轴正转(M03)，退出时主轴反转(M04)，在孔底暂停，主轴变换旋转方向(M03→M04)，以及在 R 点平面再次暂停，主轴换向(M04→M03)。所有这些，都由系统自动处理。

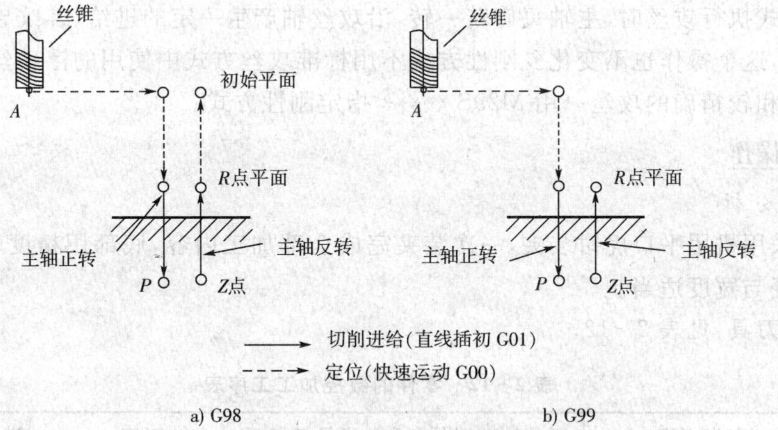

图 2-38　G84 指令动作循环

编程格式：

G90/G91 G98/G98　G84 X_Y_Z_F_P_R_K_

式中：

X_Y_　为孔的位置，刀具以快速进给方式到(X,Y)点。

Z_　为孔加工轴方向切削进给最终位置坐标值，在采用绝对坐标(G90)时，Z 值为孔底坐标值;采用相对坐标(G91)编程时,Z值规定为R点平面到孔底的距离。

F_ 为进给速度(mm/min)(螺纹导程×主轴转速)。

R_ 在采用绝对坐标(G90)时,为R点平面的绝对值;采用相对坐标(G91)编程时,为初始点到R点平面的距离。

K_ 为重复次数(如果需要的话)。当K没有规定时,默认为1;当K0时,孔加工数据存入,但不执行加工动作。

P_ 孔底暂停时间(一般用于加工深螺纹),单位为ms(毫秒),如P1000等于1秒。

(2)左旋螺纹循环指令G74

G74与G84的区别是进给时为反转,退出时为正转。

编程格式:

G90/G91 G98/G98 G74 X_Y_Z_R_P_F_K_

说明:

①轴顺时针旋转执行攻螺纹(G84)。当到达孔底时,为了退回,主轴以相反方向旋转,G74反之。

②在攻螺纹期间进给倍率被忽略。进给保持,不停止机床,直到返回动作完成。

③与钻孔加工不同的是攻螺纹结束后的返回过程不是快速移动,而是以进给速度反转退出。

④编程时要求根据主轴转速计算进给速度。该指令执行前,用辅助功能使主轴旋转。进给速度要求严格按公式计算,否则乱扣。公式如下:

$$进给速度(F)=螺纹导程\times主轴转速(n)$$

建议:螺纹循环指令(G84、G74)编程时建议尽量采用绝对坐标(G90)编程。

3. 刚性攻螺纹循环

刚性方式执行攻丝时,主轴每旋转一转,沿攻丝轴产生一定的进给(螺纹导程)。即使在加减速期间,这个操作也不变化。刚性方式不用标准攻丝方式中使用的浮动丝锥卡头,这样可得到较快和较精确的攻丝。用M29S ***** 指定刚性方式。

示范性操作

1. 工艺分析

工装:采用机用平口虎钳装夹,一次装夹完成全部加工内容,底部用精度较高的平行垫块,垫块厚度与宽度适当。

工步及刀具:见表2-12。

表2-12 零件的数控加工工序表

工步号	工步内容	刀具号	刀具名称	刀具规格(D)	主轴转速(r/min)	进给量(mm/min)
1	倒角2×ϕ6.8孔口	T1	麻花钻	12	1200	200
2	攻3×M8	T2	丝锥	M8	400	500
3	攻3×M8左	T3	左旋丝锥	M8	400	500
4	去毛刺					

2. 程序编制

零件的上表面中心定义为编程坐标系原点($Z=0$)。

	O0206；	倒角 2×ϕ6.8 孔口，刀具 ϕ12 麻花钻
N001	G90G54G00X20Y20Z50；	设置程序起始状态，刀具初始位置
N002	M03S1200	主轴启动
N003	G99 G81Z－8R2F200M08；	定位，倒钻 1 孔，固定循环有效
N004	G91X－20K2；	增量值定位，倒钻 2 孔、3 孔。
N005	G90Y－20	绝对值定位，倒钻 4 孔
N006	G91X20K2	增量值定位，倒钻 5 孔、6 孔
N007	G80M09；	取消固定循环，切削液关
N008	G90G00Z50M05；	主轴回到起始点，主轴停止
N009	G91G28Z0Y0；	返回参考点
N10	M30；	程序停止
	O0216；	加工 3×M8，刀具 M8 丝锥
N001	G90G54G00X20Y20Z50；	设置程序起始状态，刀具初始位置
N002	M03S400；	主轴起动正转
N003	M08；	切削液开，
N004	G99G84Z－18R5F500；	柔性攻丝循环有效，攻 1 孔
N005	G91X－20K2；	攻 2 孔、3 孔
N006	G80M09；	取消固定循环，切削液关
N007	G91G28Z0Y0M05；	返回参考点，主轴停止
N008	M30；	程序停止
	O0226；	加工 3×M8 左，刀具 M8 左旋丝锥
N001	G90G54G00X－20Y－20Z50；	设置程序起始状态，刀具初始位置
N002	M04S400；	主轴起动反转
N003	M08；	切削液开，
N004	G99G74Z－18R5F500；	柔性攻丝循环有效，攻 4 孔
N005	G91X20K2；	攻 5 孔、6 孔
N006	G80M09；	取消固定循环，切削液关
N007	G91G28Z0Y0M05；	返回参考点，主轴停止
N008	M30；	程序停止

3. 操作步骤

(1)数控铣床开机和返回参考点。

(2)装夹工件。保证加工通孔时不干涉。

(3)安装刀具、对刀，确定刀具补偿值。

①X、Y 向对刀；

②Z 向对刀：依次安装 3 把刀具，丝锥安装在丝锥夹头上，装刀时要保证刀具伸出的长

度满足加工要求,保证加工通孔,同时又要考虑麻花钻的刚性,检查三把刀具安装的正确和牢固。

(4)输入、验证程序。

(5)程序优化。

(6)先单段试加工,后自动加工。

(7)尺寸测量

(8)加工结束。

4. 操作要点及注意事项

(1)使用固定循环之前,必须使主轴旋转。

(2)在固定循环中途,若利用复位或急停使数控装置停止,由于螺纹孔加工方式和数据都已被存贮,开始加工时,把固定循环取消(G80)。

(3)进给和主轴速度修调旋纽在攻丝循环时无效。

(4)螺纹底孔合格,铁屑少。

想一想 议一议

在本节[示范性操作]程序中,G74/G84 指令循环动作的具体区别在哪里?

做一做 比一比

在本节[示范性操作]程序中,是用增量值编制孔的位置,试一试用子程序编制孔的位置。比一比两种方法有何不同。

任务性操作

任务:使用固定循环功能在数控铣床上加工如图 2-39 所示零件,注意螺纹旋向(钻孔加工后工件)。

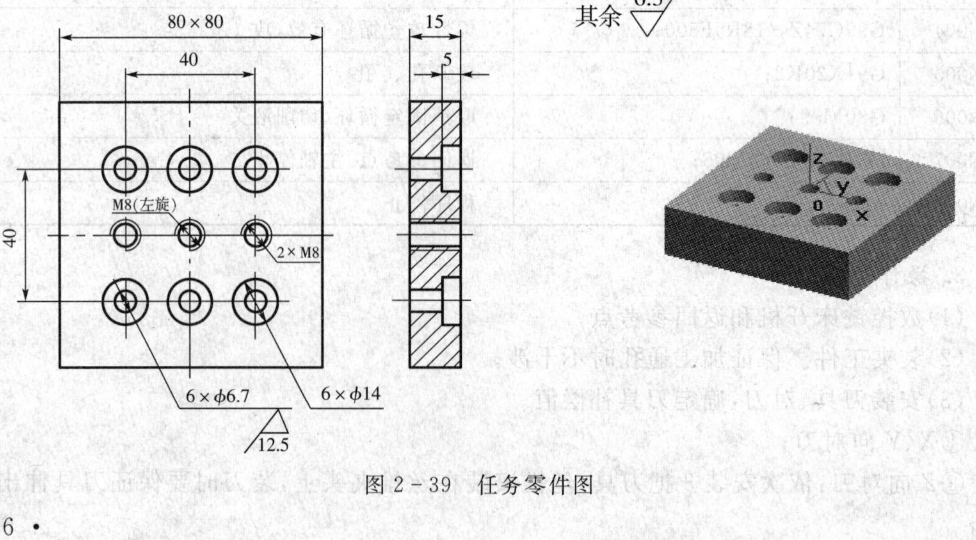

图 2-39 任务零件图

想一想 做一做

在程序 G74/G84 循环参数中添加 Q，改成排屑刚性攻丝循环，想一想，这有何优点？

知识链接

华中世纪星数控装置 HNC-21M 相关知识

1. 普通攻螺纹循环

(1)右旋螺纹循环指令 G84 (攻丝循环)

编程格式：

G90/G91 G98/G98 G84 X_Y_Z_R_P_F_L_

其中：

X_Y_ 绝对编程时是螺纹中心在 XY 平面内的坐标位置，增量编程时是螺纹中心在 XY 平面内相对于起点的增量值；

Z_ 绝对编程时是孔底 Z 点的坐标值，增量编程时是孔底 Z 点相对于参照 R 点的增量值；

R_ 绝对编程时是参考 R 点的坐标值，增量编程时是是参考 R 点相对于初始 B 点的增量值；

P_ 为孔底停顿时间，单位为 s(秒)，如 P1 等于 1 秒；

F_ 螺纹导程；

L_ 循环次数(一般用于多孔加工，所以 X_Y_应为增量值)。

注意：Z 移动量为零时，该指令不执行。

(2)左旋螺纹循环指令 G74(反攻丝循环)

编程格式：

G90/G91 G98/G98 G74 X_Y_Z_R_P_F_L_

2. 注意事项

攻丝常见质量缺陷及其防止措施如下：

序号	常见缺陷	主要原因	对策措施
1	丝锥折断	底孔直径小	适当加大底孔直径
		底孔深度浅	适当加深底孔
		盲孔内铁屑多	清理干净铁屑
		盲孔内排屑困难	容屑槽大丝锥
			螺旋丝锥
		孔口无倒角或丝锥导向短	孔口倒角
		切削用量不合理	调整降低切削用量
2	丝锥崩刃	丝锥适用材质与工件不符	更换加工对应材质丝锥
3	内螺纹不平齐	底孔表面不平	钻头修磨对称
4	螺纹牙平	底孔直径大	减小底孔直径

第七节　铰孔镗孔零件的加工

知识点击

本节内容涉及的知识点有:各种镗孔循环的使用区别,铰孔、镗孔加工的固定循环 G85、G76,铰孔、镗孔加工。

示范案例

案例: 在数控铣床上使用固定循环 G85、G76 功能镗孔加工如图 2-40 零件(在螺纹加工后工件上),如图 2-40 所示。

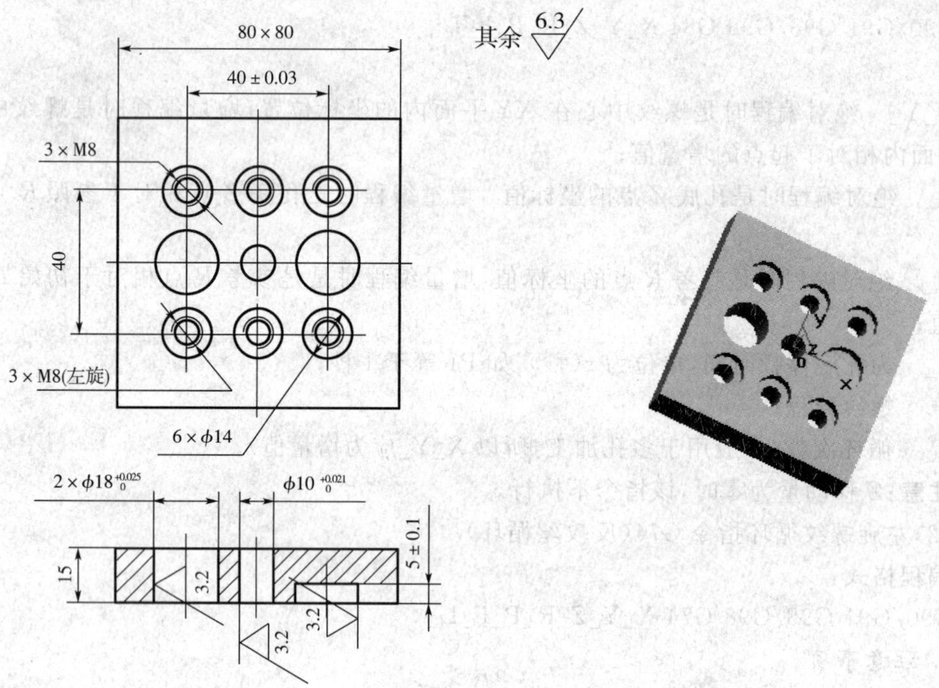

图 2-40　示范性零件图

分析: 用钻孔、镗(铰)孔循环指令(G85)加工 ϕ10H7,扩镗(G76)2×ϕ18H7。

知识窗

常用镗孔固定循环见表 2-13。

表 2-13　常用镗孔循环

G 代码	钻削(－Z 方向)	在孔底的动作	回退(＋Z 方向)	应用
G76	切削进给	主轴定向停止	快速移动	精镗循环
G85	切削进给	——	切削进给	镗孔循环
G86	切削进给	主轴停止	快速移动	镗孔循环
G87	切削进给	主轴正转	快速移动	背镗循环
G88	切削进给	停刀→主轴停止	手动移动	镗孔循环
G89	切削进给	停刀	切削进给	镗孔循环

(1)镗孔循环指令 G85

如图 2-41 所示,该指令用于镗孔,它的退刀动作是以进给速度退出的(没有孔底动作),可以用于铰孔、扩孔等加工。

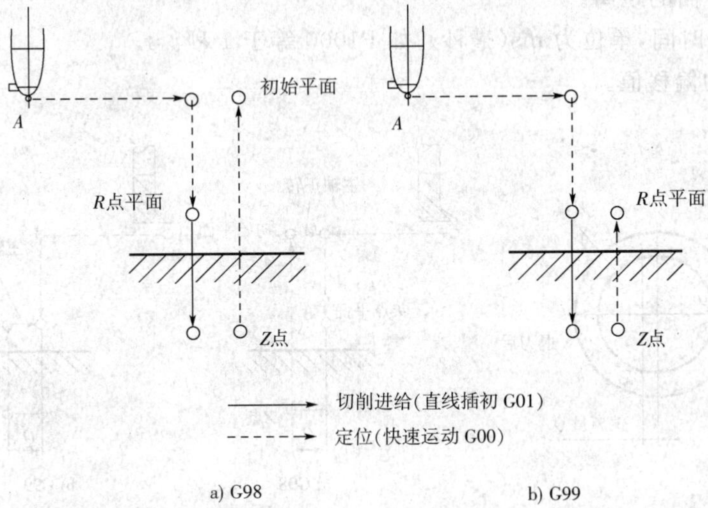

图 2-41　G85 指令动作循环

编程格式:

G90/G91 G98/G98 G85 X_Y_Z_R_F_K_

式中:

X_Y_　为孔的位置,刀具以快速进给方式到(X,Y)点。

Z_　为孔加工轴方向切削进给最终位置坐标值,在采用绝对坐标(G90)时,Z 值为孔底坐标值;采用相对坐标(G91)编程时,Z 值规定为 R 点平面到孔底的距离。

F_　为进给速度(mm/min)。

R_　在采用绝对坐标(G90)时,为 R 点平面的绝对值;采用相对坐标(G91)编程时,为初始点到 R 点平面的距离。

K_　为重复次数(如果需要的话)。当 K 没有规定时,默认为 1;当 K0 时,孔加工数据存入,但不执行加工动作。

说明:　沿着 X 轴和 Y 轴定位以后,快速移动到 R 点,然后从 R 点到 Z 点执行镗孔。当到达孔底(Z 点)时,执行切削进给,最后返回到 R 点。

(2)精镗循环指令 G76

如图 2-42 所示,G76 指令到孔底有三个动作:进给暂停、主轴准停在固定的回转位置上(定向停止)、刀具沿刀尖的反方向偏移 Q 值,然后快速退回到 R 点平面或初始点平面。由于有让刀动作,主轴后退时不会擦伤已加工表面,从而完成高精度、高效率的镗削加工。

编程格式:

G90/G91 G98/G98 G76 X_Y_Z_R_Q_P_F_

其中:

X_Y_　为孔的位置,刀具以快速进给方式到(X,Y)点。

Z_　为孔加工轴方向切削进给最终位置坐标值,在采用绝对坐标(G90)时,Z 值为孔底坐标值;采用相对坐标(G91)编程时,Z 值规定为 R 点平面到孔底的距离。

F_ 为进给速度(mm/min)

R_ 在采用绝对坐标(G90)时,为 R 点平面的绝对值;采用相对坐标(G91)编程时,为初始点到 R 点平面的距离。

P_ 为暂停时间,单位为 ms(毫秒),如 P1000 等于 1 秒。

Q_ 孔底的偏移值。

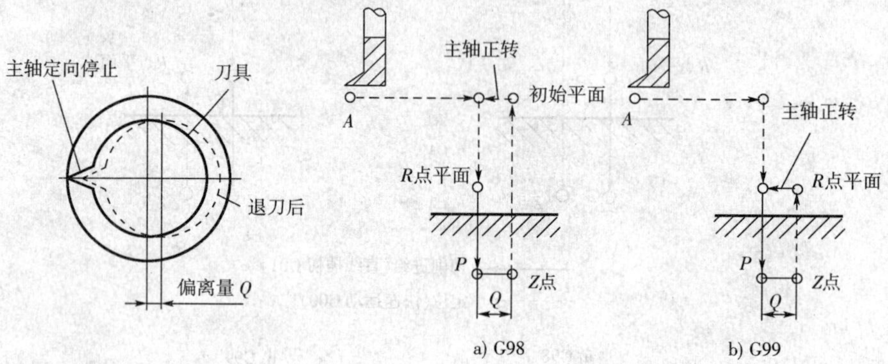

图 2-42 G76 指令动作循环

示范性操作

1. 工艺分析

工装:采用机用平口虎钳装夹,一次装夹完成全部加工内容,底部用精度较高的平行垫块,垫块厚度与宽度适当。

工步及刀具:见表 2-14。

表 2-14 零件的数控加工工序表

工步号	工步内容	刀具号	刀具名称	刀具规格(D)	主轴转速(r/min)	进给量(mm/min)
1	铣 ϕ18H7 深 5mm 为 ϕ17.8	T1	键槽铣刀	10	1200	80
2	钻扩 ϕ18H7 通孔为 ϕ17.8	T2	钻头	17.8	300	50
3	钻扩 ϕ10H7 为 ϕ9.8	T3	钻头	9.8	350	60
4	精镗 2×ϕ18H7	T4	精镗刀	18	500	60
5	铰 ϕ10H7	T5	铰刀	10(H7)	80	60
6	去毛刺					

2. 程序编制

零件的上表面中心定义为编程坐标系原点(Z=0)。

	O0207；	加工 2×ϕ18H7,ϕ10H7
N001	G17G80G49；	设置程序起始状态
N002	T1M06；	交换刀具 ϕ10 铣刀
N003	G90G54G00G43X20Y0Z50H01；	刀具初始定位位置,刀具长度补偿
N004	M03S1200；	主轴启动
N005	Z1；	刀具快速到工件上表面
N006	G01Z－5F80M08；	加工深度
N006	X16.1F120；	中心轨迹编程
N007	G02I3.9F150；	铣 ϕ17.8
N008	G0Z50 M09；	刀具回起始高度,切削液关
N009	G91G28Z0；	返回参考点
N010	T2M06；	交换刀具 ϕ17.8 钻头
N011	G90G54G00G43X20Y0Z50H02	刀具初始定位位置,刀具长度补偿,
N012	M03S300；	主轴启动
N013	G98G81Z－19R2F50M08；	钻扩通孔 ϕ17.8
N014	G80M09；	取消固定循环,切削液关
N015	G91G28Z0；	返回参考点
N016	T3M06；	换 ϕ9.8 钻头
N017	G90G54G00G43X0Y0Z50H03	刀具初始定位位置,刀具长度补偿
N018	M03S350；	主轴启动
N019	G98G81Z－18R2F60M08；	钻扩通孔 ϕ9.8
N020	G80M09；	取消固定循环,切削液关
N021	G91G28Z0；	返回参考点
N022	T4M06；	交换刀具 ϕ18 精镗刀
N023	G90G54G00G43X－20Y0Z50H04；	刀具初始定位位置,刀具长度补偿
N024	M03S500；	主轴启动
N025	G99G76Z－16R2Q0.1P200F60M08；	精镗通孔 ϕ18 H7
N026	G98X20Z－5；	精镗盲孔 ϕ18 H7
N027	G80M09；	取消固定循环,切削液关
N028	G91G28Z0；	返回参考点

(续表)

N029	T5M06;	换 ϕ10H7 绞刀
N030	G90G54G00G43X0Y0Z50H05;	刀具初始定位位置,刀具长度补偿
N031	M03S80;	主轴启动
N032	G98G85Z-17R2F60M08;	铰孔 ϕ10H7
N033	G80M09;	取消固定循环,切削液关
N034	G91G28Y0Z0M05;	返回参考点
N035	M30;	程序停止

3. 操作步骤

(1)加工中心开机和返回参考点。

(2)装夹工件,保证加工通孔时不干涉。

(3)安装刀具、对刀,确定刀具补偿值。

①X、Y 向对刀;

②Z 向对刀,在刀库上依次安装 5 把刀具,刀具长度补偿同数控铣床多把对刀方法相似。

(4)输入、验证程序。

(5)程序优化。

(6)先单段加工,后自动加工。

(7)尺寸测量:根据对已加工零件的检测结果,如果需要,重新设置刀补值,再次执行程序加工零件,直到满足尺寸精度和粗糙度等。

(8)加工结束。

注意:精加工的长度补偿和半径补偿值要根据粗加工或半精加工后的实际测量尺寸来确定输入精加工时的补偿值,程序中给的半径补偿值均为理论值。

4. 操作要点及注意事项

镗刀的选择、安装及调整:

(1)镗刀刀杆在满足加工要求下,尽量选择粗短刀柄和较大的主偏角。盲孔时,选切削刃与水平面平行的镗刀,粗镗刀一般选双刃的。

(2)精镗刀的安装要注意刀刃方向,保证刀具避让正确。

(3)镗刀调整用对刀仪,也可用对刀板或百分表预调至小于或等于理想尺寸。精镗刀微调时,采用浅深度试切。

想一想 议一议

(1)在本节[示范性操作]程序中,加工中心与数控铣床编程有何区别?

(2)想一想如何控制镗孔尺寸以及微调镗刀的使用。

任务性操作

任务：在数控铣床上使用固定循环 G85、G76 功能镗孔加工(在螺纹加工后工件上)，如图 2－43 所示零件。

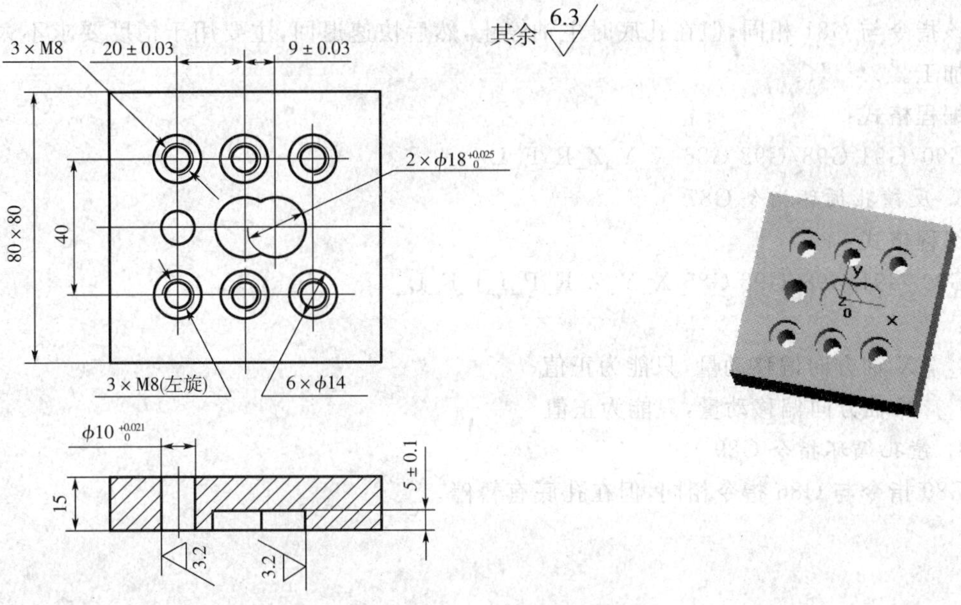

图 2－43 任务性零件图

想一想
做一做

(1)在本节[任务性操作]中，加工 8 字形 φ18H7 孔时，该如何测量？

(2)想一想孔系加工工艺分析的步骤和方法的选用。

(3)做一做，正确掌握快速调整镗刀尺寸的方法。

知识链接

华中世纪星数控装置 HNC－21M 相关知识

1. 镗孔循环指令 G85

该指令主要用于精度要求不太高的镗孔加工。

编程格式：

G90/G91 G98/G98 G85 X_Y_Z_R_P_F_L_

其中：

X_Y_ 绝对编程时是孔中心在 *XY* 平面内的坐标位置，增量编程时是孔中心在 *XY* 平面内相对于起点的增量值；

Z_ 绝对编程时是孔底 *Z* 点的坐标值，增量编程时是孔底 *Z* 点相对于参考 *R* 点的增量值；

R_ 绝对编程时是参考 *R* 点的坐标值，增量编程时是参考 *R* 点相对于初始 *B* 点的增量值；

P_　为孔底停顿时间(主轴维持旋转状态),单位为 s(秒),如 P1 等于 1 秒;

F_　钻孔进给速度;

L_　循环次数(一般用于多孔加工的简化编程)。

2. 镗孔循环指令 G86:

该指令与 G81 相同,但在孔底时主轴停止,然后快速退回,主要用于精度要求不太高的镗孔加工。

编程格式:

G90/G91 G98/G98 G86 X_Y_Z_R_F_L_

3. 反镗孔循环指令 G87

编程格式:

G90/G91 G98/G98 G86 X_Y_Z_R_P_I_J_F_L_

式中:

I_　*X* 轴方向偏移动量,只能为正值;

J_　*Y* 轴方向偏移动量,只能为正值。

4. 镗孔循环指令 G89

G89 指令与 G86 指令相同,但在孔底有暂停。

第三章 数控铣床(加工中心)简化编程与加工

本章主要学习 FANUC 0i－MC 系统的简化编程，共设计 5 个模块。在每个模块中，[示范案例]详细介绍了加工工艺、以及通过加工验证后的程序和操作要点等；在[知识链接]中，介绍了华中系统的编程规则等。

第一节 用局部坐标系与极坐标系功能编程和加工

知识点击

本节内容涉及的知识点有：极坐标(G15，G16)、局部坐标系(G52)、子程序二级嵌套。

示范案例

案例：使用极坐标系功能、可编程的零点偏置功能和子程序二级嵌套在数控铣床上加工如图 3－1 所示零件，孔深 10mm。

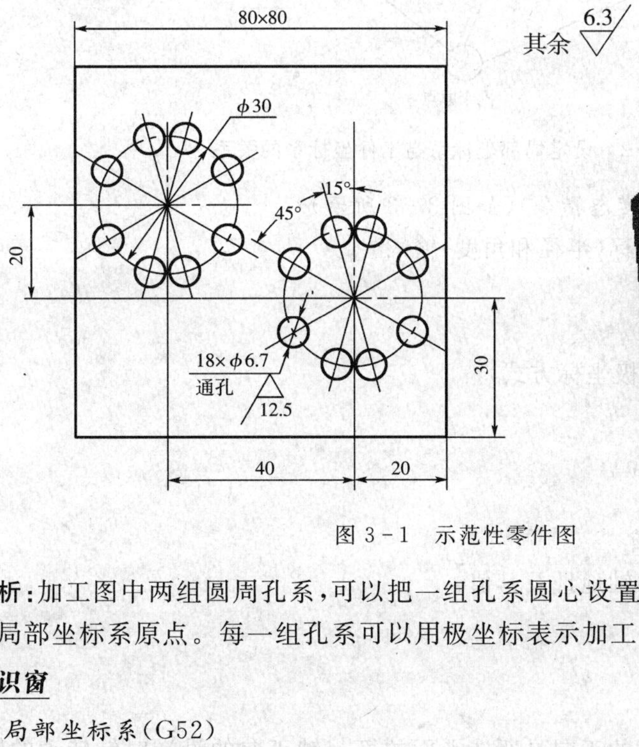

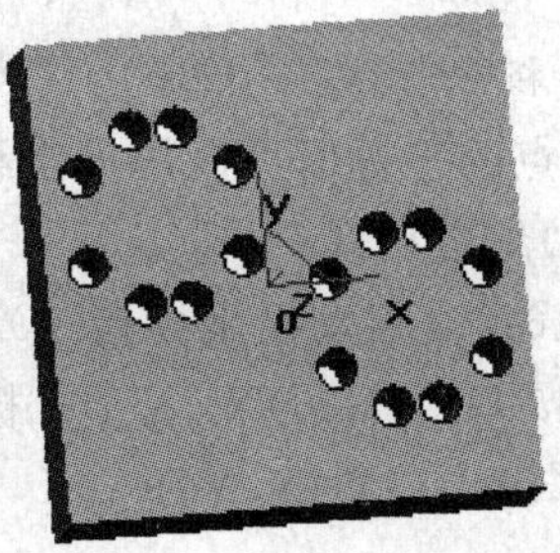

图 3－1 示范性零件图

分析：加工图中两组圆周孔系，可以把一组孔系圆心设置为坐标系原点，将另一组圆心设置为局部坐标系原点。每一组孔系可以用极坐标表示加工孔的位置。

知识窗

1. 局部坐标系(G52)

当在工件坐标系中编制程序时，为了方便编程，可以设定工件坐标系的子坐标系。子坐标系称为局部坐标系。

编程格式：

G52X_Y_Z_；　　　（设定局部坐标系）

⋮

⋮

G52X0Y0Z0；　　　（取消局部坐标系）

式中 X_Y_Z_为局部坐标系的原点在工件坐标系中的坐标值。

在工件坐标系(G54～G59)中设定局部坐标系，局部坐标系与原工件坐标系的偏移关系，如图 3-2 所示。

若要取消当前局部坐标系时，即编程为 G52 X0 Y0 Z0；。取消局部坐标之后，又恢复到原工件坐标系(G54～G59)。在工件坐标系内若用 G52 指令再指定一个新的局部坐标系原点，新建立的局部坐标系代替原局部坐标系。设定局部坐标系与工件坐标系的关系如图 3-2 所示。

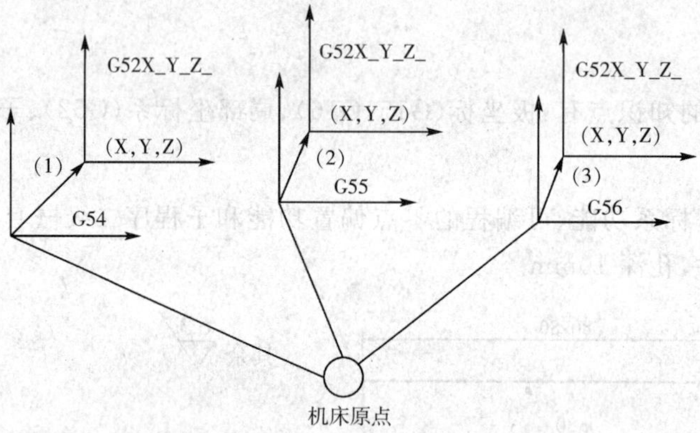

图 3-2　设定局部坐标系与工件坐标系的关系

2. 极坐标(G15,G16)　(模态指令)(如图 3-3 所示)

终点的坐标值可以用极坐标(半径和角度)输入。

(1)编程格式：

G16；　(启动极坐标指令)

G17 G01(G00)X_ Y_　(极坐标方式)

或 G02(G03)X_Y_R_

⋮

⋮

G15；　(取消极坐标指令)

指定极坐标系选择平面的轴地址及其值：

第一轴 X：极坐标半径；

第二轴 Y：极坐标角度；

R：圆弧半径。

(2)极坐标角度方向：角度的正向是所选平面的第一轴正向的沿逆时针转动的转向，而负向是沿顺时针转动的转向。半径和角度均可以用绝对值指令或增量值指令(G90,G91)。

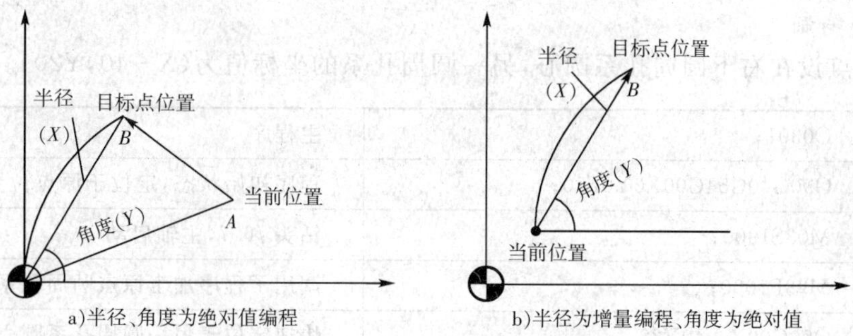

图 3-3　极坐标编程示意图

(3)当半径用绝对值指令(G90)指定时,工件坐标系原点成为极坐标系中心,当使用局部坐标系(G52)时,局部坐标系的原点变成极坐标的中心,如图 3-3a 所示。

(4)当半径用增量值指令(G91)指定时,当前点成为极坐标系中心,如图 3-3b 所示。

3. 子程序二级嵌套

为了进一步简化程序,子程序还可调用另一个子程序,这称为子程序的嵌套。编程中使用较多的二重嵌套,其程序的执行情况如图 3-4 所示,子程序最多可有四级嵌套。

各子程序调用顺序结构如下:

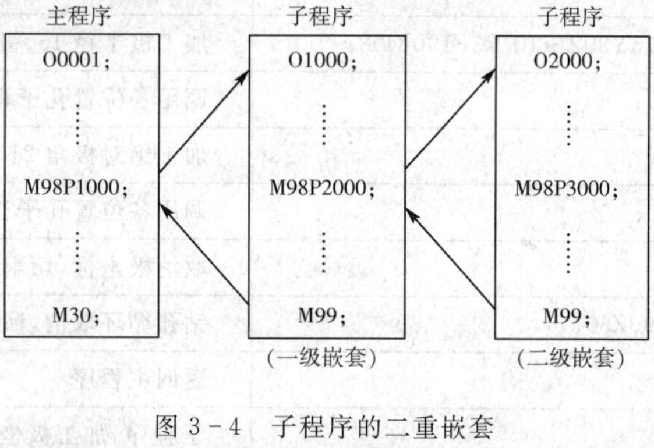

图 3-4　子程序的二重嵌套

示范性操作

1. 工艺分析

工装:采用机用平口虎钳装夹,一次装夹完成全部加工内容,底部用精度较高的平行垫块,垫块厚度与宽度适当,留下钻孔的位置。

工步及刀具:见表 3-1。

表 3-1　零件的数控加工工序表

工步号	工步内容	刀具号	刀具名称	刀具规格 (D)	主轴转速 (r/min)	进给量 (mm/min)
1	加工原点圆周 6×ϕ6.7	T1	钻头	6.7	1900	190
2	加工另一圆周 6×ϕ6.7					

2. 程序编制

程序零点设在右下圆周孔系圆心,另一圆周孔系的坐标值为(X－40,Y20)。

	O0301;	主程序
N001	G90G40G54G00X0Y0Z50;	程序初始状态,定位于原点位置
N002	M03S1900;	钻头 ϕ6.7,主轴启动
N003	M98P1000;	调用子程序加工原点圆周孔系
N004	G90G00X－40Y20;	快速定位于另一圆周孔系圆心
N005	G52X－40Y20;	局部坐标系有效,另一圆周孔系圆心设置为零点
N006	M98P1000;	调用子程序加工另一圆周孔系
N007	G52X0Y0;	取消局部坐标系,G54 坐标系恢复
N008	G91G28Z0;	Z 轴回参考点
N009	M30;	程序结束
	O1000;	子程序,加工 ϕ30 圆周孔系
N001	G90G16;	极坐标有效,绝对值尺寸
N002	G99G81X15Y30Z－10 R3F190M08;	加工极半径 15、极角 30 度上的孔
N003	M98P2000;	调用各位置孔子程序
N004	G90Y210;	加工绝对极角 210 度的孔位
N005	M98P2000;	调用各位置孔子程序
N006	G15M09;	取消极坐标,切削液关
N007	G00G80G90Z50;	钻孔循环取消,回到定位面
N008	M99;	返回主程序
	O2000;	子程序,加工极坐标上的孔
N001	G91Y45;	增量极角 45 度的孔位
N002	Y30;	增量极角 30 度的孔位
N003	Y45;	增量极角 45 度的孔位
N004	M99;	返回程序

3. 操作步骤

(1)数控铣床(加工中心)开机和返回参考点。

(2)装夹工件,保证加工通孔时不干涉。

(3)安装刀具、对刀,确定刀具补偿值。

①X、Y 向对刀;

②Z 向对刀。

(4)输入、验证程序。

(5)程序优化。

(6)先单段试加工,后自动加工。

(7)尺寸测量。

(8)加工结束。

4. 操作要点及注意事项

(1)当局部坐标系设定时,后面的以绝对值方式指令的移动是局部坐标系中的坐标值。

(2)局部坐标系设定不改变工件坐标系和机床坐标系。

(3)在极坐标方式中,如用增量值编程指令指定半径时,当前位置指定为极坐标系的原点。

(4)在极坐标方式中,对圆弧插补只用 R 指定半径。

(5)局部坐标系和极坐标使用后,注意取消。

想一想 议一议

工件坐标系中设置局部坐标系和设置两个工件坐标系有何异同?各自有何优点?

想一想 做一做

在本节[示范性操作]中,孔系加工如采用一般的坐标编程方法,计算各孔位置坐标值并空运行加工,校验计算是否正确,另说说局部坐标系和极坐标的优点有哪些?

任务性操作

任务:用局部坐标系、极坐标功能和子程序二级嵌套编写程序,在数控铣床上加工如图 3-5 所示零件,槽深 5mm。

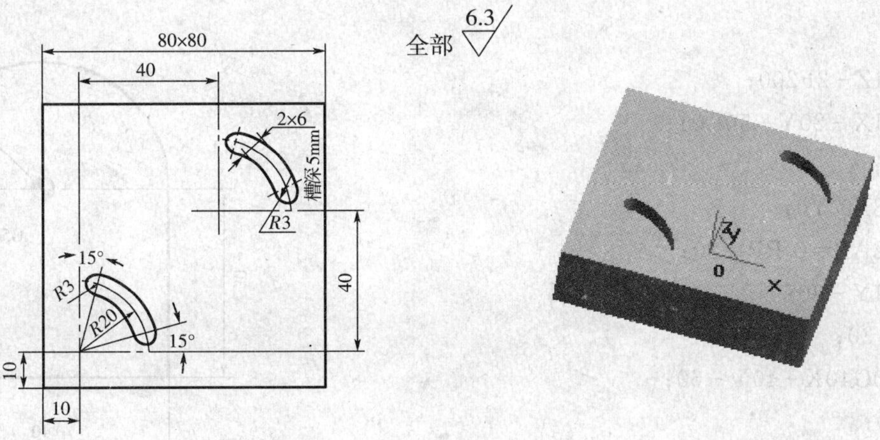

图 3-5　任务性零件图

想一想 做一做

采用设置两个工件坐标系的方法替代局部坐标系，用一般坐标编程法替代极坐标加工如图 3-5 所示的零件。

知识链接

华中世纪星数控装置 HNC—21M 相关知识

1. 极坐标指令 G38

编程格式：

G38 X_Y_

G01AP=_RP=_

或 G02(G03) AP=_RP=_R=

式中：

G38　极坐标指令有效，定义极点；

X_Y_　极点在工件坐标系下的坐标值；

AP=_　终点的极角；

RP=_　终点的极半径；

R=_　圆弧半径。

极坐标指令编程可与工件坐标系指令编程混用。

2. 案例

利用极坐标指令 G38，编写如图 3-6 的外轮廓的加工程序。采用 ϕ20 的立铣刀，加工深度为 2mm。

```
%061028
G40G49G69G80;
M03S800;
G54G90G00X-40Y-60;
Z5;
G01Z-2F200;
G41X-20Y-50D01;
Y0;
G38X0 Y0;
G02AP=0 RP=20;
G01Y-30;
X-30;
G00G40X-40Y-60;
Z20;
X0Y0M05;
M30;
```

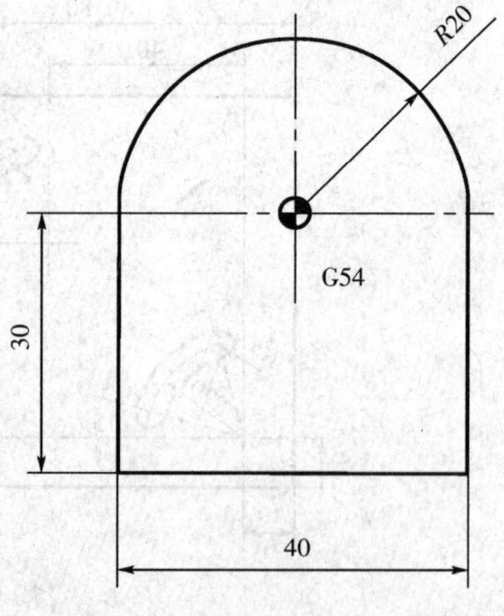

图 3-6　案例图

第二节 用镜像功能编程和加工

知识点击

本节内容涉及的知识点有:镜像功能,镜像类结构零件的加工。

示范案例

案例:使用可编程镜像功能在数控铣床上加工如图 3-7 所示零件,图中三角形凸台尺寸相同,高度 4mm。

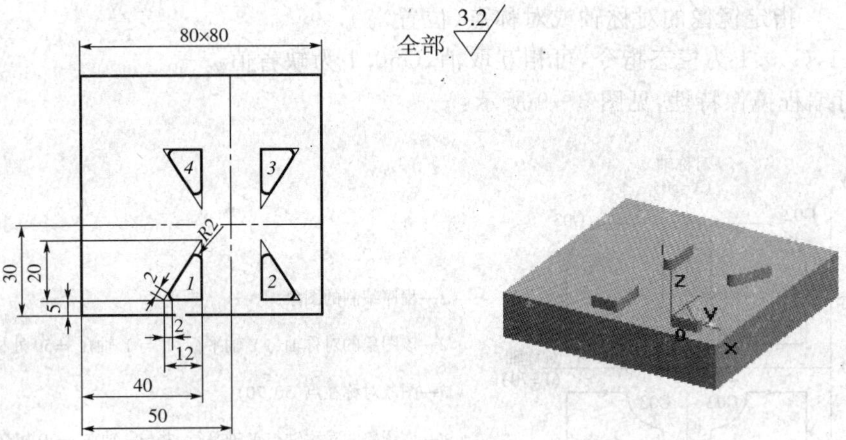

图 3-7 示范性零件图

分析:图中工件坐标系原点设在工件的表面左下角,图中四个三角形凸台分别关于 X50、Y30 轴对称,编制图形 *1* 三角形程序作为子程序,其他图形采用镜像编程。

知识窗

1. 镜像功能

当加工有些对称图形时,为了避免重复编制相类似的或相同的程序,缩短加工程序,减少输入程序的时间,可采用镜像加工功能,用编程的镜像指令可实现轴和对称点的图形加工,见图 3-8 所示。

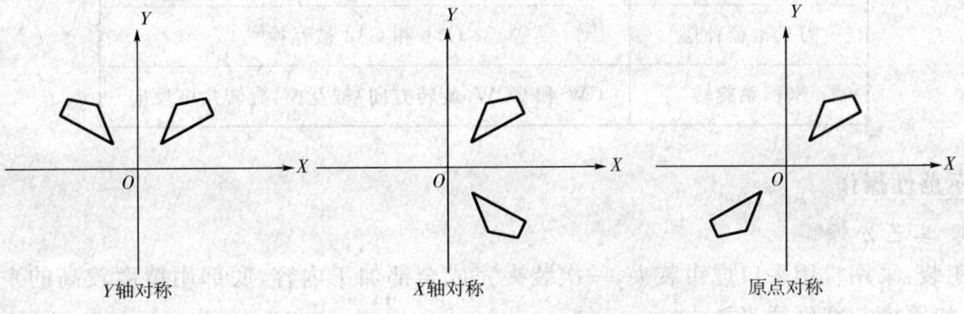

图 3-8 对称图形

2. 可编程镜像指令(G51.1,G50.1) (模态指令)

(1)编程格式:

G51.1X_Y_;(设置可编程镜像)

⋮

(根据对称轴生成指定的镜像)

⋮

G50.1X_Y_;(取消可编程镜像)

式中:

G51.1 镜像设定;

G50.1 取消镜像;

X_Y_ 指定镜像的对称轴或对称点(位置)。

G51.1,G50.1 为模态指令,可相互取消,G50.1 为缺省值。

(2)可编程镜像特性,见图 3-9 所示:

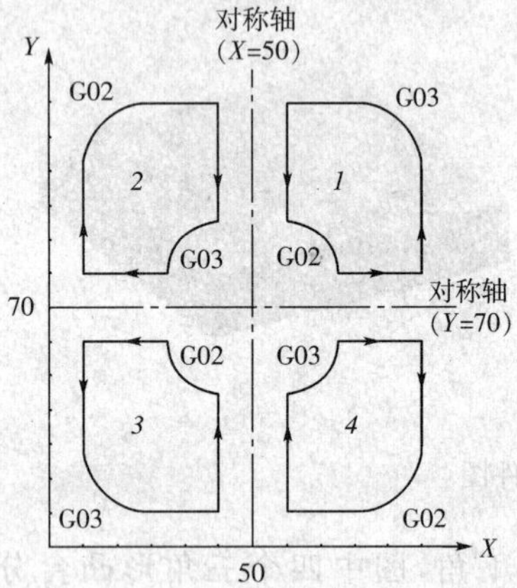

1—程序编制的图象;

2—该图象的对称轴与 Y 轴平行,并与 Y 轴在 x=50 处相交;

3—图象对称在点(50,70);

4—该图象的对称轴与 X 轴平行,并与 y 轴在 y=70 相交。

图 3-9 可编程镜像

在指定平面对某个轴镜像时,下列指令发生改变(见表 3-2):

表 3-2

指　令	说　明
圆弧指令	G02 和 G03 被互换
刀具半径补偿	G41 和 G42 被互换
坐标系旋转	CW 和 CCW(旋转方向)被互换,旋转角度反向

示范性操作

1. 工艺分析

工装:采用机用平口虎钳装夹,一次装夹完成全部加工内容,底部用精度较高的平行垫块,垫块厚度与宽度适当。

工步及刀具:见表 3-3。

表 3-3　零件的数控加工工序表

工步号	工步内容	刀具号	刀具名称	刀具规格 (D)	主轴转速 (r/min)	进给量 (mm/min)
1	粗铣三角形凸台 *1*	T1	键槽铣刀	ϕ12	1200	60
2	粗铣三角形凸台 *2*					
3	粗铣三角形凸台 *3*				1200	100
4	粗铣三角形凸台 *4*					
5	精铣凸台 *1*～*4*	T2	立铣刀	ϕ12	1320	100

2. 程序编制

零件的上表面左下角定义为编程坐标系原点(Z=0)。

	O0302;	主程序,粗加工
N001	G90G54G40G00X0Y0Z50;	程序初始状态,定位于原点位置
N002	M03S1200;	ϕ12 键槽铣刀,主轴启动
N003	M98P1000;	调用子程序加工三角形凸台 *1*
N004	G51.1X50;	设置可编程镜像,镜像的对称轴为 X50
N005	M98P1000;	调用子程序加工三角形凸台 *2*
N006	G51.1Y30;	设置可编程镜像,镜像的对称轴为 Y30
N007	M98P1000;	调用子程序加工三角形凸台 *3*
N008	G50.1X50;	取消可编程镜像,镜像的对称点为 X50
N009	M98P1000;	调用子程序加工三角形凸台 *4*
N010	G50.1Y30;	取消可编程镜像,回到初始工件坐标系
N011	G91G28Z0M05;	*Z* 轴回参考点
N012	M30;	程序结束
	O1000;	子程序,加工三角形凸台
N001	G00X50Y-10Z5;	定位于下刀点,让开刀具半径
N002	G01Z-3.9F50M08;	深度尺寸留 0.1 余量,切削液开
N003	G41X41Y5D01F100;	刀具左补偿有效,D01=6.5
N004	G91X-12,C2;	顺铣加工直线及倒角
N005	G90X40Y25,R2;	顺铣加工三角形斜线及倒圆角
N006	Y-6;	加工三角形直线,离开三角形
N007	G40X50Y-15;	取消刀具补偿,注意取消距离
N008	G00Z5M09;	回到定位面,切削液关
N009	M99;	返回主程序

粗加工完后,根据实测尺寸调整半径补偿值(理论值 D01=6),深度尺寸改为 Z4,并且改变主轴转速(S1320)重新运行程序精加工。精加工的长度补偿和半径补偿值要根据粗加工或半精加工后的实际测量尺寸来确定输入精加工时的补偿值,本程序只加工了凸台部分,其余部分的编程略。

3. 操作步骤

(1)数控铣床(加工中心)开机和返回参考点。

(2)装夹工件。

(3)安装刀具、对刀,确定刀具补偿值。

①X、Y 向对刀;

②依次安装 2 把刀具。

(4)输入、验证程序。

(5)程序优化。

(6)先单段试加工,后自动加工。

(7)尺寸测量:根据对已加工零件的检测结果,如果需要,重新设置刀补值,再次执行程序加工零件,直到满足尺寸精度和粗糙度等。

(8)加工结束。

4. 操作要点及注意事项

(1)在使用中,对连续形状不使用镜像功能,因走刀中有接刀,使加工零件轮廓不光滑。

(2)在同时使用镜像、缩放及旋转时应注意:CNC 的数据处理顺序是从程序镜像到比例缩放和坐标系旋转,即在执行坐标系旋转之前,执行镜像或比例缩放指令是可以的,反之则不允许。应按该顺序(镜像→比例缩放→坐标系旋转)指定指令,取消时,按相反顺序。在比例缩放或坐标系旋转指令后,不能指定 G50.1 或 G51.1 。

想一想 议一议

镜像功能和旋转坐标系的应用场合有何异同?各自有何优点?

想一想 做一做

利用镜像功能、子程序编程加工的优点,自己思考一个案例在数控机床上做一做。

任务性操作

任务:使用可编程镜像功能在数控铣床上加工如图 3-10 所示零件,图中 4 个腰果形状的图形相同,高度 4mm。

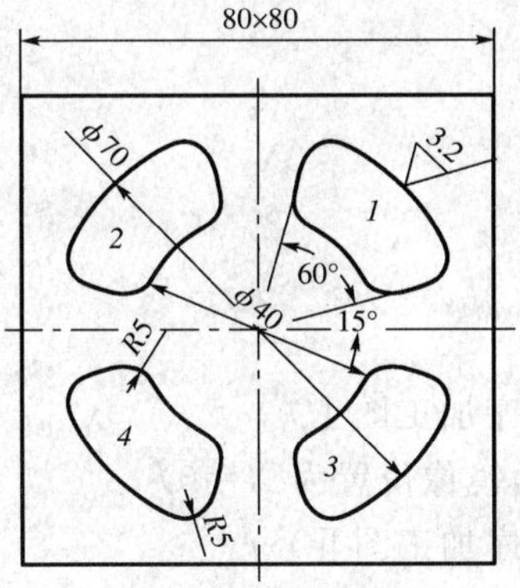

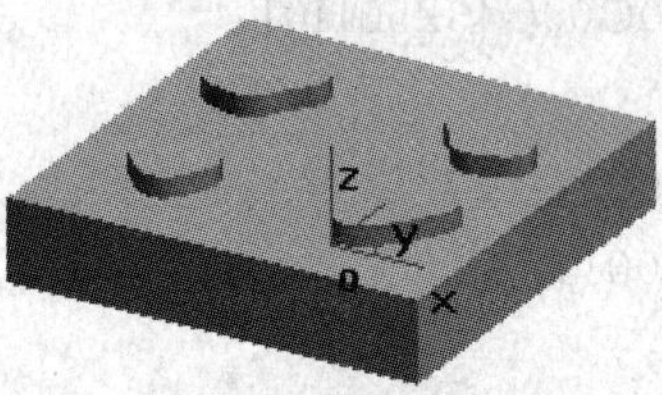

图 3-10　任务性零件图

知识链接

华中世纪星数控装置 HNC－21M 相关知识

1. 编程镜像指令(G24,G25)　(模态指令)

(1)编程格式：

G24 X_Y_Z_A_；(设置可编程镜像)

⋮

(根据对称轴生成指定的镜像)

⋮

G25 X_Y_Z_A_；(取消可编程镜像)

式中：

G24　建立镜像；

G25　取消镜像。

X_Y_Z_A_　指定镜像的对称轴或对称点(位置)。

G24,G25 为模态指令,可相互取消,G25 为缺省值。

2. 案例

用镜像指令(G24,G25),编写如图 3-11 所示的外轮廓的加工程序,切削深度为 3mm。

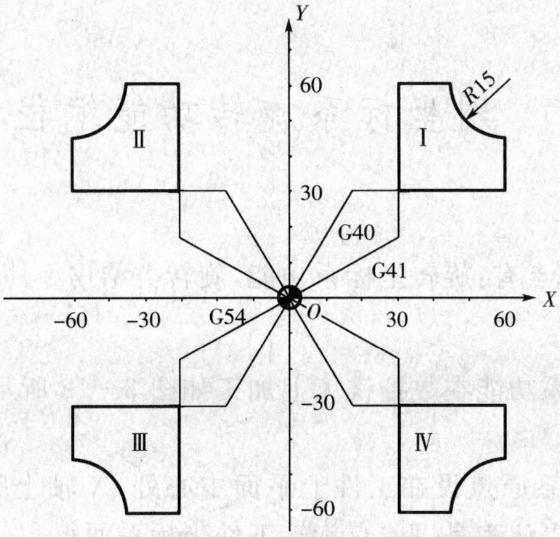

图 3-11　案例图

```
%061028                    (主程序)
G40G49G69G80;
M03S800;
G54G90G00G43Z50H01;
X0Y0;
G00Z5;
M98P0001;                  (调用子程序加工图Ⅰ)
G24X0;                     (Y 轴镜像,镜像位置为 X=0)
M98P0001;                  (调用子程序加工图Ⅱ)
G24Y0;                     (X、Y 轴镜像,镜像位置为(0,0))
M98P0001;                  (调用子程序加工图Ⅲ)
G25X0;                     (X 轴镜像继续有效,取消 Y 轴镜像)
M98P0001;                  (调用子程序加工图Ⅳ)
G25Y0;                     (取消 X 轴镜像)
G00G49Z50 M05
M30;
%0001                      (子程序)
G41G01X30Y15D01F200;
Z 3F50;
Y60F150;
X45;
G03X60Y45R15;
G01Y30;
X20;
G40G01X0Y0;
G00Z5;
M99;
```

第三节　用坐标系旋转功能编程和加工

知识点击

本节内容涉及的知识点有:旋转坐标系功能,旋转类结构零件的加工。

示范案例

案例:使用旋转坐标系功能在数控铣床上加工如图 3－12 所示零件,图中三腰形槽尺寸相同深度 4mm。

分析:图中工件坐标系原点设在工件上平面中心处,X 轴上腰形槽的各坐标值可直接得出,其他两个腰形槽可以认为是以原点旋转工件坐标系而得。

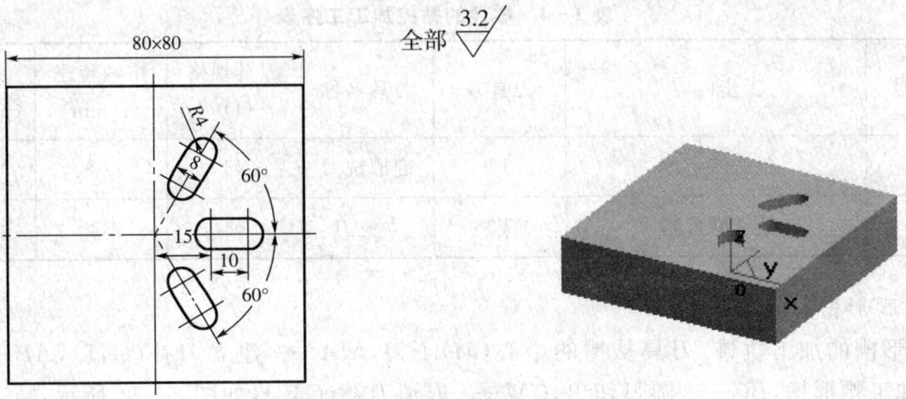

图 3－12　示范性零件图

知识窗

用坐标系旋转(G68,G69)功能可将工件旋转某一指定的角度。另外,如果工件的形状由许多相同的图形组成,则可将图形单元编成子程序,然后用主程序的旋转指令调用。这样可简化编程,省时、省存储空间,如图 3－13 所示。

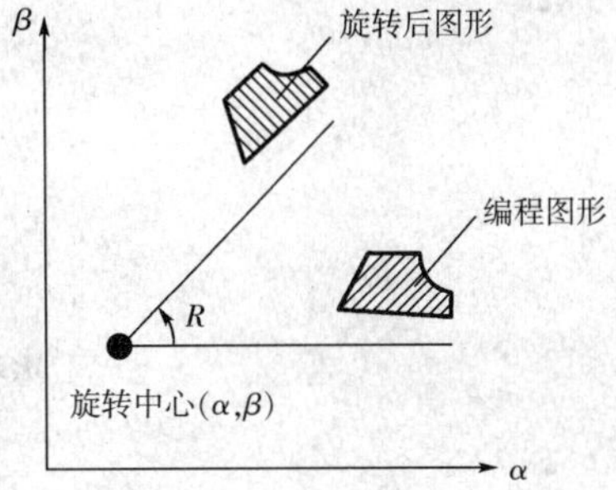

图 3－13　坐标系旋转图

编程格式:

$\left\{\begin{matrix}G17\\G18\\G19\end{matrix}\right\}$G68　$\alpha_\beta_$R_;　(坐标系开始旋转)

⋮

(坐标系旋转后的程序段)

⋮

G69;　　坐标系旋转取消指令

式中:

G68　建立旋转指令;

G69　旋转取消指令;

G17(G18 或 G19)　平面选择,在其上包含旋转的形状;

α_β_　与指令的坐标平面(G17,G18,G19)相应的 X_Y_和 Z_中的两个轴的绝对指令,在 G68 后面指定旋转中心;

R_　旋转角度,编程所取形状方位到实际形状方位之间的角度。逆时针旋转为正,顺时针旋转为负。

G68、G69 为模态指令,可相互取消,G69 为缺省值。

示范性操作

1. 工艺分析

工装:采用机用平口虎钳装夹,一次装夹完成全部加工内容,底部用精度较高的平行垫块,垫块厚度与宽度适当。

工步及刀具:见表 3－4。

表 3-4　零件的数控加工工序表

工步号	工步内容	刀具号	刀具名称	刀具规格 (D)	主轴转速 (r/min)	进给量 (mm/min)
1	粗铣腰形槽	T1	键槽铣刀	$\phi6$	1200	100
2	精铣腰形槽	T2	立铣刀	$\phi6$	1320	100

2. 腰形槽的加工轨迹

腰形槽的加工轨迹：刀具从槽的中心(*M*)下刀，*MA*——建立刀补(G41)，*AB*——圆弧切入，加工腰形槽，*BC*——圆弧切出，*CM*——取消刀补(G40)，如图 3-14 所示。

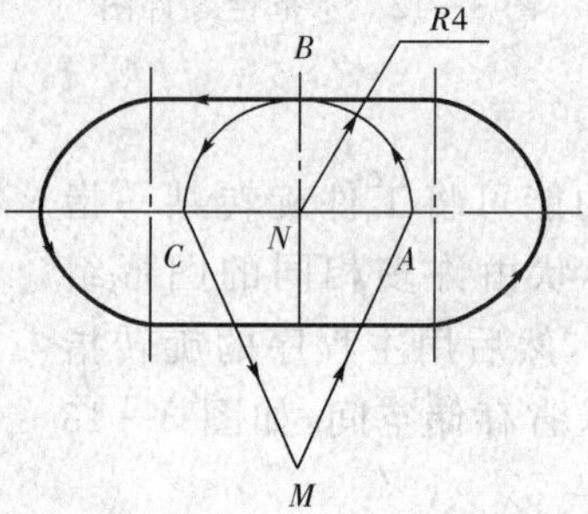

M(20,-10),*A*(24,0),*B*(20,4),*C*(16,0),*N*(20,0)

图 3-14　腰形槽的加工轨迹图

3. 程序编制

零件的上表面中心定义为编程坐标系原点(Z=0)。

	O0303;	主程序
N001	G90G54G69G00X0Y0Z50;	程序初始状态，定位于原点位置
N002	M03S1200;	键槽铣刀 $\phi6$，主轴启动
N003	M98P1000;	调用子程序加工 *X* 轴上的腰形槽
N004	G68X0Y0R60;	坐标系以原点旋转 60 度
N005	M98P1000;	调用子程序加工第一象限里的腰形槽
N006	G68X0Y0R-60;	坐标系以原点旋转负 60 度
N007	M98P1000;	调用子程序加工第四象限里的腰形槽
N008	G69;	坐标系旋转取消，回到初始工件坐标系
N009	G91G28Z0;	*Z* 轴回参考点
N010	M30;	程序结束
	O1000;	子程序，加工 $\phi8$ 腰形槽
N001	G00X20Y-10Z2;	定位于腰形槽下刀点(*M*)

(续表)

N002	G41X24Y0D01F100；	刀具补偿，建立刀补(*MA*)
N003	G01Z-3.9F50M08；	深度尺寸留0.1余量，切削液开
N004	G03X20Y4R4；	圆弧切入(*AB*)
N005	G01X15；	直线段
N006	G03Y-4R4；	加工圆弧
N007	G01X25；	直线段
N008	G03Y4R4；	加工圆弧
N009	G01X20；	直线段
N010	G03X16Y0R4；	圆弧切出(*BC*)
N011	G01Z5；	提刀
N012	G40X20Y-10	取消刀具补偿(*CM*)
N013	G00Z50M09；	回到定位面，切削液关
N014	M99；	返回主程序

粗加工完后，根据实测尺寸调整半径补偿值(理论值 D01=6)，深度尺寸改为 Z4，并且改变主轴转速(S1320)重新运行程序精加工。精加工的长度补偿和半径补偿值要根据粗加工或半精加工后的实际测量尺寸来确定输入精加工时的补偿值。

3. 操作步骤

(1)数控铣床(加工中心)开机和返回参考点。

(2)装夹工件。

(3)安装刀具、对刀，确定刀具补偿值。

① *X*、*Y* 向对刀；

② *Z* 向对刀，依次安装2把刀具。

(4)输入、验证程序。

(5)程序优化。根据验证程序结果，对刀具运动轨迹进行优化。

(6)先单段试加工，后自动加工。

(7)尺寸测量：根据对已加工零件的检测结果，如果需要，重新设置刀补值，再次执行程序加工零件，直到满足尺寸精度和粗糙度等。

(8)加工结束。

4. 操作要点及注意事项

(1)在坐标系旋转 G68 的程序段之前指定 G17(G18 或 G19)平面。平面选择代码不能在坐标系旋转方式中指定。

(2)当旋转中心的坐标值不赋值时，则 G68 程序段的刀具位置被认为是旋转中心。

(3)坐标系旋转方式中，与返回参考点有关的 G 代码(G27，G28，G29，G30)和与坐标系有关的 G 代码(G92)不能指定，必须在取消坐标系旋转(G69)以后才能指定。

(4)坐标系旋转取消以后的第一个移动指令必须用绝对值指定。

(5)如果程序中有半径补偿 G41、G42 和长度补偿 G43、G44 指令时，先采用坐标系旋转指令，然后用半径补偿、长度补偿(最好将半径补偿 G41、G42、G40 和长度补偿 G43、G44、G49 放在子程序中)。

想一想 议一议

极坐标和旋转坐标系的应用场合有何异同？各自有何优点？

想一想 做一做

(1)腰形槽的加工轨迹中，刀补的建立的方式有软切入(切线)和法线切入或斜线切入，为了保证零件曲线的平滑过渡，应最好采用软切入(切线)。对本节[示范案例]中腰形槽的加工，想一想斜线切入的刀补建立。

(2)本节[示范案例]中腰形槽加工如采用一般的坐标编程法，计算各点位置坐标值并空运行加工，校验计算是否正确，另说说旋转坐标系的优点。

任务性操作

任务:使用坐标系旋转指令在数控铣床上加工如图 3-15 所示十二边形零件。

提示:可将($AB+BC$)的加工作为一子程序，通过旋转坐标系 11 次调用子程序。用旋转坐标系功能编写程序。

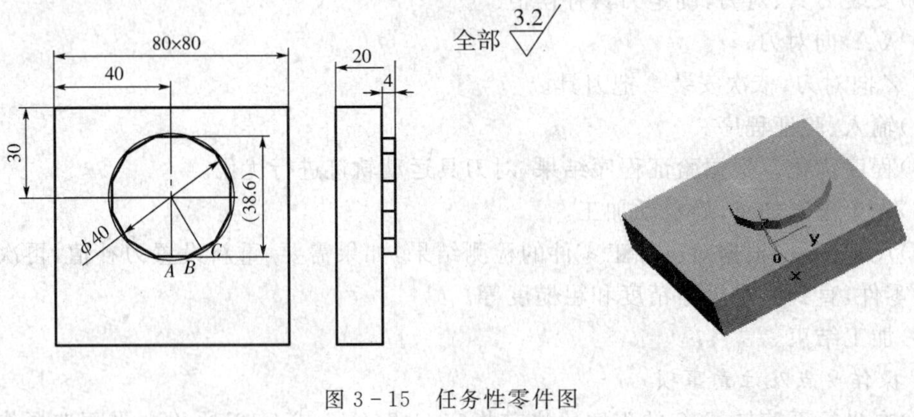

图 3-15 任务性零件图

想一想 做一做

用极坐标和子程序编程模拟十二边形的加工，用旋转坐标系替代极坐标模拟本章第一节孔系的加工，体会两者用法的区别。

知识链接

华中世纪星数控装置 HNC－21M 相关知识

1. 坐标系旋转功能(G68,G69)模态指令

(1)编程格式:

G17G68X_Y_P_ }
G18G68X_Z_P_ } (建立坐标系旋转指令)
G19G68Y_Z_P_ }
⋮
⋮ (坐标系旋转后的程序段)
G69 (坐标系旋转取消指令)

式中:

G68 建立旋转指令;

G69 旋转取消指令;

X_Y_Z 旋转中心的坐标值;

P_ 旋转角度,编程所取形状方位到实际形状方位之间的角度,逆时针旋转为正,顺时针旋转为负,单位是(°),0≤ P≤360。

在有刀具补偿情况下,先建立旋转,后进行刀具半径补偿、长度补偿;在有缩放功能的情况下,先缩放后旋转。

G68,G69 为模态指令,可相互取消,G69 为缺省值。

2. 案例

用坐标系旋转功能(G68,G69)指令,编写如图 3－16 所示的外轮廓的加工程序,切削深度为 3mm,刀具为 $\phi8$ 键槽刀。

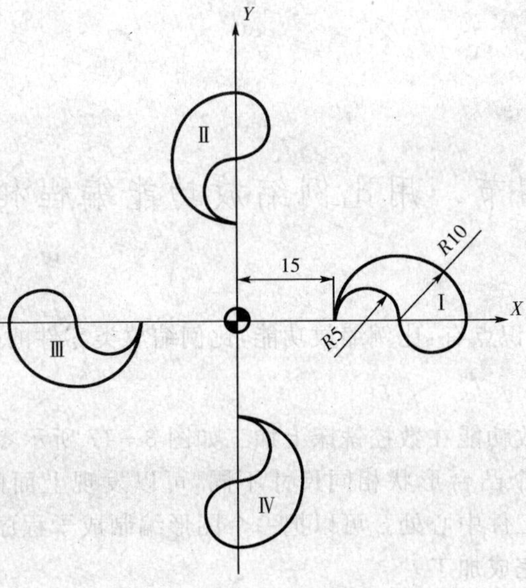

图 3－16 案例零件图

```
%061028
G40G49G69G80;
M03S800;
G54G90G00G49Z50H01;
X0Y0;
Z5;
G01Z-3F50;
M98P1028;                    (调用子程序加工图Ⅰ)
G68X0Y0P90;                  (坐标系以原点旋转 90 度)
M98P1028;                    (调用子程序加工图Ⅱ)
G68X0Y0P180;                 (坐标系以原点旋转 180 度)
M98P1028;                    (调用子程序加工图Ⅲ)
G68X0Y0P270;                 (坐标系以原点旋转 270 度)
M98P1028;                    (调用子程序加工图Ⅳ)
G49G00Z50;
G69M05;                      (旋转取消指令)
M30;
%1028
G41G01X15Y-5D01F200;
Y0;
G02X35R10;
X25R5;
G03X15R5;
G01Y-5;
G40X0Y0;
M99;
```

第四节　用比例缩放功能编程和加工

知识点击

本节内容涉及的知识点有:比例缩放功能,比例缩放类零件的加工,满足加工要求。

示范案例

案例:使用比例缩放功能在数控铣床上加工如图 3-17 所示零件。

分析:图中工件两个凸台形状相同尺寸不同,可以发现上面的尺寸全部是下面的 0.6 倍,且两图形中心都在工件中心处。可以把一个图形编制成子程序,通过比例缩放来改变轮廓,然后再调用子程序完成加工。

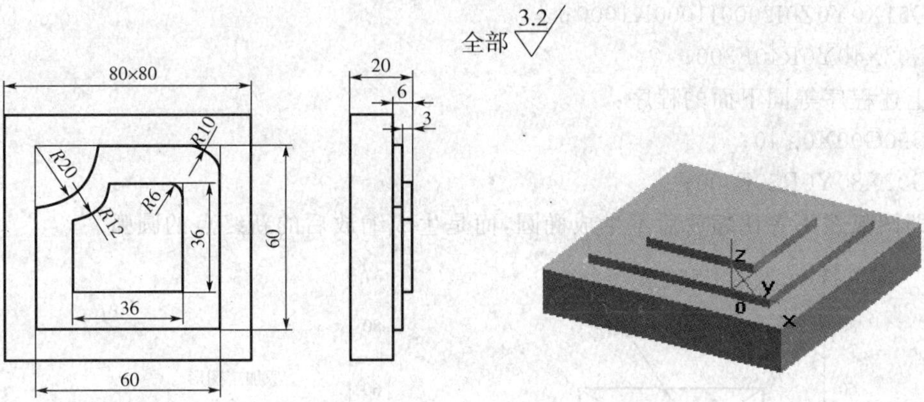

图 3-17 示范性零件图

知识窗

1. 比例缩放功能

使用比例缩放功能可以使原编程尺寸按指定比例缩小或放大,也可以让图形按指定规律产生镜像。

2. 比例缩放指令(G51,G50)(模态指令)

编程格式:

G51 X_Y_Z_P_;或 G51 X_Y_Z_I_J_K_ (建立缩放功能)

…… (缩放有效)

G50 (取消缩放功能)

式中:

G51 建立缩放功能;

G50 取消缩放功能

G51、G50 为模态指令,可相互取消,G50 为缺省值。

比例缩放指令的两种格式(见表 3-5):

表 3-5 比例缩放指令

指令格式	指令意义	参数说明
G51 X_Y_Z_P_	沿所有轴以相同的比例放大或缩小	X_Y_Z_:比例缩放中心坐标值的绝对值指令;P_:缩放比例,单位 0.001
G51 X_Y_Z_I_J_K_	沿各轴以不同的比例放大或缩小(镜像)	I_J_K_:X、Y、Z 轴对应的缩放比例,单位 0.001

图 3-18a 比例缩放中心为 $M(40,40)$,缩放比例为 P500。编写程序为:

G51X40Y40P500;

……

图 3-18b 比例缩放中心为 $O(0,0)$,缩放比例为 I2000、J1000、K1000。当用 R 指定圆弧插补时,半径 R 的比例系数取决于 I、J 中的大的。编写程序为:

G90G00X0Y40;

G51X0Y0Z0I2000J1000K1000;

G02X40Y0R40F300;

上述程序等同下面的程序:

G90G00X0Y40;

G02X80Y0R80F300;

即圆弧经不等比缩放后不生成椭圆,而是生成缩放后的新终点的圆弧。

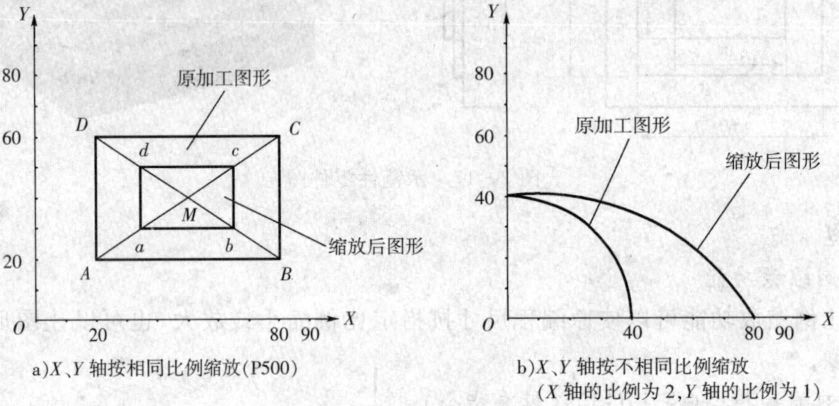

图 3-18　缩放比例

3. 注意事项

(1)须在单独的程序段内指定 G51,在图形放大或缩小之后,指定 G50 以取消缩放方式。

(2)I_J_K_分别指 X、Y、Z 轴的缩放比例,如果为负比值时,对负值指定轴形成镜像,双轴负值形成对称点镜像。

(3)如果省略 X、Y 和 Z,则刀具位置作为缩放中心。

(4)缩放有效后,位置显示的是比例缩放后的坐标值。比例缩放对刀具半径补偿值,刀具长度补偿值和刀具偏置值无效。

(5)圆弧插补的比例缩放。当相同比例缩放时,圆弧同比缩放;当各轴指定不同的缩放比例时,加工不出椭圆轨迹。

示范性操作

1. 工艺分析

工装:采用机用平口虎钳装夹,一次装夹完成全部加工内容,底部用精度较高的平行垫块,垫块厚度与宽度适当。

工步及刀具:见表 3-6。

表 3-6　零件的数控加工工序表

工步号	工步内容	刀具号	刀具名称	刀具规格 (D)	主轴转速 (r/min)	进给量 (mm/min)
1	粗铣 60×60 凸台	T1	立铣刀	ϕ20	720	100
2	粗铣 36×36 凸台					
3	精铣各凸台	T1	立铣刀	ϕ20	880	120

2. 程序编制

程序零点设在工件上平面中心处(Z=0)。

	O0304;	主程序,粗加工
N001	G90G54G40G00X-65Y20Z50;	程序初始状态,定位下刀点让开刀具半径
N002	M03S720;	铣刀 ϕ20,主轴启动
N003	G00Z2;	Z 轴定位
N004	G01Z-5.9F100M08;	加工深度留余量精加工,切削液开
N005	M98P1000;	调用子程序加工 60×60 凸台
N006	G90G00X-40Y-40Z2;	定位下刀点,让开刀具半径
N007	G01Z-2.9F120;	加工深度留余量精加工
N008	G51X0Y0P600;	设置比例缩放,比例为 0.6
N009	M98P1000;	调用子程序加工 36×36 凸台
N010	G50;	取消比例缩放
N011	G91G28Z0;	Z 轴回参考点
N012	M30;	程序结束
	O1000;	子程序,加工凸台
N001	G41X-30D01;	刀具左补偿有效,D01=10.5 粗加工
N002	Y30;	顺铣加工直线,去除 R20 多余余量
N003	X30,R10;	顺铣加工直线及倒耳角
N004	Y-30;	加工直线段
N005	X-30;	加工直线段
N006	Y10;	加工直线段到圆弧段起点
N007	G03X-10Y30R20;	加工圆弧 R20
N008	G01X30;	加工直线段退出
N009	G00Z50M09;	回到定位面,切削液关
N010	G40X0Y0;	取消刀具补偿,注意取消距离
N011	M99;	返回主程序

粗加工完后,根据实测尺寸调整半径补偿值(理论值 D01=10),深度尺寸改为 Z-6 和 Z-3,并且改变主轴转速(S880)重新运行程序精加工。精加工的长度补偿和半径补偿值要根据粗加工或半精加工后的实际测量尺寸来确定输入精加工时的补偿值。

3. 操作步骤

(1)数控铣床(加工中心)开机和返回参考点。

(2)装夹工件。

(3)安装刀具、对刀,确定刀具补偿值。

①X、Y 向对刀;

②Z 向对刀。

(4)输入、验证程序。

(5)程序优化。

(6)先单段试加工,后自动加工。

(7)尺寸测量:根据对已加工零件的检测结果,如果需要,重新设置刀补值,再次执行程序加工零件,直到满足尺寸精度和粗糙度等。

(8)加工结束。

任务性操作

任务:使用比例缩放功能,在数控铣床上加工如图 3-19 所示零件,两凸台高度均为 4mm。

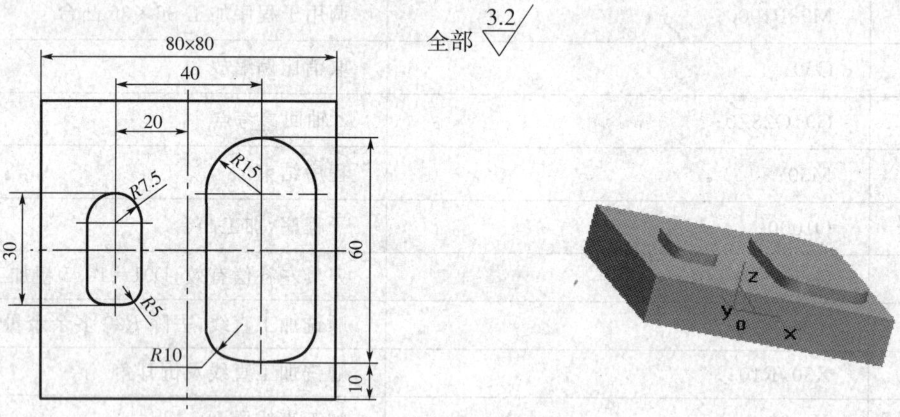

图 3-19 任务性零件图

提示:在同时使用镜像、缩放及旋转时应注意 CNC 的数据处理顺序是从程序镜像到比例缩放和坐标系旋转,应按该顺序指定指令,取消时,按相反顺序。在使用比例缩放或坐标系旋转指令后,不能指定 G50.1 或 G51.1 。

G51.1 (镜像功能有效)
G51 (比例功能有效)
G68 (坐标系旋转功能有效)

⋮

⋮

G69 (取消坐标系旋转功能)
G50 (取消比例功能有效)
G50.1 (取消镜像功能有效)

知识链接

华中世纪星数控装置 HNC－21M 相关知识

1. 比例缩放指令(G51,G50)(模态指令)

(1)编程格式：

G51 X_Y_Z_P_;　　　　　(建立缩放功能)

……　　　　　　　　　　(缩放有效)

G50　　　　　　　　　　(取消缩放功能)

式中：

G51　建立缩放功能；

G50　取消缩放功能；

X_Y_Z_　比例缩放中心坐标值的绝对值指令；

P_　缩放比例，单位 1。

G51 既可以指定平面缩放，也可以指定空间缩放。在有刀具补偿情况下，建议先建立缩放功能，后进行刀具半径补偿、长度补偿。

G51、G50 为模态指令，可相互取消，G50 为缺省值。

2. 案例一

用比例缩放指令(G51,G50)，编写如图 3－20 所示的外轮廓的加工程序，切削深度原图形为 3mm，缩放后图形为 1.5mm，刀具为 $\phi 8$ 键槽刀。

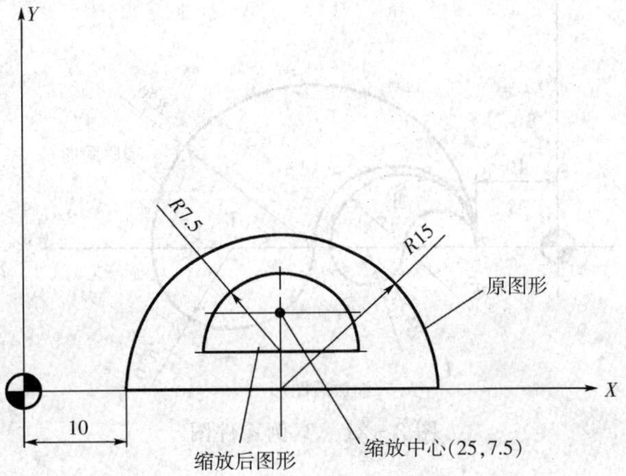

图 3－20　案例零件图

```
%061028
G40G49G69G80;
M03S800;
G54G90G00G43Z50H01;
X0Y－20;
Z5;
M98P1028;                    (调用子程序加工原图形)
```

```
G51X25Y7.5Z0P0.5;        (缩放中心(25,7.5,0),缩放系数为 0.5)
M98P1028;                (调用子程序加工)
G50;                     (取消缩放功能)
G49G00Z50M05;
M30;
%1028
G01Z-3F50;
G41X10D01F200;
Y0;
G02X40R15;
G01X0Y0,
G40Y-20;
M99;
```

3. 案例二

用比例缩放指令(G51,G50),编写如图 3-21 所示的外轮廓的加工程序,切削深度原图形为 3mm,缩放后图形为 1.5mm,刀具为 $\phi 8$ 键槽刀。

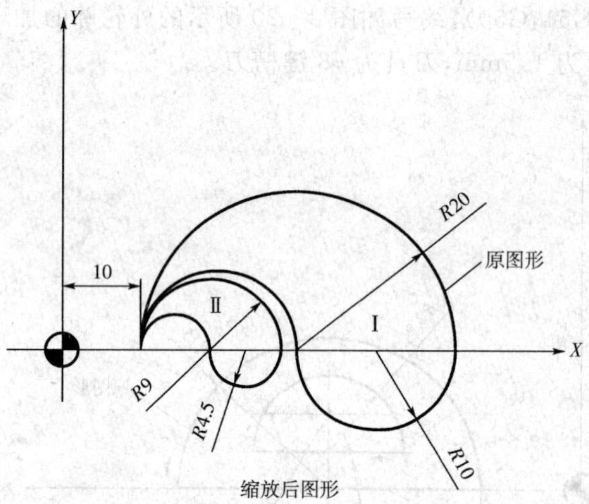

图 3-21　案例零件图

```
%070825
G40G49G69G80;
M03S800;
G54G90G00G43Z50H01;
X0Y-20;
Z5;
G01Z-3F50;
M98P1028;                (调用子程序加工原图形)
G01Z-1.5F50;             (下刀)
G51X10Y0P0.45;           (缩放中心(10,0),缩放系数为 0.45)
```

```
M98P1028;              (调用子程序加工)
G50;                   (取消缩放功能)
G49G00Z50M05;
M30;
%0825
G41G01X10D01F200;
Y0;
G02X50R20;
X30R10;
G03X10R10;
G01Y-20,
G40X0;
M99;
```

第五节 用多坐标系功能编程和加工

知识点击

本节内容涉及的知识点有:使用工件多坐标系(G54～G59)编程,零件中多坐标系(G54～G59)的建立。

示范案例

案例:在数控铣床上加工图示 3-22 零件,槽宽 6mm,深 2mm,刀具为 φ6 的键槽铣刀。

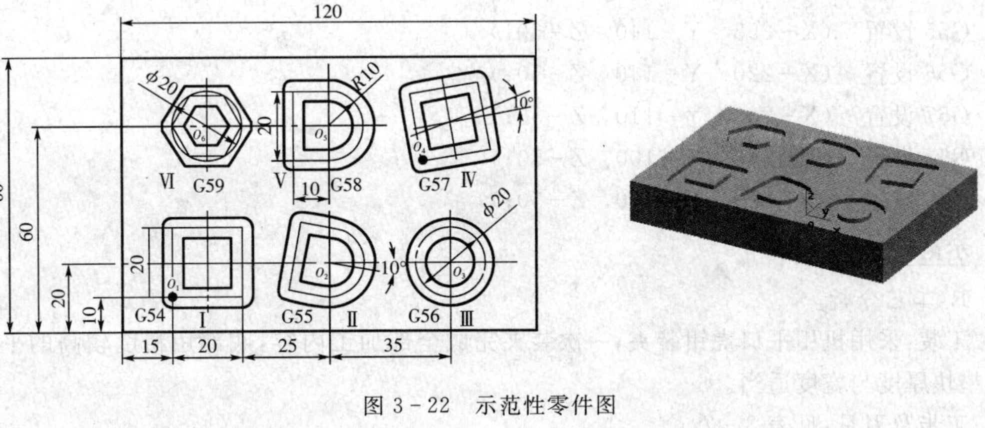

图 3-22 示范性零件图

分析:图中六个加工图形,槽宽 6mm,深 2mm,刀具为 φ6 的键槽铣刀。六个加工图形中,它们都有各自的尺寸基准。在编程中为了避免尺寸换算,使编程更简洁,可以建立六个工件坐标系(G54～G59)。

知识窗

用 G54～G59 可以选择六个工件坐标系,通过机床对刀方式操作,确定编程坐标系在机床坐标系中的位置,建立工件坐标系,这样,数控机床才能按照准确的位置进行加工。示范性零件图的六个加工图形中,它们都有各自的尺寸基准,在编程中为了避免尺寸换算,使编程更简洁,可以建立六个工件坐标系(G54~G59)。其中每个图形编程坐标系原点都是独立的,但每个图形编程坐标系原点又是相互有定位尺寸控制的,当加工某个图形时,只要选择相应的工件坐标系。

在机床坐标系中确定的六个工件坐标系(G54~G59)坐标原点坐标值后,通过 CRT/MDI 方式输入设定。通常我们只对刀确定一个工件坐标系,例如 G54,其他的工件坐标系(G55~G59)是通过加工图形中相互有定位尺寸来计算的,这样可以减少多次对刀带来的误差。

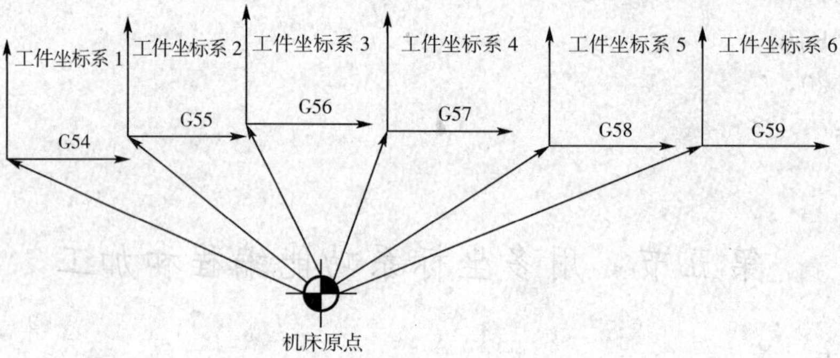

图 3-23 机床原点与工件坐标系关系

图形中六个工件坐标系 G54~G59 的坐标系原点分别设在 O_1、O_2、O_3、O_4、O_5、O_6,设下刀点与 O_1重合。

如图形Ⅰ中,工件坐标系 G54 的坐标原点坐标值:

G54 设置 (X-300 Y-150 Z-50;)

G55 设置 (X-255 Y-140 Z-50;)

G56 设置 (X-220 Y-140 Z-50;)

G57 设置 (X-230 Y-110 Z-50;)

G58 设置 (X-255 Y-100 Z-50;)

G59 设置 (X-290 Y-100 Z-50;)

示范性操作

1. 工艺分析

工装:采用机用平口虎钳装夹,一次装夹完成全部加工内容,底部用精度较高的平行垫块,垫块厚度与宽度适当。

工步及刀具:见表 3-7。

表 3-7 零件的数控加工工序表

工步号	工步内容	刀具号	刀具名称	刀具规格 (D)	主轴转速 (r/min)	进给量 (mm/min)
1	加工图形(Ⅰ→Ⅱ→Ⅲ→Ⅳ→Ⅴ→Ⅵ)	T1	键槽铣刀	ϕ6	500	100

2. 程序编制

零件的上表面中心定义为编程坐标系原点(Z=0)。

	O0305;	主程序
N001	G90G54M03S500;	程序初始状态,键槽铣刀,主轴启动
N002	G00X0Y0Z50;	刀具快速定位 O_1 上方
N003	Z5;	快速下刀
N004	M98P0001;	调用子程序加工,加工图形Ⅰ
N005	G55G90;	选择 G55
N006	G68X0Y0R-10;	坐标系以原点旋转负 10 度
N007	M98P0002;	调用子程序加工,加工图形Ⅱ
N008	G69;	坐标系旋转取消
N009	G56G90;	选择 G56,加工图形Ⅲ
N010	G00X-10Y0;	快速定位
N011	G01Z-2F50;	下刀
N012	G02I10J0F100;	加工整圆
N013	G00Z5;	快速提刀
N014	G57G90;	选择 G57
N015	G68X0Y0R10;	坐标系以原点旋转 10 度
N016	M98P0001;	调用子程序加工,加工图形Ⅳ
N017	G69;	坐标系旋转取消
N018	G58G90;	选择 G58
N019	M98P0002;	调用子程序加工,加工图形Ⅴ
N020	G59G90;	选择 G59,加工图形Ⅵ
N021	G00X-10Y0;	快速定位
N022	G01Z-2F50;	下刀
N023	G16;	选择极坐标,顺时针加工正六边形
N024	G01X10Y120F100;	
N025	Y60;	
N026	Y0;	
N027	Y-60;	
N028	Y-120;	
N029	Y-180;	
N030	G15G90G00Z50M09;;	取消极坐标,快速提刀

(续表)

N031	M05;	主轴停止
N032	M30;	程序结束
	O0001;	正方形的子程序
N001	G00X0Y0;	快速定位
N002	G01Z-2F50;	下刀
N003	X0Y20F100;	直线插补
N004	X20;	直线插补
N005	Y0;	直线插补
N006	X0;	直线插补
N007	G00Z5;	快速提刀
N008	M99;	子程序结束,返回主程序
	O0002;	图形Ⅴ子程序
N001	G00X-10Y-10;	快速定位
N002	G01Z-2F50;	下刀
N003	Y10;	直线插补
N004	X0;	直线插补
N005	G02Y-10R10;	圆弧插补
N006	G01X-10;	直线插补
N007	G00Z5;	快速提刀
N008	M99;	子程序结束,返回主程序

3. 操作步骤

(1)数控铣床(加工中心)开机和返回参考点。

(2)装夹工件。

(3)安装刀具、对刀,确定刀具补偿值。

①X向对刀:

试切方法(或安装寻边器),通过对刀操作先确定图形Ⅰ,图形Ⅰ的编程原点在左下角O_1,工件坐标系原点在机床坐标系G54中坐标值后,其他的工件坐标系(G55~G59)是通过待加工图形相互间的定位尺寸来计算的,这样可以减少多次对刀带来的误差。

首先通过对刀确定图形Ⅰ的工件坐标系,方法如下:

按(MDI)键,按(PROG)键,输入M03 S700;按(INSERT)键,再按(启动)键,在手动(JOG)方式下移动ϕ6的键槽铣刀沿X方向靠近被测左边,直到铣刀周刃轻微接触到工件表面,听到刀刃与工件表面的摩擦声(但没有切屑)。保持X、Y坐标不变,仅+Z方向退刀。按下(POS)键,按下(操作)键,输入X,按下(归零)键,然后

沿 X 向移动刀具 18mm[15mm + 3mm(刀具半径)]的距离。按下(OFFSET/SETTING)键,在(工件系)状态下,选择相应的坐标系(例如 G54),用(↓)键或(↑)键移动光标到 X 位置上,输入 X0,按下(测量)键,该值就是被测的 X 的坐标。

②Y 方向对刀与 X 方向对刀原理相同。

③Z 向对刀。

(4)输入、验证程序。

(5)程序优化。

(6)先单段试加工,后自动加工。

(7)尺寸测量。

(8)加工结束。

想一想 议一议

工件坐标系中设置六个工件坐标系和设置局部坐标系有何异同?各自有何优点?

任务性操作

任务:使用多坐标系功能在数控铣床上加工如图 3-24 所示零件,槽宽 6mm,深 2mm,刀具为 ϕ6 的键槽铣刀。

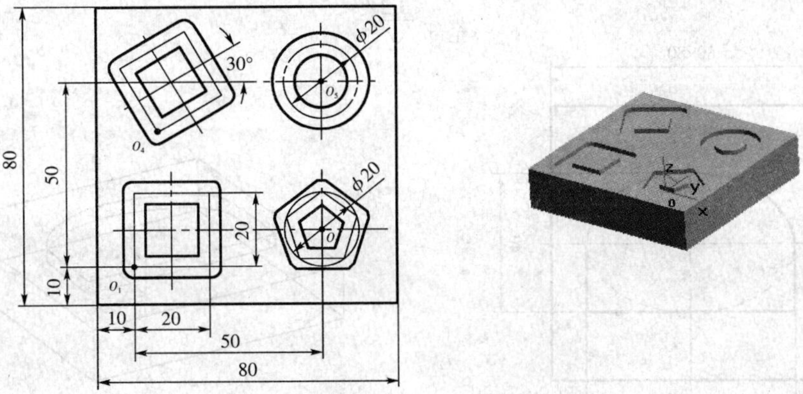

图 3-24 任务性零件图

想一想 做一做

采用设置局部坐标系替代四个工件坐标系的方法,用一般坐标编程法替代极坐标加工正五边形,编写图 3-24 零件图的加工程序。

第四章　宏程序与自动编程和加工

本章主要学习FANUC 0i－MC系统的宏程序编程，设计1个模块，在其[示范案例]中详细介绍了加工工艺以及通过加工验证后的程序和操作要点等；另外，设计1个自动编程入门模块。

第一节　用宏程序进行椭圆编程和加工

知识点击

本节内容涉及的知识点有：宏程序的概念、变量的基本知识，运算、控制指令，宏程序的编程，能够运用宏程序进行椭圆编程、加工，满足加工要求，等等。

示范案例

案例1： 使用宏程序在数控铣床上加工如图4－1所示的高度为4mm的凸台，图中圆弧部分为长半轴30mm、短半轴20mm椭圆的一半。

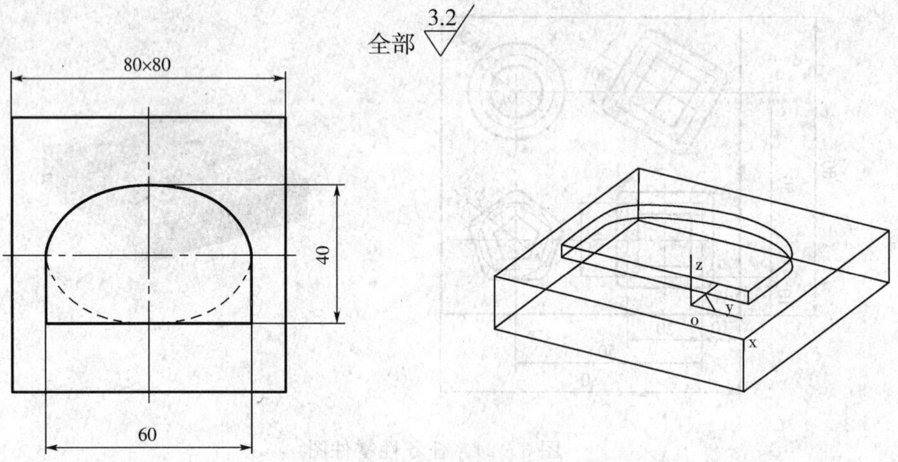

图4－1　示范性零件图

分析：由零件图分析，圆弧部分是椭圆，为非圆曲线，对于只有直线和圆弧插补功能的设备，一般编程无法加工，可以运用宏程序编程加工完成。用直线和圆弧去逼近椭圆曲线，逼近直线的每个节点由数控系统自动运算。

知识窗

1. 宏程序

在一般的程序中，程序字为常量。若在程序中使用变量，通过对变量进行赋值及处理使程序具有特殊功能，这种有变量的程序叫宏程序。宏程序的使用方法与一般程序基本类似。

2. 控制指令

控制指令起到控制程序流向的作用，见表 4－1 和 4－2。

表 4－1　控制指令表

语句名称	格　式	注　解
分支语句 GOTO	IF[< 条件表达式>]GOTO n	如果指定的条件表达式满足时，转移到标有顺序号 n 的程序段。如果指定的条件表达式不满足，则执行下个程序段
循环指令	WHILE[<条件表达式>]DOm(m=1,2,3,…)；	当指定条件满足时，执行从 DO 到 END 之间的程序。否则，转到 END 后的程序段
	…	
	ENDm	

表 4－2　条件式的种类表

运算符	含　义
#j EQ #k	等于(=)
#j NE #k	不等于(≠)
#j GT #k	大于(>)
#j GE #k	大于或等于(≥)
#j LT #k	小于(<)
#j LE #k	小于或等于(≤)

3. 运算指令

宏程序具有赋值、算术运算、逻辑运算、函数运算等功能，见下表 4－3：

表 4－3　宏程序运算指令

功　能	格　式	备　注
定义	#i=#j；	
加法	#i=#j+#k；	
减法	#i=#j－#k；	
乘法	#i=#j*#k；	
除法	#i=#j/#k；	
正弦	#i=SIN[#j]；	角度以度指定。90°30′表示为 90.5 度
反正弦	#i=ASIN[#j]；	
余弦	#i=COS[#j]；	
反余弦	#i=ACOS[#j]；	
正切	#i=TAN[#j]；	
反正切	#i=ATAN[#j]/[#k]；	

(续表)

功　能	格　式	备　注
平方根 绝对值 舍入 上取整 下取整 自然对数 指数函数	＃i＝SQRT[＃j]； ＃i＝ABS[＃j]； ＃i＝ROUND[＃j]； ＃i＝FIX[＃j]； ＃i＝FUP[＃j]； ＃i＝LN[＃j]； ＃i＝EXP[＃j]；	
或 异或 与	＃i＝＃j OR＃k； ＃i＝＃j XOR＃k； ＃i＝＃j AND＃k；	逻辑运算一位一位地按二进制数执行
从 BCD 转为 BIN 从 BIN 转为 BCD	＃i＝BIN[＃j]； ＃i＝BCD[＃j]；	用于与 PMC 的信号交换

4. 编程要点

(1)DO 后的数和 END 后的数为指定程序执行范围的标号，标号值为 1、2、3，并且成一一对应关系。

(2)可以嵌套，在 DO～END 循环中的标号(1 到 3)可根据需要多次使用。但是，当程序有交叉重复循环(DO 范围重叠)时，不能使用。

(3)条件表达式必须包括运算符。运算符插在两个变量中间或变量和常数中间，并且用括号([ ])封闭。表达式可以替代变量。

(4)加工椭圆外形时用直线来逼近会发生理论上的过切，在设置角度值递减(增)量时，一般建议取值小于等于 3 度。

示范性操作

1. 椭圆数学模型的建立(如图 4-2 所示)

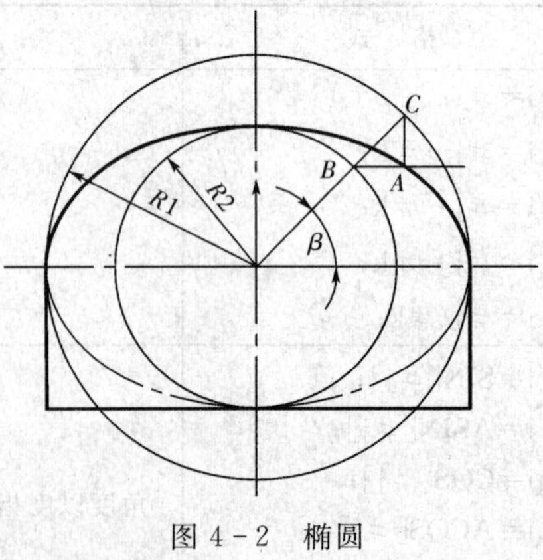

图 4-2　椭圆

(1)椭圆的逼近

椭圆的加工以直线逼近曲线的方式，由直线 1，2，3…逼近，每段直线的长度由角度决定。

(2)椭圆的数学表达式

图 4－2 所示椭圆上的 A 点坐标计算如下：

$X=R1*\cos\beta$

$Y=R2*\sin\beta$

A 点可以看作逼近椭圆直线的一个节点，如果 β 角以每一度增加，可以得出许多节点，形成逼近直线 1,2,3,…

2. 工艺分析

工装：采用机用平口虎钳装夹，一次装夹完成全部加工内容，底部用精度较高的平行垫块，垫块厚度与宽度适当。

工步及刀具：见表 4－4。

表 4－4　零件的数控加工工序表

工步号	工步内容	刀具号	刀具名称	刀具规格 (D)	主轴转速 (r/min)	进给量 (mm/min)	备注
1	粗加工轮廓凸台	T1	端面铣刀	50	450	300	切深 2mm
2	精加工轮廓凸台	T2	立铣刀	20	720	100	
3	去毛刺倒钝						

3. 程序编制

零件的上表面中心定义为编程坐标系原点(Z=0)。

	O0401；	加工凸台，刀具 ϕ50 铣刀
N001	G90G54G00X－70Y－65Z50.0；	设置程序起始状态，刀具初始位置
N002	M03S450；	主轴启动，ϕ50 端面铣刀
N003	G00Z1；	Z 轴快速定位
N004	G01 Z－2F300M08；	分 2 次加工深度，切削液开
N005	G41D01；	左补正顺铣，粗加工留余量，D01＝25.5
N006	M98P4001；	调用凸台加工子程序
N007	G01 Z－3.9F300M08；	高度留 0.1mm 余量
N008	G41D01；	刀补号 1，D01＝25.5
N009	M98P4001；	加工凸台轮廓子程序
N010	G00Z100M05；	主轴停，回到便于换刀点
N011	M00；	换 ϕ20 立铣刀
N012	M03S720；	主轴启动，ϕ20 立铣刀
N013	G90G54G00X－70Y－65Z50.0；	刀具初始位置
N014	G00Z1；	Z 轴快速定位

(续表)

N015	G01Z-4F300M08;	精加工到深度
N016	G41D02;	左补正顺铣,精加工到尺寸,D02=10
N017	M98P4001;	调用凸台加工子程序
N018	G91G28Z0Y0M05;	返回参考点,主轴停止
N019	M30;	程序停止
	O4001;	加工凸台子程序
N001	G01X-30Y-41;	刀补路径到起点
N002	Y0;	直线加工到 Y0,开始加工椭圆
N003	#1=180;	起始角度 180 度
N004	#2=30;	椭圆长半轴
N005	#3=20;	椭圆短半轴
N006	WHILE [#1 GE 0] DO1;	循环条件:加工角度大于等于 0 度,小于等于 180 时,满足条件执行从 DO1 到 END1 之间的程序。否则,转到 END 后的程序段
N007	#24=#2*COS[#1];	椭圆上一点的 *X* 坐标轴
N008	#25=#3*SIN[#1];	椭圆上一点的 *Y* 坐标轴
N009	G01 X#24 Y#25;	以直线逼近加工出椭圆
N010	#1=#1-0.5;	角度自变量每次以 0.5 度递减
N011	END1;	循环 1 结束,此时#1<0
N012	Y-20;	直线加工
N013	X-32;	
N014	G40G00X-70Y-65M09;	取消刀补回下刀点
N015	M99;	子程序结束返回

4. 操作步骤

(1)数控铣床开机和返回参考点。

(2)装夹工件。

(3)安装刀具、对刀,确定刀具补偿值。

①*X*、*Y* 向对刀;

②*Z* 向对刀,依次安装 2 把刀具。

(4)输入、验证程序。

(5)程序优化。

(6)先单段试加工,后自动加工。

(7)尺寸测量:根据对已加工零件的检测结果,如果需要,重新设置刀补值,再次执行程序加工零件,直到满足尺寸精度和粗糙度等。

(8)加工结束。

注意:精加工的长度补偿和半径补偿值要根据粗加工或半精加工后的实际测量尺寸来确定输入精加工时的补偿值,程序中给的半径补偿值均为理论值。

试用分支语句(IF[< 条件表达式 >]GOTO n)模拟加工案例 1,并与循环指令比一比,看区别在哪里,体会它们各自的优缺点。

案例 2:使用宏程序在数控铣床上加工如图 4-3 所示的高度为 4mm 的凸台,图中圆弧部分为长半轴 30mm、短半轴 20mm 椭圆的一部分($\widehat{AB}$)。

1. 椭圆数学模型的建立

(1)椭圆的逼近

椭圆的加工以直线逼近曲线的方式,由直线 1,2,3…逼近,每段直线的长度由(x,y)点坐标决定 X 自变量,Y 为函数。

(2)椭圆的数学表达式

$$\frac{x^2}{a^2}+\frac{y^2}{b^2}=1, y=\pm\frac{b}{a}\sqrt{a^2-x^2}$$

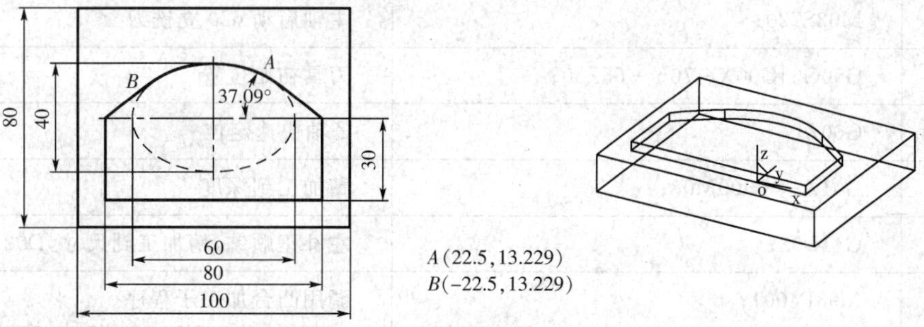

图 4-3 示范性零件图

2. 工艺分析

工装:采用机用平口虎钳装夹,一次装夹完成全部加工内容,底部用精度较高的平行垫块,垫块厚度与宽度适当。

工步及刀具:见表 4-5。

表 4-5 零件的数控加工工序表

工步号	工步内容	刀具号	刀具名称	刀具规格 (D)	主轴转速 (r/min)	进给量 (mm/min)	备注
1	粗加工轮廓凸台	T1	端面铣刀	50	450	300	切深 2mm
2	精加工轮廓凸台	T2	立铣刀	20	720	100	
3	去毛刺倒钝						

3. 程序编制

零件的上表面中心定义为编程坐标系原点(Z=0)。

	O0411;	加工凸台,刀具 ϕ50 铣刀
N001	G90G54G00X-80Y-70Z50;	设置程序起始状态,刀具初始位置
N002	M03S450;	主轴启动,ϕ50 端面铣刀
N003	G00Z1;	*Z* 轴快速定位
N004	G01 Z-2F300M08;	分 2 次加工深度,切削液开
N005	G41D01;	左补正顺铣,粗加工留余量,D01=25.5
N006	M98P4001;	调用凸台加工子程序
N007	G01Z-3.9F300M08;	高度留 0.1mm 余量
N008	G41D01;	刀补号 1,D01=25.5
N009	M98P4001;	加工凸台轮廓子程序
N010	G00Z100M05;	主轴关,回到便于换刀点
N011	M00;	换 ϕ20 立铣刀
N012	M03S720;	主轴启动 ϕ20 立铣刀
N013	G90G54G00X-70Y-65Z50;	刀具初始位置
N014	G00Z1;	*Z* 轴快速定位
N015	G01Z-4F300M08;	精加工到深度
N016	G41D02;	左补正顺铣,精加工到尺寸,D02=10
N017	M98P4001;	调用凸台加工子程序
N018	G91G28Z0Y0M05;	返回参考点,主轴停止
N019	M30;	程序停止
	O4001;	加工凸台子程序
N001	G01X-40Y-40;	刀补路径到起点
N002	Y0;	直线加工到 Y0,
N003	-X22.5Y13.229;	直线加工 *B* 点
N003	#1=-22.5;	椭圆段起点(*B*)*X* 的坐标
N004	#2=22.5;	椭圆段终点(*A*)*X* 的坐标
N005	WHILE[#1 LE #2] DO1;	循环条件:当满足条件 $-22.5 \leqslant X \leqslant 22.5$,执行从 DO1 到 END1 之间的程序。否则,转到 END 后的程序段

（续表）

N006	＃3＝0.667＊SQRT[30＊30－＃1＊＃1]；	椭圆上一点的 Y 坐标轴
N007	G01X＃1Y＃3；	以直线逼近加工出椭圆
N008	＃1＝＃1＋0.5；	自变量 X 每次以 0.5 递加
N009	END1；	循环 1 结束。
N010	X40Y0；	直线加工
N011	Y－30；	直线加工
N012	X－50；，	直线加工
N013	G40G00X－80Y－70M09；	取消刀补回下刀点
N014	M99；	子程序结束返回

任务性操作

任务：在数控铣床上加工如图 4－4 所示内腔，深度 4mm，图中圆弧部分为长半轴 30mm、短半轴 15mm 的两个椭圆。

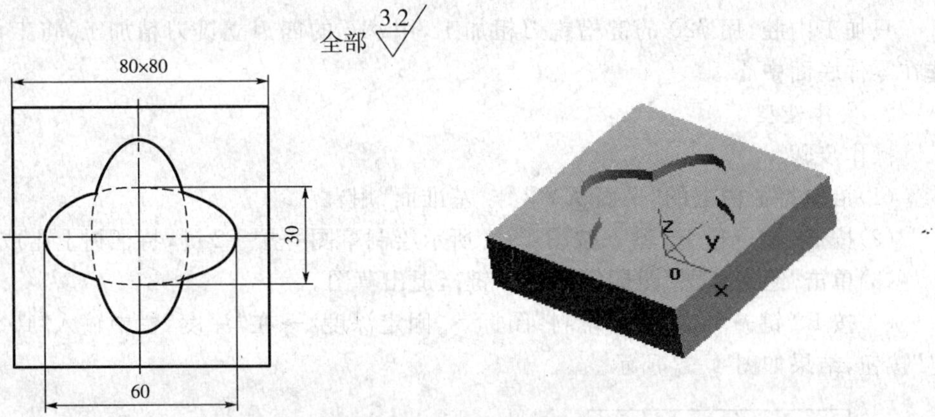

图 4－4　任务性练习图

第二节　“CAXA 制造工程师 2004”自动编程入门

知识点击

本节内容涉及的知识点有：初步了解“CAXA 制造工程师 2004”的建模、刀路轨迹、G 代码、加工工艺单、保存及数控加工。

示范案例

案例：试运用“CAXA 制造工程师 2004”完成如图 4－5 所示工件的建模、生成刀路轨迹、产生 G 代码和加工工艺单的全过程及数控加工（只加工内腔）

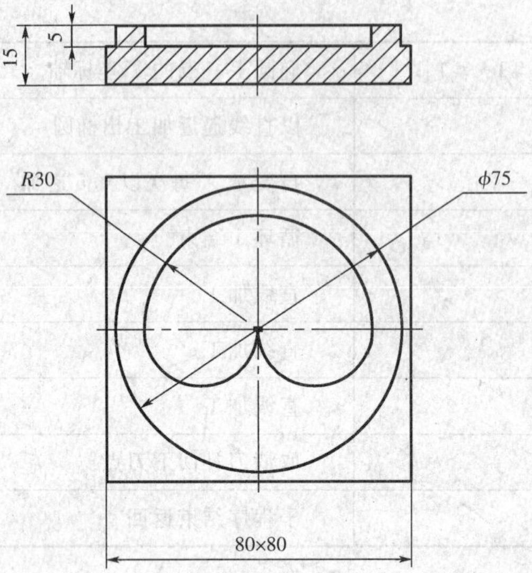

图 4－5　示范性零件图

示范性操作

1. 工艺分析

只加工内腔,用 $\phi20$ 的键槽铣刀粗加工,用 $\phi16$ 的四刃立铣刀精加工,将工件坐标原点选在零件底面中心。

2. 实体造型

操作步骤:

(1)拾取特征树上的"平面 XY"(作"基准面"用)。

(2)按 F2 键→按 F5 键→按图 4－6 所示绘制草图→按 F2 键,特征树上生成"草图 0"。

(3)单击"绘制草图"图标(或按 F2 键),退出草图。

(4)按 F8 键→单击"拉伸增料"图标→"固定深度"→在"深度"栏中输入"10"→单击"确定"按钮,结果如图 4－7 所示。

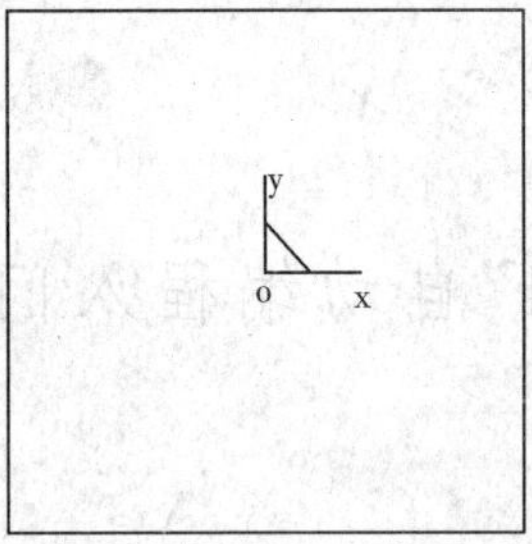

图 4－6　草图

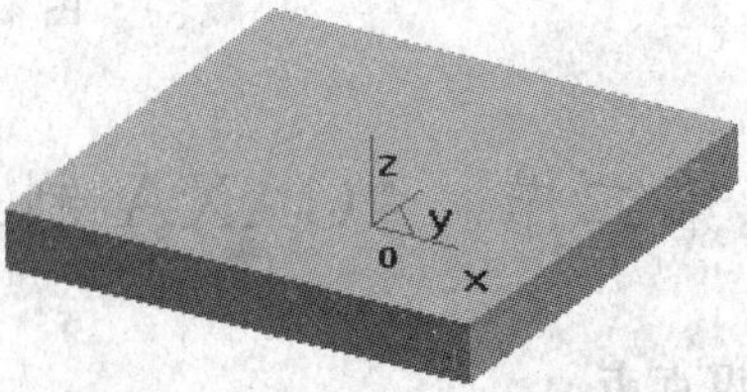

图 4－7　拉伸增料实体

(5)拾取"80×80"上表面,作"基准面"用。

(6)按 F2 键→按 F5 键→按图 4－8 所示绘制草图→按 F2 键,特征树上生成"草图 1"。

(7)单击"绘制草图"图标(或按 F2 键),退出草图。

(8)按 F8 键→单击"拉伸增料"图标→"固定深度"→在"深度"栏中输入"5"→单击"确

定”按钮，结果如图 4－9 所示。

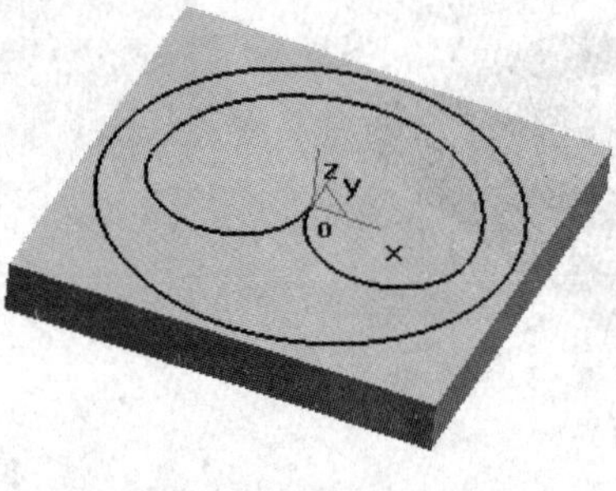

图 4－8 草图

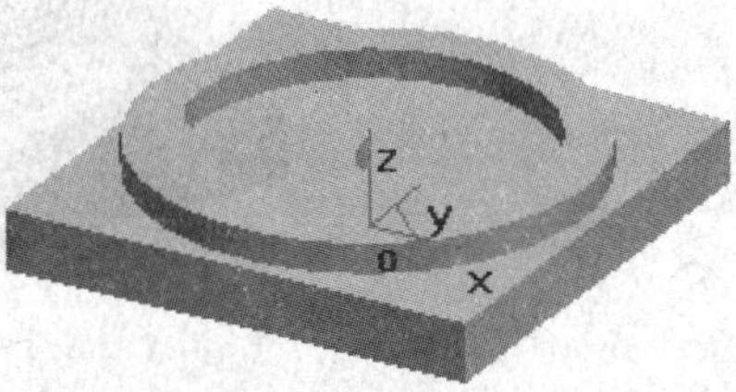

图 4－9 拉伸增料后实体

3. 计算机编程生成刀具轨迹

操作步骤：

(1)定义毛坯。

①单击特征树下方的“加工管理”图标“”，进入“加工管理”模块，如图 4－10 所示。

②双击毛坯图标“”，出现如图 4－11 所示的对话框，单击“毛坯定义”中的“参照模型”单选按钮，使“参照模型”成为选中状态。

③单击“确定”按钮，完成毛坯参数的设置。结果如图4－12 所示。

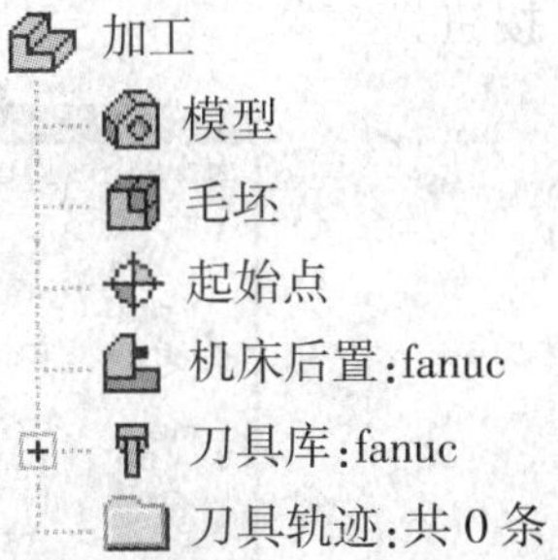

图 4－10 加工管理

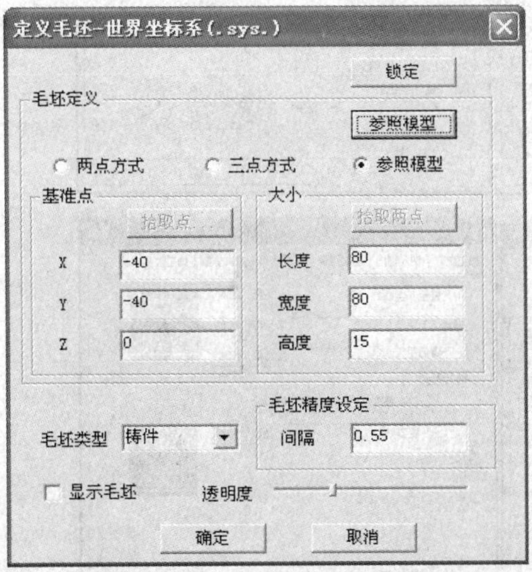

图 4－11 “定义毛坯”对话框

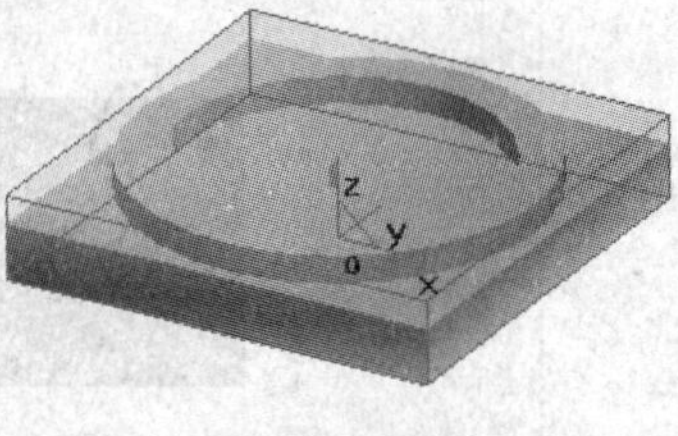

图 4－12 毛坯

(2)用 $\phi20$ 的键槽铣刀粗加工(只加工内腔)。

①单击毛坯图标“”→“隐藏毛坯”。

②单击“相关线”图标→“实体边界”→拾取内腔轮廓，生成如图 4－13 所示的加工

边界。

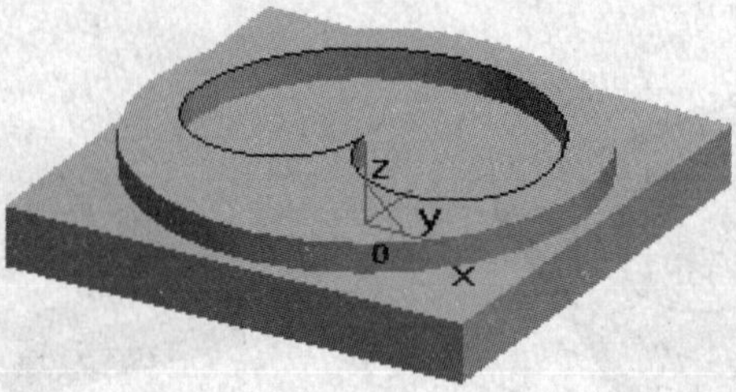

图 4－13　加工边界

③单击“区域式粗加工”图标“”→在对话框中,按图 4－14 所示,分别设置“加工参数”、“切入切出”、“切削用量”、“下刀方式”、“刀具参数”、“加工边界”中各参数→单击“确定”按钮。

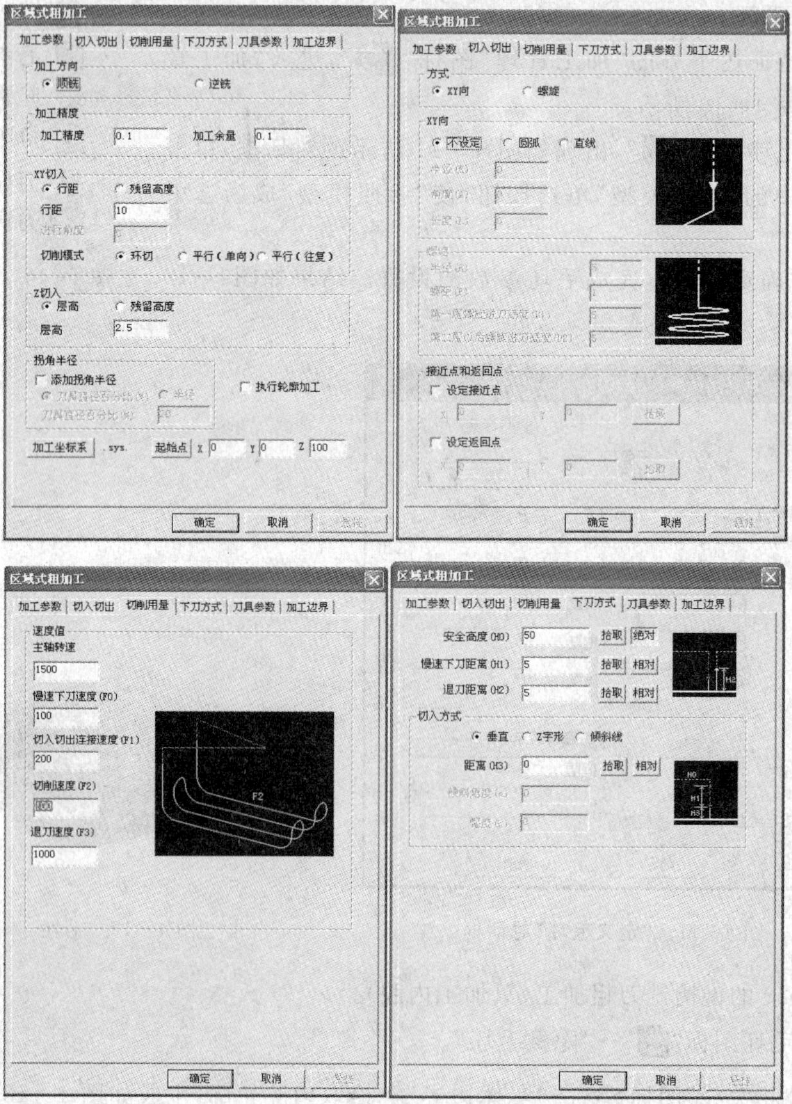

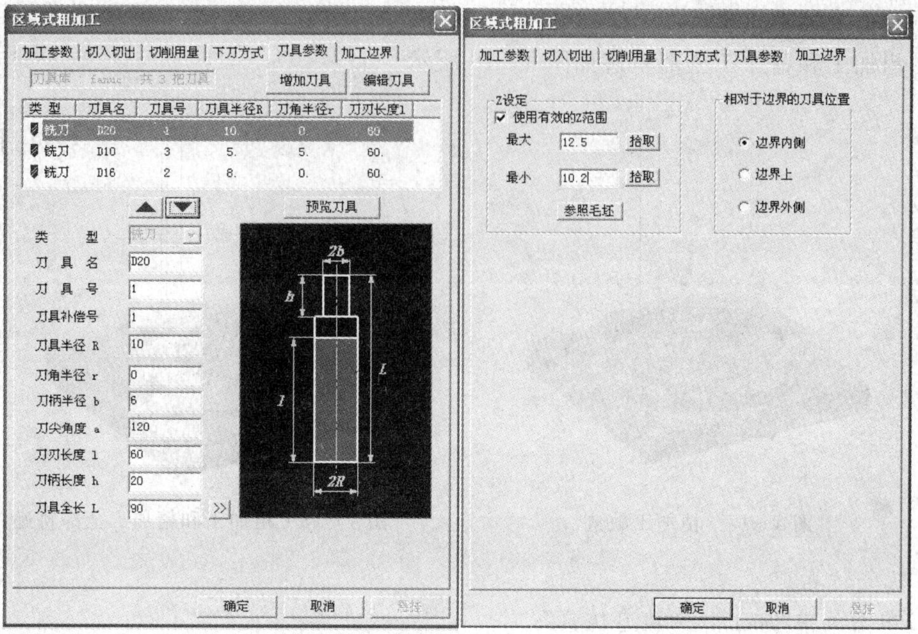

图 4-14　区域式粗加工对话框

④按图 4-15 所示，"拾取轮廓"→"确定链搜索方向"→拾取逆时针方向的箭头(顺铣)→按右键→"拾取岛屿"→按右键，生成图 4-16 所示"区域式粗加工"的刀具轨迹。

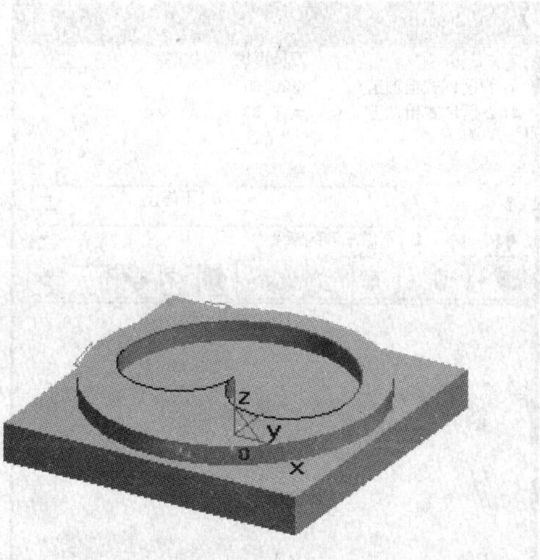

图 4-15　加工内轮廓

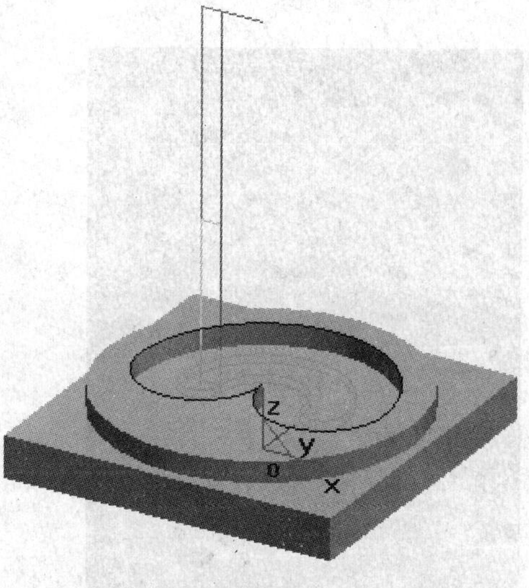

图 4-16　区域式粗加工刀具轨迹

(3)用 $\phi16$ 的立铣刀精加工(只加工内腔)。

单击"区域式粗加工"图标" "→在对话框中，按图 4-14 所示，分别设置"加工参数"中"加工精度"为"0.01"，加工余量为"0"，"层高"为"5"，"行距"为"8"，"执行轮廓加工"选择"√"，"切入切出"、"切削用量"、"下刀方式"同粗加工，"刀具参数"选择 $\phi16$ 的立铣刀，"加工边界"中"最大""最小"都为"10"→单击"确定"按钮。"拾取轮廓"→"确定链搜索方向"→拾取逆时针方向的箭头(顺铣)→按右键→"拾取岛屿"→按右键，生成图 4-17 所示"区域式粗加工”的精加工刀具轨迹。

(4)粗加工和精加工全部轨迹如图 4－18 所示。

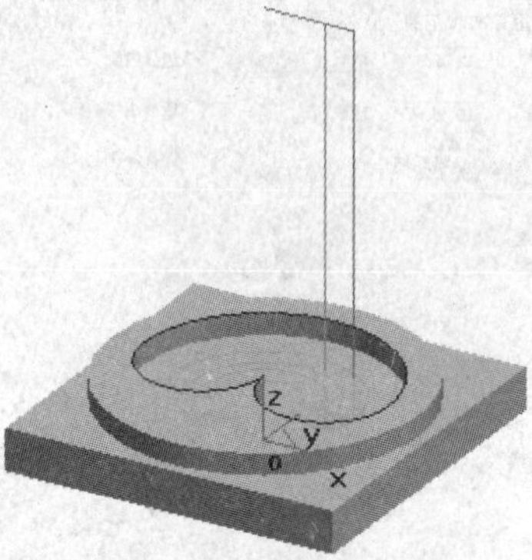

图 4－17　精加工轨迹

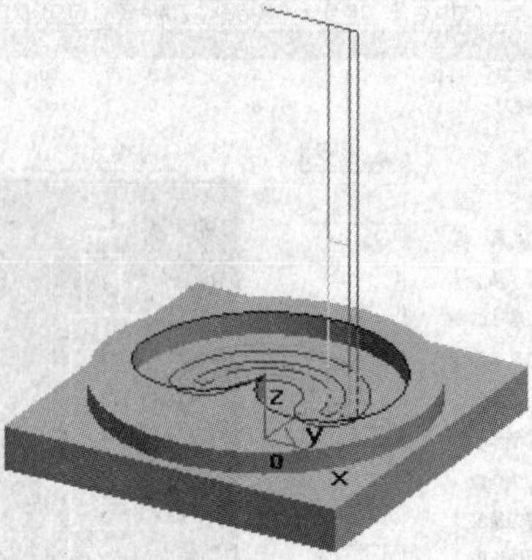

图 4－18　粗加工和精加工全部轨迹

4. 轨迹仿真

(1)单击菜单“加工”→“轨迹仿真”

(2)“拾取加工轨迹”,单击已生成的“区域式粗加工”(粗加工、精加工)轨迹,单击右键确认,出现如图 4－19 所示画面。

(3)单击画面中的“仿真加工”工具按钮“ ”,出现如图 4－20 所示的“仿真加工”对话框。

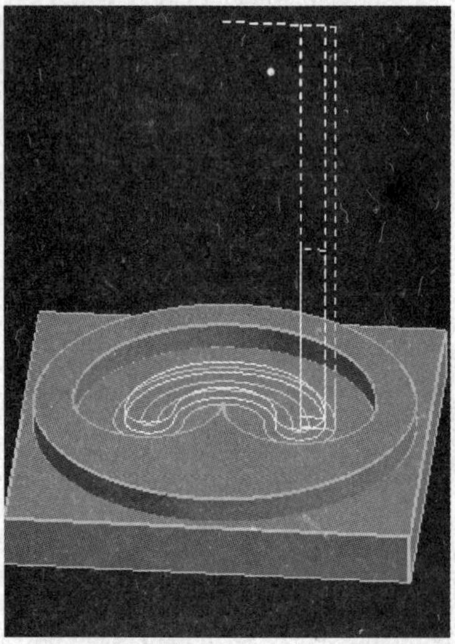

图 4－19　轨迹仿真(粗加工、精加工)

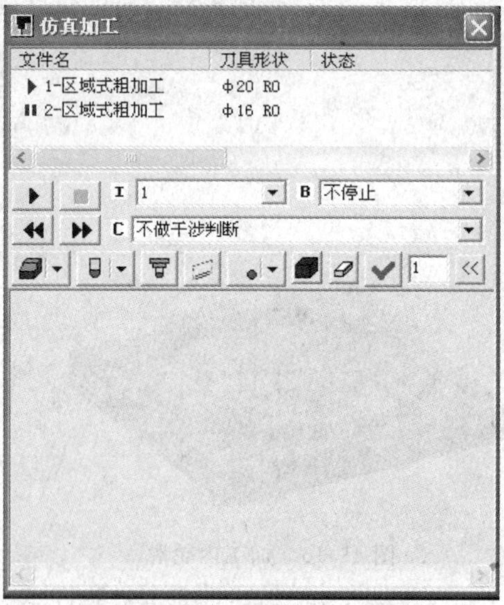

图 4－20　仿真加工对话框

(4)单击播放按钮“ ”,屏幕上开始模拟加工过程,最终结果如图 4－21 所示。

(5)单击关闭按钮“ ”,回到仿真加工之前的画面。或者光标移至“轨迹树栏”内空白处→右击→“轨迹仿真”→“拾取刀具轨迹”→右击→按提示完成仿真加工。

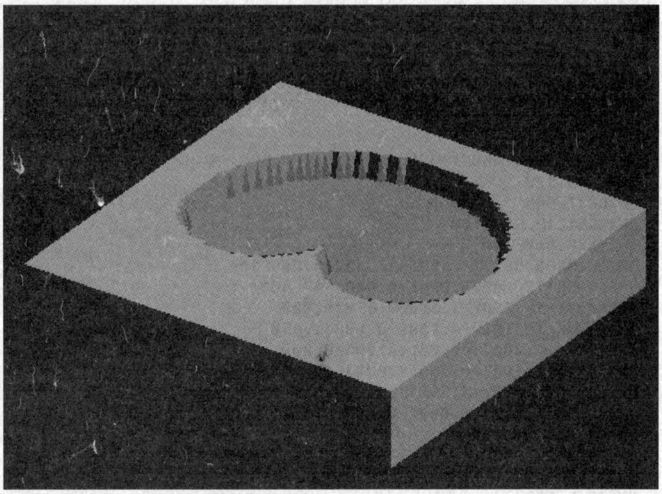

图 4-21 仿真加工结果

5. 生成 G 代码

(1)单击菜单“加工”→“后置处理”→“后置设置”，出现如图 4-22 所示画面。根据具体情况设置参数。

(2)单击菜单“加工”→“后置处理”→“生成 G 代码”

(3)选择文件的放置地方，例如“我的文挡”，输入文件名“CAXA 自动编程”，单击“保存”按纽。

(4)“拾取加工轨迹”，拾取“区域式粗加工”(粗加工、精加工)轨迹后，单击右键确认，系统将根据后置文件的设置参数，生成加工代码，如图 4-23 所示。

(5)单击“关闭”按钮“×”，关闭“记事本”。

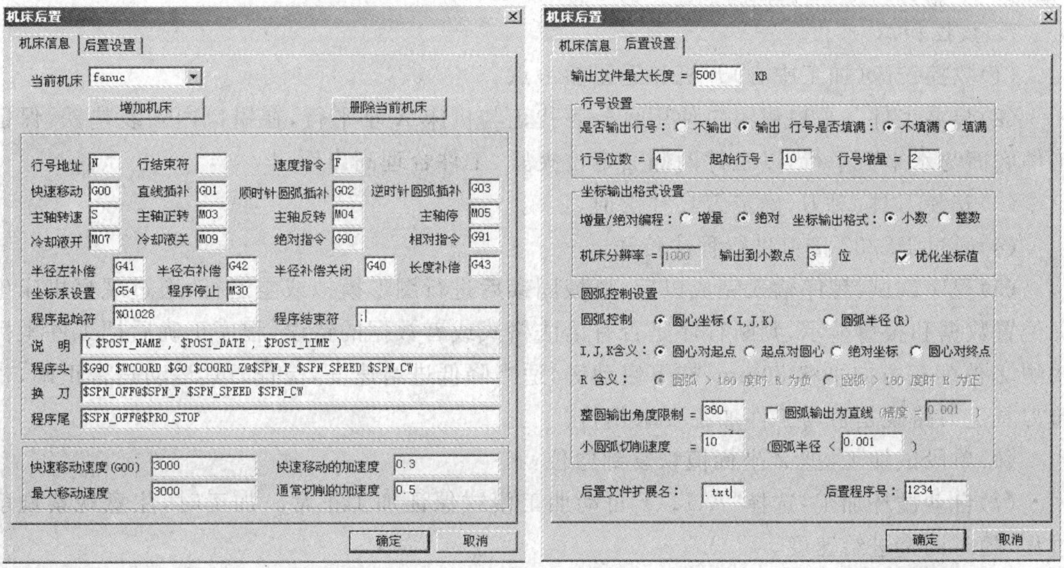

图 4-22 后置设置对话框

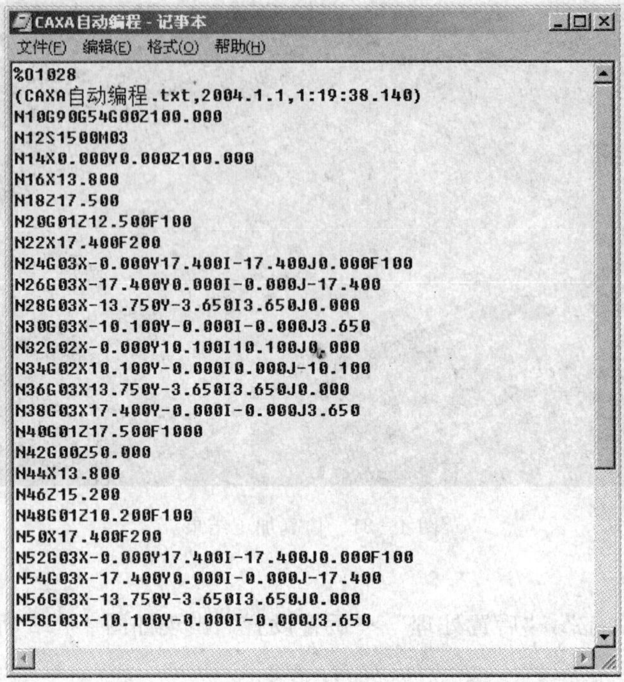


```
%01028
(CAXA自动编程.txt,2004.1.1,1:19:38.140)
N10G90G54G00Z100.000
N12S1500M03
N14X0.000Y0.000Z100.000
N16X13.800
N18Z17.500
N20G01Z12.500F100
N22X17.400F200
N24G03X-0.000Y17.400I-17.400J0.000F100
N26G03X-17.400Y0.000I-0.000J-17.400
N28G03X-13.750Y-3.650I3.650J0.000
N30G03X-10.100Y-0.000I-0.000J3.650
N32G02X-0.000Y10.100I10.100J0.000
N34G02X10.100Y-0.000I0.000J-10.100
N36G03X13.750Y-3.650I3.650J0.000
N38G03X17.400Y-0.000I-0.000J3.650
N40G01Z17.500F1000
N42G00Z50.000
N44X13.800
N46Z15.200
N48G01Z10.200F100
N50X17.400F200
N52G03X-0.000Y17.400I-17.400J0.000F100
N54G03X-17.400Y0.000I-0.000J-17.400
N56G03X-13.750Y-3.650I3.650J0.000
N58G03X-10.100Y-0.000I-0.000J3.650
```

图 4-23 加工 G 代码

6. 生成工艺清单

(1)单击菜单“加工”→“工艺清单”,系统弹出“工艺清单”对话框。

(2)选择文件的放置目录。

(3)单击“拾取轨迹”按钮,拾取“区域式粗加工”(粗精加工)轨迹后,单击右键确认,单击“生成清单”按钮,系统即生成 HTML 格式的工艺清单。

7. 数控加工

(1)数控铣床(加工中心)开机和返回参考点。

(2)装夹工件。平口钳钳口使用百分表找正与机床 X 轴平行,在钳口内安装垫铁,保证工件底面与水平面平行,以工件两侧面定位夹紧,工件合理高出钳口。

(3)安装刀具、对刀,确定刀具补偿值。

(4)通过 RS232 接口进行程序传送。

(5)程序调试:程序输入完成以后,机械固锁后进行图形模拟或空运行,通过观察机床坐标位置数据和报警显示,判断程序是否有语法格式或者数据的错误,程序正确后把工件坐标系的 Z 值朝正方向平移 50mm,按下启动键,适当降低进给速度,检查刀具运动是否正确,校验刀具走刀路线是否与工件加工要求相符。

(6)单段试加工:把 Z 坐标值恢复到原位。

(7)自动循环加工:选择“AUTO”自动加工模式保证加工正常。加工时,注意观察铣削过程,随时调整进给速度。

任务性操作

任务:试运用“CAXA 制造工程师 2004”完成如图 4-24 所示工件的建模、生成刀路轨迹、生成 G 代码和加工工艺单的全过程及数控加工(只加工内腔)。

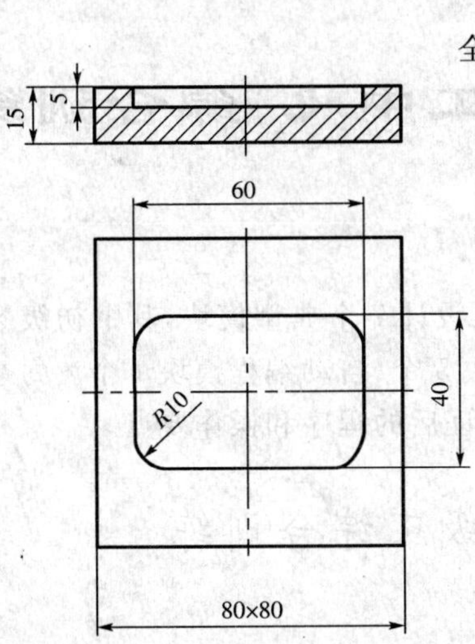

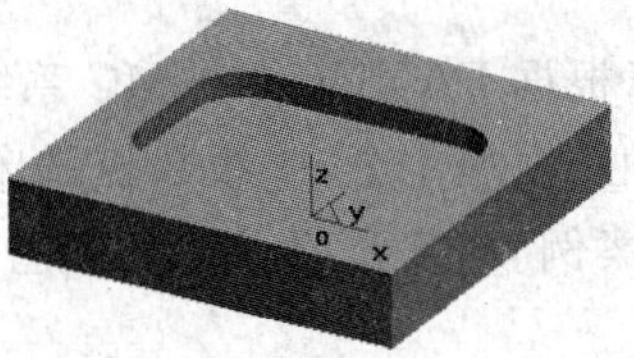

图 4－24　任务性零件图

第五章 数控铣床(加工中心)综合训练

本章根据 FANUC 0i－MC 系统的编程规则，共设计 7 个典型模块，其中初级数控铣床(加工中心)模块 1 个，中级数控铣床(加工中心)模块 5 个，自动编程模块 1 个。每个模块中的[示范案例]详细介绍了加工工艺以及通过加工验证后的程序和操作要点。

第一节 数控铣床初级工综合训练

知识点击

(1)掌握选择铣削用量的原则，能正确选用刀具及合理的切削用量。

(2)掌握在数控铣加工工序中，工步(加工)顺序的安排应遵循的原则。

(3)掌握内轮廓的加工工艺，能使用半径补偿功能对内、外轮廓加工，加工精度满足要求。

示范案例

案例：在数控铣床上加工如图 5－1 所示零件，其中工件外形 80mm×80mm×20mm 已加工，材料为 45 号钢，毛坯见图 5－2 所示。

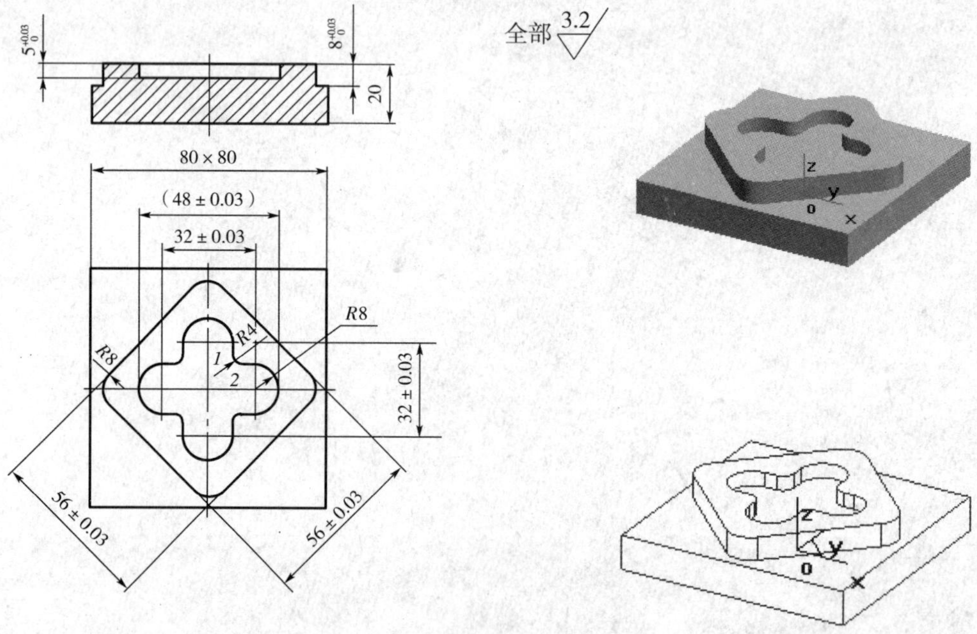

1(8.00,12.00) *2*(12.00,8.00)

图 5－1 示范案例图

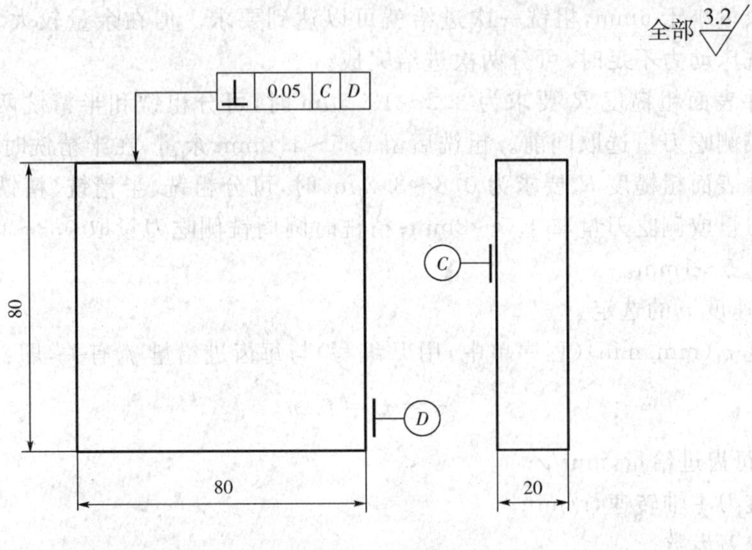

图 5-2 毛坯图

分析:本零件的内、外轮廓是直线和圆弧的组合加工,其中外轮廓采用 G68 旋转指令编程,外轮廓粗加工时刀具选择面铣刀。为了提高刀具的使用寿命,保证零件的加工质量,内轮廓要用 $\phi20$ 麻花钻加工预制工艺孔,粗加工时选择 $\phi12$ 的二刃键槽铣刀,从预制工艺孔软切入;精加工时选择 $\phi12$ 的四刃立铣刀,选择较优的加工路径顺序和进退刀方式。

知识窗

1. 切削用量的选择

切削用量包括主轴转速(铣削速度 v_c)、背吃刀量和进给量。选择铣削用量的原则是:首先选择尽可能大的背吃刀量 a_p(端铣)或侧吃刀量 a_e(圆周铣),其次是确定进给速度,最后根据刀具耐用度确定切削速度。

(1)粗加工、精加工时选择切削用量的原则是:

粗加工时,首先选取尽可能大的背吃刀量,以减少走刀次数;最好一次去掉粗加工余量,提高生产效率。其次要根据机床动力和刚性的限制条件等,选择尽可能大的进给量;最后根据刀具耐用度确定最佳的切削速度。

(2)精加工时,首先根据粗加工后的余量确定背吃刀量;其次根据零件的粗糙度要求,当加工精度、表面粗糙度要求高时,选取较小的进给量;最后根据刀具耐用度的前提下,尽可能选取较高的切削速度。

切削用量的选择的方法:

(1)背吃刀量 a_p(端铣)或侧吃刀量 a_e(圆周铣)的选定

铣削加工分为粗铣、半精铣和精铣。粗铣时,在机床动力足够(经机床动力校核确定)和工艺系统刚度许可的条件下,应选取尽可能大的吃刀量(端铣的背吃刀量 a_p 或圆周铣的侧吃刀量 a_e)。一般情况下,在留出精铣和半精铣的余量 0.5mm~2mm 后,其余的余量可作粗铣吃刀量,尽量一次切除。半精铣吃刀量可选为 0.5~1.5mm。精铣吃刀量可选为 0.2~0.5mm。

①在工件表面粗糙度 R_a 要求为 12.5~25μm 时,如果圆周铣削的加工余量小于 5mm,

端铣的加工余量小于 6mm，粗铣一次进给就可以达到要求。但在余量较大、工艺系统刚性较差或数控铣床动力不足时，可分两次进给完成。

②在工件表面粗糙度 R_a 要求为 3.2～12.5μm 时，可分粗铣和半精铣两步进行。粗铣时背吃刀量或侧吃刀量选取同前。粗铣后留 0.5～1.0mm 余量，在半精铣时一次切除。

③在工件表面粗糙度 R_a 要求为 0.8～3.2μm 时，可分粗铣、半精铣、精铣三步进行。半精铣时背吃刀量或侧吃刀量取 1.5～2mm；精铣时圆周铣侧吃刀量取 0.3～0.5mm，面铣刀背吃刀量取 0.5～1mm。

(2)进给速度 v_f 的选定

进给速度 v_f(mm/min)(程序单中，用 F 编写)与每齿进给量 f_z 有关，即：

$$v_f = f_n = f_z z n$$

式中：f_z——每齿进给量，mm/z；

n——铣刀主轴转速，r/min；

z——铣刀齿数。

粗加工时，每齿进给量 f_z 的选取主要决定于工件材料的力学性能、刀具材料和铣刀类型。工件材料强度和硬度越高，选取的 f_z 越小，反之则越大；硬质合金铣刀的每齿进给量 f_z 应大于同类高速钢铣刀；而对于面铣刀、圆柱铣刀、立铣刀，由于它们刀齿强度不同，其每齿进给量 f_z 按面铣刀→圆柱铣刀→立铣刀排列顺序依次递减。

而精加工时，每齿进给量 f_z 的选取要考虑工件表面粗糙度的要求，表面粗糙度值越低，每齿进给量 f_z 越小。表 5-1 为铣刀的每齿进给量 f_z 推荐值。

表 5-1 铣刀的每齿进给量 f_z 推荐值

工件材料	每齿进给量 f_z(mm/z)			
	粗铣		精铣	
	高速钢铣刀	硬质合金铣刀	高速钢铣刀	硬质合金铣刀
钢材	0.10～0.15	0.10～0.25	0.02～0.05	0.10～0.15
铸铁	0.12～0.20	0.15～0.30		

(3)铣削速度 v_c 的选定

铣削速度与刀具耐用度、吃刀量、每齿进给量、刀具齿数成反比，与铣刀直径成正比，此外还与工件材料、刀具材料、铣刀材料、加工条件等因素有关。表 5-2 为铣削速度 v_c 推荐范围值。

(4)主轴转速 n 的选定

实际编程中，铣削速度 v_c 的选定后，还要计算铣床主轴转速 n(r/min)(程序单中，用 S 编写)。对有级变速的铣床，必须按照铣床已有主轴转速选择与所计算主轴转速 n 接近的转速，编写到程序单中。

主轴转速 n 主要是由允许的铣削速度 v_c 确定，即

$$n = 1000 v_c / \pi D$$

式中：v_c——铣削速度，m/min；

D——工件或刀具直径，mm。

铣削速度值越大，主轴转速就越大，从理论上讲，这样不仅可以提高生产率，而且使加工表面获得较好的表面粗糙度，但实际上铣削速度 v_c 的选择要根据刀具材料、机床的具体情况等选择合理的铣削速度。

表 5-2　铣削速度参考值

工件材料	硬度(HBS)	铣削速度 v_c(m/min)	
		高速钢铣刀	硬质合金铣刀
钢材	<225	18～42	66～150
	225～325	12～36	54～120
	325～425	6～21	36～75
铸铁	<190	21～36	66～150
	190～260	9～18	45～90
	160～320	4.5～10	21～30

2. 工步顺序的安排

在数控铣加工工序中，工步(加工)顺序的安排应遵循下列原则：

(1)先安排粗加工工步，后安排精加工工步。

(2)先安排加工平面的工步，后安排加工孔的工步。

(3)按所用刀具划分工步，先安排用大直径刀具加工表面，后安排用小直径刀具加工表面。

3. 铣刀轴向下刀路线

加工平面轮廓工件时，数控铣削一般采用分层切削，加工中从工件上一切削层进入下一层时要求铣刀沿轴向切削。因为刀具本身制造工艺的需要，在立铣刀的端面上钻有中心孔，这就妨碍了立铣刀的钻孔功能，一般要求其一次钻孔深度不大于 0.5mm。所以当工件加工的边界开敞时，应从工件坯料的边界外下刀和进刀、退刀。

当加工工件内廓形时，立铣刀必须沿其轴线方向下刀切入工件实体，此时要考虑刀具如何切入工件(下刀方式)以及切入位置(下刀点)。常用的下刀方式有如下三种：

(1)在工件上预制孔，沿孔直线下刀。

在工件上刀具轴向下刀点的位置，预制一个比刀具直径大的孔，立铣刀的轴向沿已加工的孔引入工件，然后从刀具径向切入工件。这也是常用的方法。

(2)按具有斜度的走刀路线切入工件——倾斜下刀。

在工件的两个切削层之间，刀具从上一层的高度沿斜线切入工件到下一层位置。要控制节距，即每沿水平走一个刀径长，背吃刀量应小于 0.5mm。

(3)按螺旋线的路线切入工件——螺旋下刀。

刀具从工件的上一层的高度沿螺旋线切入到下一层位置，螺旋线半径尽量取大一些，这样切入的效果会更好。

示范性操作

1. 工艺分析

工装：采用机用平口虎钳装夹，底部用精度较高的平行垫块，垫块厚度与宽度适当。

工步及刀具:见表5-3,表5-4。

表5-3 零件的数控加工工序表

工步号	工步内容	刀具号	刀具名称	刀具规格(D)	主轴转速(r/min)	进给量(mm/min)
1	粗加工外轮廓,底面留0.1,侧面留0.3余量,D01=25.3	T1	端面铣刀	50	450	200
2	精加工8mm凸台外轮廓,理论值D02=25	T1	端面铣刀	50	800	150
3	钻ϕ20工艺孔	T2	麻花钻	20	1500	80
4	粗加工内轮廓,侧面留0.3余量,D03=6.3	T3	键槽铣刀	12	600	80
5	精加工内轮廓,理论值D02=6	T4	立铣刀	12	1000	200
6	去毛刺倒钝					

表5-4 工具、量具、刀具清单表

序号	名称	规格	精度	单位	数量
1	寻边器	ϕ10	0.002	个	1
2	Z轴设定器	50	0.01	个	1
3	游标卡尺	0～150	0.02	把	1
4	游标深度尺	0～200	0.02	把	1
5	百分表及磁力表座	0～0.8	0.01	副	1
6	粗糙度样板	N0～N1	12	副	1
7	R规	R1～R6.5,R7～R14.5		副	1
8	平行垫铁			副	若干
9	中心钻	A2		个	1
10	端面铣刀	ϕ50		个	1
11	立铣刀	ϕ12		个	1
12	键槽刀	ϕ12		个	1
13	麻花钻	ϕ20		个	1
14	机用虎钳	QH120		个	1
15	木锤(铜锤)			个	
16	活动扳手			把	

2. 程序编制

编程坐标系的原点设置在工件上表面中心(Z=0)。

	O0001;	加工凸台外轮廓程序
N001	G80G49G40G69;	设置程序起始状态,换 ϕ50 端面铣刀
N002	M03S450;	主轴启动
N003	G68X0Y0R45;	旋转指令有效
N004	G90G54G00X-80Y-80;	快速定位于下刀点
N005	G43Z50H01;	刀具长度补偿有效
N006	G00Z0M08;	Z 轴快速下刀,
N007	G41D01M98P20002;	调用子程序 2 次,粗加工凸台轮廓,D01=25.3
N008	G01Z-8F200;	Z 向加工到尺寸
N009	G41D02M98P0003;	调用子程序,精加工凸台轮廓,理论上 D02=25
N010	G69;	取消坐标轴旋转指令
N011	G00G49Z50M09;	主轴抬刀
N012	G91G28Z0M05;	返回参考点,主轴停止
N013	M00;	手动换 T2,ϕ20 麻花钻
N014	M03S1500;	主轴启动
N015	G90G54G00X0Y0;	快速定位
N016	G43Z50H02;	刀具长度补偿有效
N017	G81G98Z-4.8R3F80M08;;	钻中心孔,注意深度,留有余量
N018	G80M09;	取消循环,切削液关
N019	G91G28Z0M05;	返回参考点
N020	M00;	手动换 T3,ϕ12 键槽铣刀
N021	M03S600;	主轴启动
N022	G90G54G00X0Y0;	快速定位
N023.	G43Z50H03;	刀具长度补偿有效
N024	G00Z0M08;	快速到零件表面
N025	G01Z-4.9F80;	注意深度,留有余量
N026	G41D03M98P0004;	调用子程序,粗加工内轮廓,D03=6.3
N027	G00Z50M09;	快速提刀
N028	G91G28Z0M05;	返回参考点
N029	M00;	手动换 T4 立铣刀 ϕ12
N030	M03S1000;	主轴启动
N031	G90G54G00X0Y0;	快速定位
N032	G43Z50H04;	刀具长度补偿有效
N033	G00Z0;	快速到零件表面

(续表)

N034	G01Z－5F200；	Z 向加工到尺寸
N035	G41D04M98P0004；	调用子程序，精加工内轮廓，理论上 D04＝6
N036	G00Z50M09；	快速提刀
N037	G91G28Z0M05；	返回参考点
N038	M30；	程序结束。
	O0002；	凸台轮廓子程序
N001	G91G01Z－3.9F60；	增量下刀深度
N003	G90M98P0003；	调用轮廓子程序
N005	M99；	子程序结束，返回主程序
	O0003；	轮廓子程序
N001	G90G41G00X－28Y－50；	建立刀具补偿，注意补偿距离
N002	G01Y28，R8F100；	自动 R8 圆弧过渡
N003	X28，R8；	自动 R8 圆弧过渡
N004	Y－28，R8；	自动 R8 圆弧过渡
N005	X－28，R8；	自动 R8 圆弧过渡
N006	Y70；	直线插补，切线退刀
N007	G00X－80；	快速离开工件
N008	G40G00Y－80；	取消刀具半径补偿
N009	M99；	子程序结束，返回主程序
	O0004；	加工凹槽子程序
N001	G41G01X8Y12F80；	建立刀具补偿，注意补偿距离
N002	G01Y16；	直线插补
N003	G03X－8R8；	圆弧插补
N004	G01X－8Y8，R4；	自动 R4 圆弧过渡
N005	G01X－16；	直线插补
N006	G03－Y8R8；	圆弧插补
N007	G01X－8Y－8，R4；	自动 R4 圆弧过渡
N008	G01Y－16；	直线插补
N009	G03X8R8	圆弧插补
N010	G01X8Y－8，R4；	自动 R4 圆弧过渡
N011	G01X16；	直线插补
N012	G03Y8R8；	圆弧插补
N013	G01X8Y8，R4；	自动 R4 圆弧过渡
N014	G01Y12；	直线插补
N015	G40G01X0Y0；	取消刀具半径补偿
N016	M99；	子程序结束，返回主程序

3. 操作步骤

(1)数控铣床开机和返回参考点。

(2)装夹工件,采用机用平口虎钳装夹,底部用精度较高的平行垫块,垫块厚度与宽度适当。

(3)安装刀具、对刀,确定刀具补偿值:

①X、Y 向对刀(试切对刀)。

②Z 向对刀(试切对刀)依次安装 4 把刀具。

本案例中共使用 4 把刀具,将 4 把不同类型的刀具分别安装到对应的刀柄上,然后按序号依次放置在刀架上(装刀时既要考虑刀具伸出长度满足加工要求,又要考虑刀具的刚性,分别检查 4 把刀具安装的牢固性和正确性)。

根据教学实际情况,常用刀具直接试切对刀。依次安装 4 把刀具,把 T1 面铣刀安装在主轴上,为基准刀 Z 向对刀,在手动(JOG)方式下移动 T1 面铣刀沿 Z 方向靠近工件上表面,直到铣刀端刃轻微接触到工件表面,听到刀刃与工件表面的摩擦声(但没有切屑)。按下(OFFSET/SETTING)键,在(工件系)状态下,选择相应的坐标系(例如 G54),用(↓)键或(↑)键移动光标到 Z 位置上,输入 Z0,按下(测量)键,该值就是被测的 Z 坐标,自动输入到 G54 中,把 T1 刀具的长度补偿数值为零(H01=0),通过手动换上 T2 麻花钻,使其到工件表面,基准刀 T1 和 T2 刀长度的差值就显示在屏幕的绝对坐标系中,作为 T2 刀具长度补偿值,H02 内输入是 T1 面铣刀和 T2 麻花钻两把刀长度的差值,T3、T4 刀用同样方法对刀。

有条件学校可以安装 Z 轴设定器精确对刀。

(4)输入、验证程序。在程序输入完毕后,应对其正确性进行校验,可采用以下两个步骤:

①进行图形模拟或空运行。验证指令格式,有无非法字符,是否过切,是否超行程等。

②相对于工件上平面 Z 轴回退一段安全距离,单段执行加工程序,校验刀具走刀路线是否与工件加工要求相符。

(5)程序优化。根据验证程序结果,对刀具运动轨迹进行优化。

(6)先单段试加工,后自动加工,加工时,随时注意观察加工运行情况,适当调整主轴速度和进给速度,保证加工正常。

(7)尺寸测量。根据对已加工零件的检测结果,如果需要,重新设置刀补值,再次执行程序加工零件,直到满足尺寸精度和粗糙度等。

(8)加工结束。松开平口虎钳,卸下零件,去毛刺倒钝,打扫清理数控机床。

注意:精加工的长度补偿和半径补偿值要根据粗加工或半精加工后的实际测量尺寸来确定输入精加工时的补偿值,程序中给的半径补偿值均为理论值(D02=25,D04=6)。

注意:本章其他的案例 Z 向对刀,请参考此对刀方法。

任务性操作

任务:在数控铣床上加工如图 5-3 所示零件,其中工件外形 80mm×80mm×20mm,材料为 45 号钢。评分标准见 5-5。

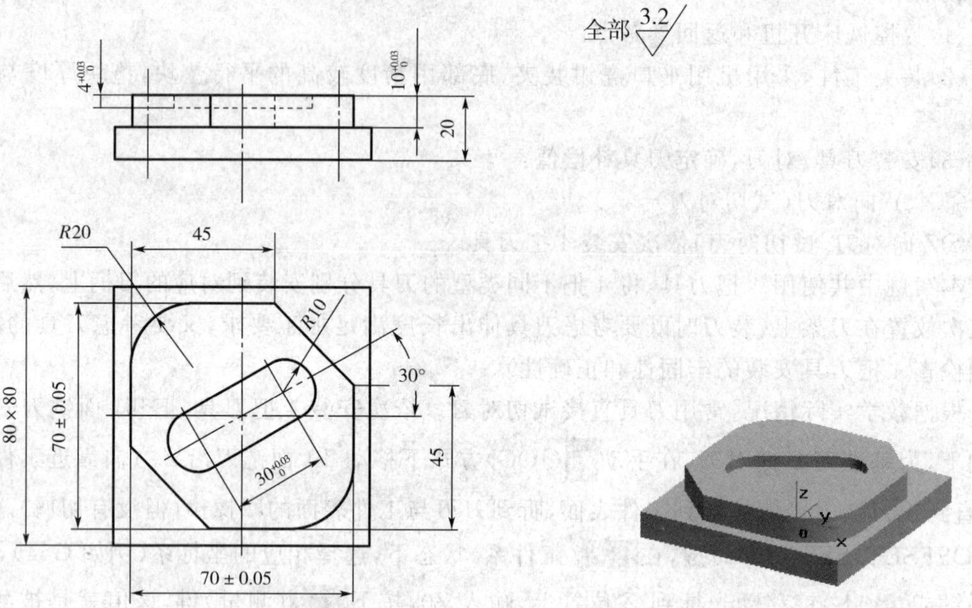

图 5-3 任务性零件图

表 5-5 评分标准

类别			检查项目	配分	评分标准	检查结果	得分
基本检查(25%)	编程		切削加工工艺制定正确	5			
			切削用量选用合理	3			
			程序正确、简单、明确且规范	8			
	操作		操作设备正确操作与维护保养	4			
			安全、文明生产	5			
零件质量(75%)	外轮廓	1	70±0.05(两处)	2×3	超差 0.01 扣 2 分		
		2	45(两处)	2×3	超差无分		
		3	R20(两处)	2×3	超差无分		
		4	$10_{0}^{+0.03}$	7	超差 0.01 扣 2 分		
		5	$R_a3.2$	10	每错一处扣 2 分		
	内轮廓	6	R10(两处)	2×4	超差无分		
		7	30°	6	超差无分		
		8	$30_{0}^{+0.03}$	10	超差 0.01 扣 2 分		
		9	$4_{0}^{+0.03}$	6	超差 0.01 扣 2 分		
		10	$R_a3.2$	10	每错一处扣 2 分		
			总配分	100	总得分		

第二节　数控铣床中级工综合训练(1)

知识点击

(1)熟练掌握工件的安装装夹。

(2)进一步掌握程序的编制和子程序的调用。

(3)使用半径补偿功能对外轮廓加工。

(4)掌握铣六方体工件装夹和加工顺序、熟练掌握钻、锪、铰孔和攻螺纹的加工,满足精度要求。

示范案例

案例:在数控铣床上加工如图 5-4 所示零件,材料为 45 号钢,毛坯余量均为 5mm。首先铣六个面,工件外形 80mm×80mm×20mm,各尺寸公差、各面平行度、垂直度均为±0.05,按图纸要求加工。图 5-5 所示为毛坯图。

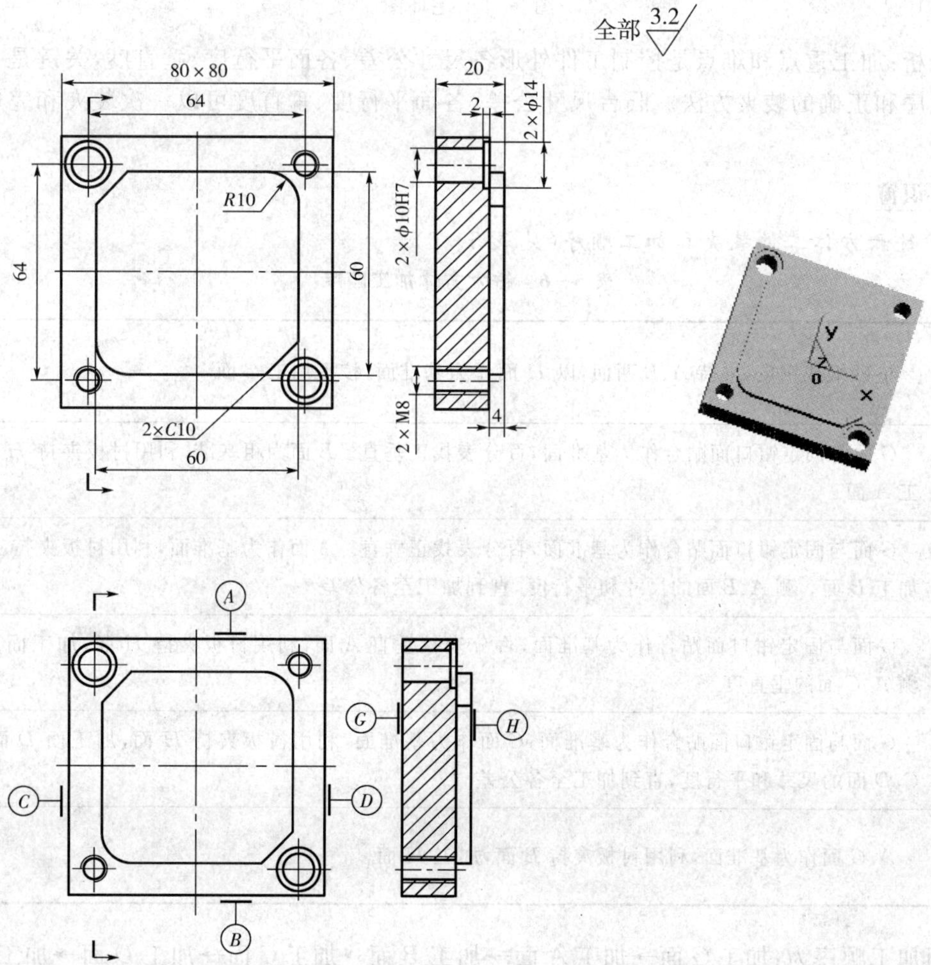

图 5-4　示范性零件图

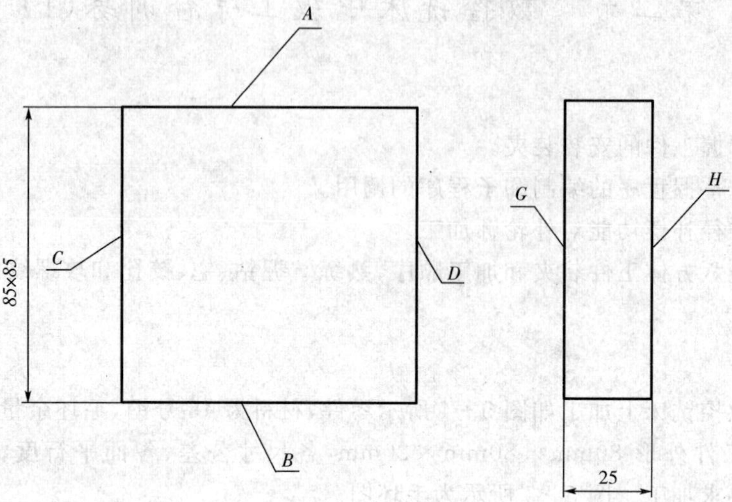

图 5-5　毛坯图

分析:加工重点和难点是控制工件外形各尺寸公差、各面平行度、垂直度,关键是各面的加工顺序和正确的装夹方法。凸台尺寸公差、各面平行度、垂直度可以一次装夹和完成粗精加工。

知识窗

1. 铣六方体工件装夹和加工顺序(见表 5-6)

表 5-6　铣六方体加工顺序

①	垫砂纸或铜皮,夹持 *A*、*B* 两面,以 *H* 面作为基准面,校平加工 *G* 面
②	*G* 面与固定钳口面贴合作为基准面,百分表找正垂直。*B* 面为粗基准,利用衬板夹持 *H* 面,加工 *A* 面
③	*G* 面与固定钳口面贴合作为基准面,百分表找正垂直。*A* 面作为基准面,利用衬板夹持 *H* 面,加工 *B* 面。测 *A*、*B* 面的尺寸和平行度,直到加工至各公差
④	*G* 面与固定钳口面贴合作为基准面,百分表校垂直 *A* 面,利用衬板夹持 *H* 面,加工面 *C* 面。测 *A*、*C* 面的垂直度
⑤	*G* 面与固定钳口面贴合作为基准面,*C* 面作为基准面,利用衬板夹持 *H* 面,加工面 *D* 面。测 *C*、*D* 面的尺寸和平行度,直到加工至各公差
⑥	*A*、*G* 面作为基准面,利用衬板夹持 *B* 面,加工 *H* 面

即加工顺序为:加工 *G* 面→加工 *A* 面→加工 *B* 面→加工 *C* 面→加工 *D* 面→加工 *H* 面。

2. 加工路线

加工路线根据“基面先行，先粗后精”的原则。粗加工采用“之”字形路线，精加工采用单向进刀加工。凸台四周侧面采用顺铣、切向进退刀方式。如图 5-6 所示。

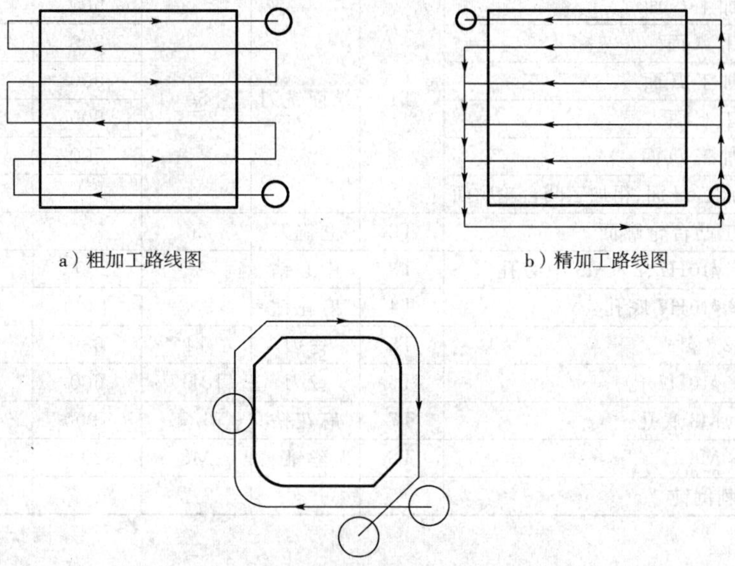

a）粗加工路线图　　b）精加工路线图

c）轮廓加工路线图

图 5-6　加工路线

3. 面铣刀的选择

在数控机床上铣削平面时，应采用可转位式硬质合金片铣刀。一般采用两次走刀，一次粗铣、一次精铣。标准可转位面铣刀直径为 $\phi16 \sim \phi630$mm，应根据侧吃刀量 a_e 选择适当的铣刀直径，尽量包容工件整个加工宽度，以提高加工精度和效率，减小相邻两次进给之间的接刀痕迹和保证铣刀的耐用度。

4. 高速钢立铣刀

高速钢立铣刀多用于加工凸台和凹槽，最好不要用于加工毛坯面，因为毛坯面有硬化层和夹砂现象，会加速刀具的磨损。

5. 编程注意事项和要点

(1)粗加工选用“之”字形往复切削路径，每两刀之间的行距可以达到 70%～80%，保证一定量的重叠，避免接刀痕。

(2)平面加工一般选择直径尽量大的端面铣刀，按刀具中心轨迹编程。

(3)粗加工时的切削深度在允许的条件下，尽量一次加工完成。需精加工的要合理预留余量，加工余量过小，会出现让刀或切削不到金属的现象，一般为 0.2mm～0.3mm。

示范性操作

1. 工艺分析

工装：采用机用平口虎钳装夹，底部用精度较高的平行垫块，垫块厚度与宽度适当。

工步及刀具：见表 5-7 和表 5-8。

表 5-7 零件的数控加工工序表

工步号	工步内容	刀具号	刀具名称	刀具规格(D)	主轴转速(r/min)	进给量(mm/min)	备注
1	粗精加工 G 面	T1	端面铣刀	50	500	300	程序#1
2	精加工 A 面				800	200	
3	粗精加工 B 面				500	300	程序#2
4	精加工 C 面				800	200	
5	粗精加工 D 面				500	300	
6	粗精加工 H 面、粗加工凸台轮廓面						程序#1
7	精加工凸台轮廓面	T2	立铣刀	20	720	200	程序#3
8	定 2×ϕ10H7、2×M8 中心孔	T3	中心钻	A2	2000	200	
9	钻 2×ϕ10H7 底孔	T4	麻花钻	9.8	1300	195	
10	锪孔 2×ϕ14。	T5	锪刀	14	680	136	
11	铰 2×ϕ10H7 孔	T6	铰刀	10H7	600	150	
12	钻 2×M8 底孔	T7	麻花钻	6.7	1900	285	
13	攻 2×M8	T8	丝锥	M8	200	250	
14	去毛刺倒钝						

表 5-8 工具、量具、刃具清单表

序号	名称	规格	精度	单位	数量
1	寻边器	ϕ10	0.002	个	1
2	Z 轴设定器	50	0.01	个	1
3	游标卡尺	0～150	0.02	把	1
4	游标深度尺	0～200	0.02	把	1
5	内径千分尺	0～25	0.01	把	1
6	百分表及磁力表座	0～0.8	0.01	副	1
7	粗糙度样板	N0～N1	12	副	1
8	R 规	$R7$～$R14.5$		副	1
9	万能角度尺	0°～320°	2′	把	1
10	端面铣刀	50		个	1
11	立铣刀	20		个	1
12	中心钻	A2		个	1
13	麻花钻	9.8		个	1
14	锪刀	14		个	1
15	铰刀	10H7		个	1
16	麻花钻	6.7		个	1
17	丝锥	M8		个	1
18	平行垫铁			副	若干
19	机用虎钳	QH120		个	1
20	木锤(铜锤)			个	1
21	活动扳手			把	

2. 程序编制

编程坐标系的原点分别设置在需加工平面位置的中心处(Z=0)。

	O0001;	加工 *G*、*H* 两面,端面铣刀 ϕ50
N001	G90G54G00X75Y-22Z50.0;	设置程序起始状态,刀具初始位置
N002	M03S500;	主轴启动,ϕ50 端面铣刀粗加工
N003	G00Z5;	*Z* 轴快速定位
N004	G01Z-2.3F300;	留 0.2mm 精加工余量
N005	X-75;	刀具加工轨迹超出加工面
N006	G00Y22;	"之"字形加工,快速定位
N007	G01X75;	加工刀具离开加工面,完全出刀
N008	Z-2.5S800;	精加工,提高线速度
N009	X-75F400;	降低进给量,单向进刀方式
N010	G00Y75;	*Y* 向快速让刀,*Z* 轴不变化,
N011	X75;	*X* 向让刀,
N012	Y-22;	*Y* 向定位
N013	G01X-75;	切削加工
N014	G00Z50;	主轴抬刀
N015	G91G28Z0Y0M05;	返回参考点,主轴停止
N016	M30;	程序停止
	O0002;	加工 *A*、*B*、*C*、*D* 面,端面铣刀 ϕ50
N001	G90G54G00X75Y0Z50.0;	设置程序起始状态,刀具初始位置
N002	M03S500;	主轴启动,ϕ50 端面铣刀,粗加工
N003	G00Z5;	*Z* 轴快速定位
N004	G01Z-2.3F300;	留 0.2mm 精加工余量
N005	X-75;	刀具加工出加工面
N006	Z-2.5S800;	精加工,提高线速度
N007	X75F200;	降低进给量
N008	G00Z50;	主轴抬刀
N009	G91G28Z0Y0M05;	返回参考点,主轴停止
N010	M30;	程序停止
	O0003;	加工台阶面,2×ϕ10H7、2×ϕ14、2×M8
N001	G90G00G54X70Y-60Z50.0;	设置程序起始状态,刀具定位于工件外
N002	M03S764;	主轴启动,ϕ50 端面铣刀
N003	G00Z5;	*Z* 轴快速定位
N004	G01Z-2F560;	分两次去除加工余量
N005	G41D01;	左刀补粗加工,留 0.5mm 加工余量,D01=25.5

(续表)

N006	M98P0004;	调用凸台轮廓子程序
N007	G01Z-4;	加工到深度
N008	G41D01;	左刀补粗加工
N009	M98P0004;	调用凸台轮廓子程序
N010	G00Z50M05;	主轴抬高停转
N011	M00;	换 ϕ20 立铣刀精加工
N012	G90G00G54X70Y-60Z50.0	刀具快速定位
N013	M03S720;	主轴启动,ϕ20 立铣刀
N014	G00Z5;	Z 轴快速定位
N015	G01Z-4F200M08;	加工到深度
N016	G41D02;	左刀补精加工,理论值 D02=10
N017	M98P0004;	调用凸台轮廓子程序
N018	G00Z50M09;	主轴抬高,切削液关
N019	M05;	主轴停转
N020	M00;	换中心钻定中心
N021	G90G00X-32Y-32Z20;	刀具快速定位
N022	M03S2000;	主轴启动
N023	G81G98Z-2R3F200M08;	钻孔循环有效,定螺纹孔
N024	Y32;	定铰孔,空刀路径最短原则
N025	X32;	定螺纹孔
N026	Y-32;	定铰孔
N027	G80M09;	循环取消,切削液关
N028	M05;	主轴停转
N029	M00;	换 ϕ9.8 钻头加工 2×ϕ10H7 底孔
N030	G90G00X32Y-32Z20;	主轴快速定位
N031	M03S1300;	主轴启动,ϕ9.8 钻头
N032	G81G98Z-24R3F195M08;	钻孔循环有效,深度保证孔通,注意避免垫板干涉
N033	X-32Y32;	钻孔
N034	G80M09;	循环取消,切削液关
N035	M05;	主轴停转
N036	M00;	换 ϕ14 锪刀加工 2×ϕ14 台阶孔
N037	G90G00X-32Y32Z20;	主轴快速定位
N038	M03S680;	主轴启动,ϕ14 锪刀
N039	G82G98Z-2R3F136M08P500;	锪孔循环有效,保证台阶孔面粗糙度
N040	X32Y-32;	锪孔

(续表)

N041	G80M09;	循环取消,切削液关
N042	M05;	主轴停转
N043	M00;	换 ϕ10 铰刀加工 2×ϕ10H7 孔
N044	G90G00X32Y-32Z20;	主轴快速定位
N045	M03S600;	主轴启动
N046	G81G98Z-22R3F150M08;	铰孔循环有效,保证孔粗糙度
N047	X-32Y32;	铰孔
N048	G80M09;	循环取消,切削液关
N049	M05;	主轴停转
N050	M00;	换 ϕ6.7 钻头加工 2×M8 底孔
N051	G90G00X32Y32Z20;	主轴快速定位
N052	M03S1900;	主轴启动
N053	G81G98Z-24R3F285M08;	钻孔循环有效,深度保证孔通,注意避免垫铁干涉
N054	X-32Y-32;	钻孔
N055	G80M09;	循环取消,切削液关
N056	M05;	主轴停转
N057	M00;	换 M8 丝锥加工 2×M8 螺纹
N058	G90G00X-32Y-32Z20;	主轴快速定位
N059	M29S200;	主轴启动,M8 丝锥刚性攻丝
N060	G84G98Z-24R3F250M08;	攻丝循环有效,深度比钻孔稍小,注意避免垫铁干涉
N061	X32Y32;	攻丝
N062	G80M09;	循环取消,切削液关
N063	G00Z50;	主轴抬高停转
N064	G91G28Z0Y0M05;	返回参考点,主轴停止
N065	M30;	程序停止
	O0004;	加工台阶面子程序
N001	G01X50Y-30;	刀补到启刀点
N002	X-30,R10;	自动倒圆角
N003	Y30,C10;	自动倒角
N004	X30,R10;	自动倒圆角
N005	Y-20;	加工到倒角起点
N006	X15Y-35;	加工到倒角延长线上
N007	G40G00X70Y-60;	取消刀补,回起刀点
N008	M99;	返回主程序

3. 操作步骤

(1)数控铣床开机和返回参考点。

(2)装夹工件。

(3)安装刀具、对刀,确定刀具补偿值。

①X、Y 向对刀;

②Z 向对刀,依次安装 8 把刀具。

(4)输入、验证程序。

(5)程序优化。

(6)先单段试加工,后自动加工。

(7)尺寸测量。根据对已加工零件的检测结果,如果需要,重新设置刀补值,再次执行程序加工零件,直到满足尺寸精度和粗糙度等。

(8)加工结束。松开平口虎钳,卸下零件,去毛刺倒钝,打扫清理数控机床。

4. 操作注意事项、要点

(1)铣六方体每面时,要根据测量的高度,调整程序中 Z 坐标值,六面体铣完成后重新装夹对刀并找正。

(2)使用寻边器确定台阶零点采用碰双边法,或采用百分表双边找正。

(3)每次铣削加工后,需用锉刀或油石去除毛刺,为下道工序的装夹和找正提供精基准。

(4)加工应密切注意加工过程,调整进给修调开关和主轴倍率开关,随时准备处理突发情况。

(5)凸台轮廓采用顺铣法,垂直进刀时尽量避免直接切削工件,进刀、退刀应尽量沿轮廓切向,以提高表面加工质量。

(6)精加工的长度补偿和半径补偿值要根据粗加工或半精加工后的实际测量尺寸来确定输入精加工时的补偿值,程序中给的半径补偿值均为理论值。

任务性操作

任务:在数控铣床上加工如图 5-7 所示零件,材料为 45 号钢,毛坯余量均为 5mm。首先铣六个面,工件外形 80mm×80mm×20mm,各尺寸公差、各面平行度、垂直度均为±0.05,再按图纸要求加工。评分标准见表 5-9。

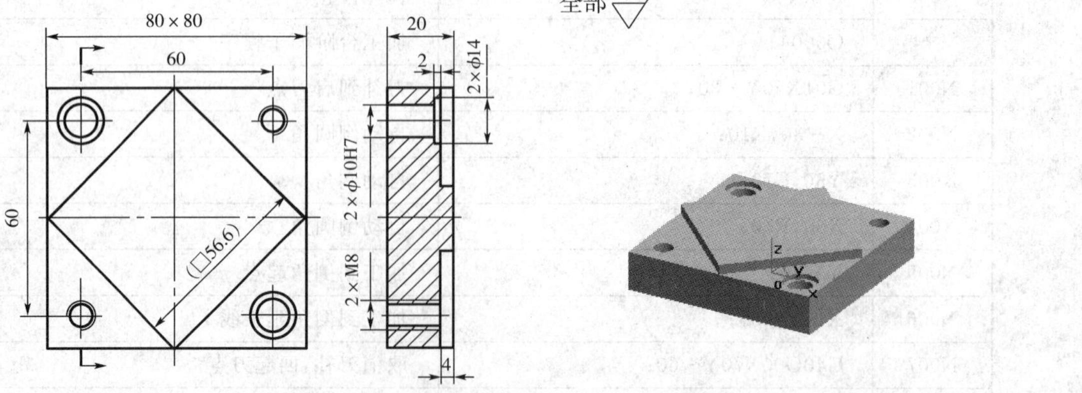

图 5-7 任务性零件图

表 5-9 评分标准

<table>
<tr><th>类别</th><th colspan="2">检查项目</th><th>配分</th><th>评分标准</th><th>检查结果</th><th>得分</th></tr>
<tr><td rowspan="5">基本检查(25%)</td><td rowspan="3">编程</td><td>切削加工工艺制定正确</td><td>5</td><td></td><td></td><td></td></tr>
<tr><td>切削用量选用合理</td><td>3</td><td></td><td></td><td></td></tr>
<tr><td>程序正确、简单、明确且规范</td><td>8</td><td></td><td></td><td></td></tr>
<tr><td rowspan="2">操作</td><td>操作设备正确操作与维护保养</td><td>4</td><td></td><td></td><td></td></tr>
<tr><td>安全、文明生产</td><td>5</td><td></td><td></td><td></td></tr>
<tr><td rowspan="10">零件质量(75%)</td><td>六方体 1</td><td>铣六方体尺寸公差、各面平行度、垂直度均为±0.05</td><td>30</td><td>超差 0.01 扣 1 分、降级无分</td><td></td><td></td></tr>
<tr><td>外轮廓 1</td><td>56.5×56.5(两处)</td><td>2×3</td><td>超差 0.01 扣 1 分</td><td></td><td></td></tr>
<tr><td>外轮廓 2</td><td>4±0.05</td><td>3</td><td>超差 0.01 扣 1 分</td><td></td><td></td></tr>
<tr><td>外轮廓 3</td><td>$R_a3.2$</td><td>6</td><td>每错一处扣 2 分</td><td></td><td></td></tr>
<tr><td>孔和螺纹 1</td><td>60±0.05(两处)</td><td>2×1</td><td>超差无分</td><td></td><td></td></tr>
<tr><td>孔和螺纹 2</td><td>2±0.05</td><td>3</td><td>超差 0.01 扣 1 分</td><td></td><td></td></tr>
<tr><td>孔和螺纹 3</td><td>2×ϕ14</td><td>2×2</td><td>超差无分</td><td></td><td></td></tr>
<tr><td>孔和螺纹 4</td><td>2×ϕ10H7</td><td>2×4</td><td>超差 0.01 扣 1 分</td><td></td><td></td></tr>
<tr><td>孔和螺纹 5</td><td>2×M8</td><td>2×5</td><td>超差无分</td><td></td><td></td></tr>
<tr><td>孔和螺纹 6</td><td>$R_a3.2$</td><td>3</td><td>每错一处扣 2 分</td><td></td><td></td></tr>
<tr><td colspan="3">总配分</td><td>100</td><td>总得分</td><td></td><td></td></tr>
</table>

知识链接

1. 刀具的选择

铣刀的选择是数控铣床加工中心的重要内容之一，它影响数控铣床的加工效率，因此与传统加工方法相比，数控铣床加工对刀具的要求更高。不仅要求刀具精度高、强度大、耐用度高，而且要求尺寸稳定、安装调整方便。这就要求采用新型优质材料制造数控加工刀具，并合理选择刀具结构、几何参数。选用数控铣刀时应注意以下几点：

(1)在数控机床上铣削平面时，应采用可转位式硬质合金片铣刀。一般来说，铣削采用两次走刀，一次粗铣、一次精铣。连续切削时，粗铣刀直径要小些以减小切削扭矩，精铣刀直径要大些，最好能包容待加工表面的整个宽度；加工余量大且加工表面又不均匀时，刀具直径要选小一些，否则，当粗加工时会因接刀刀痕过深而影响加工质量。

(2)高速钢立铣刀多用于加工凸台和凹槽，最好不要用于加工毛坯面，因为毛坯面有硬化层和夹砂现象，会加速刀具的磨损。

(3)加工余量较小，并且加工表面粗糙度较小时，应采用立方氮化硼刀片立铣刀或陶瓷刀片立铣刀。

(4)镶硬质合金的立铣刀可用于加工凹槽、窗口面、凸台面和毛坯表面。

(5)镶硬质合金的玉米铣刀可以进行强化切削、铣削毛坯表面和用于孔的粗加工。

(6)加工精度要求较高的凹槽时,可采用直径比槽宽小一些的立铣刀,先铣槽的中间部分,然后利用刀具的半径补偿功能铣槽的两边,直到精度要求为止。

(7)在数控铣床上钻孔,一般不采用钻模。钻孔深度为直径5倍左右的深孔加工时容易折断钻头,可采用固定循环程序,多次自动退刀,以利于冷却和排屑。钻孔前最好先用中心钻钻一个中心孔或采用一个刚性好的短钻头锪窝以引正钻头。锪窝除了可以解决毛坯表面钻孔引正问题外,还可以替代孔口倒角。

2. 面铣刀的选择

标准可转位面铣刀直径为 $\phi16\sim\phi630$mm,应根据侧吃刀量 a_e 选择适当的铣刀直径,尽量包容工件整个加工宽度,以提高加工精度和效率,减小相邻两次进给之间的接刀痕迹和保证铣刀的耐用度。

可转位面铣刀有粗齿、细齿和密齿三种。粗齿铣刀容屑空间较大,常用于粗铣钢件;密齿铣刀的每齿进给量较小,主要用于加工薄壁铸件。

3. 立铣刀的选择

如图5-8所示,立铣刀尺寸的选择一般按下述经验数据选取:

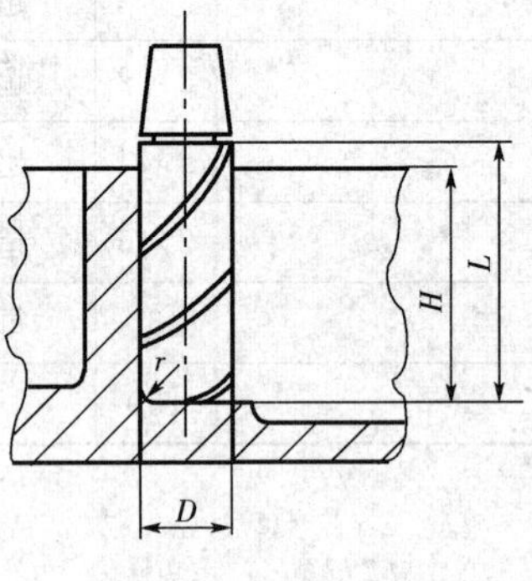

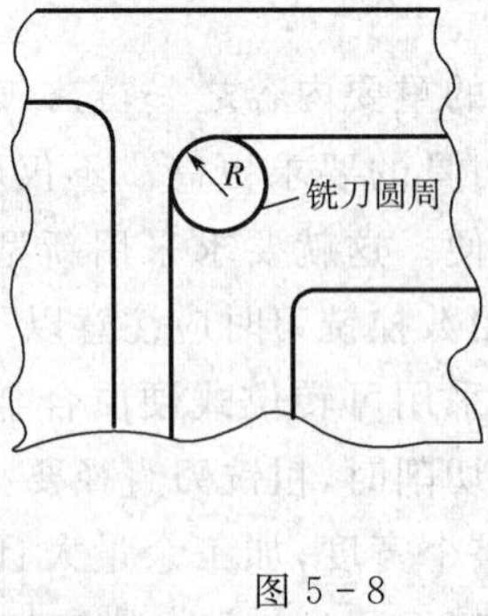

图5-8

(1)刀具半径 R 应小于零件内轮廓面的最小曲率半径 ρ,一般取 $R=(0.8-0.9)\rho$。

(2)零件的加工高度 $H\leqslant(1/4\sim1/6)R$,以保证刀具具有足够的刚度。

(3)对于不通孔(深槽),选取 $L=H+(5\sim10)$mm(L 为刀具切削部分长度,H 为零件高度)。

(4)加工外形及通槽时，选取 $L=H+r+(5\sim10)$mm(r 为刀尖半径)。

(5)粗加工内轮廓面时(如图 5－9 所示)，铣刀最大直径 $D_{粗}$ 可按式计算：

$$D_{粗}=\frac{2(\sin\phi/2-\delta_1)}{1-\sin\phi/2}+D$$

式中：D——轮廓的最小凹圆角直径；

δ——圆角邻边夹角等分线上的粗加工余量；

δ_1——精加工余量；

ϕ——圆角两邻边的夹角。

(6)加工筋时，刀具直径为 $D=(5\sim10)b$(b 为筋的厚度)。

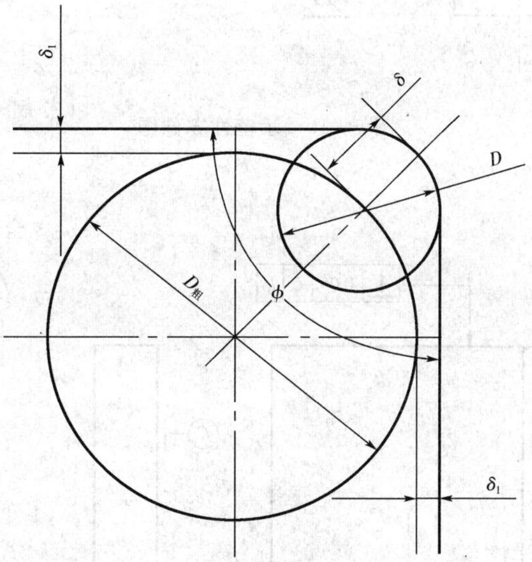

图 5－9　平面加工方法的选择

第三节　加工中心中级工综合训练(1)

知识点击

(1)熟练掌握工件的装夹找正。

(2)熟练掌握整圆的编制方法和铣削技能。

(3)能使用半径补偿功能对内轮廓、外轮廓加工。

(4)对内轮廓、外轮廓、镗孔的加工满足精度要求。

示范案例

案例：在加工中心上加工图示 5－10 所示的零件，其中工件外形 80mm×80mm×20mm，各尺寸公差、各面平行度、垂直度均为±0.05(已加工，见图 5－11 所示)，其中工件外圆为 ϕ60 凸台，内形腔为 42.426mm，各尺寸公差为±0.05，材料为 45 号钢。

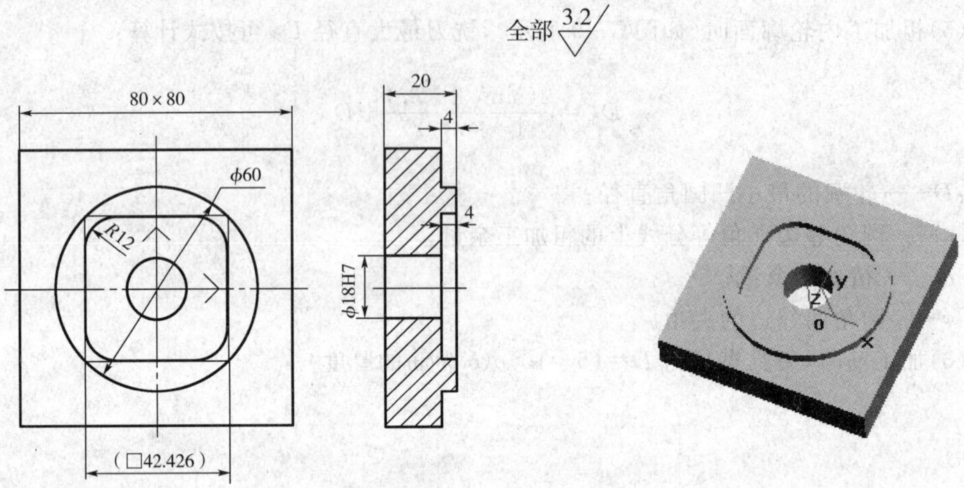

图 5-10　示范性零件图

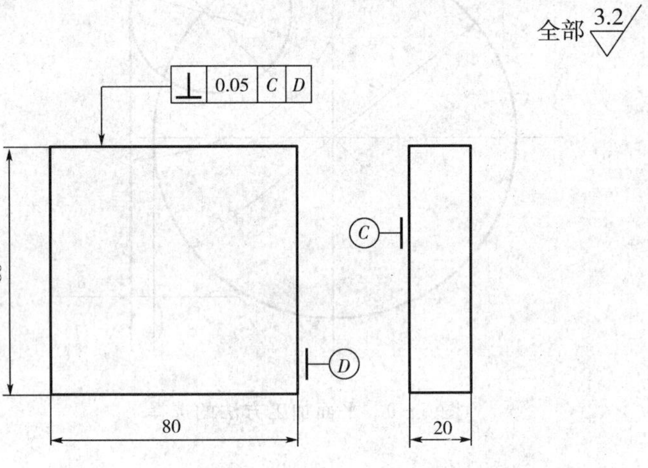

图 5-11　毛坯图

分析:内轮廓、外轮廓的加工,关键是加工路径顺序和正确的进退刀方式,$\phi18$ 通孔的加工可以利用铰孔或镗孔,这里指定镗孔。

知识窗

1. 加工路线

加工路线外圆轮廓采用切线方向进刀($1\rightarrow2$),切线方向退刀($5\rightarrow6$);正方形内轮廓采用圆弧进入($b\rightarrow c$),圆弧退出($c\rightarrow g$),如图 5-12 所示。

2. 编程要点

(1)在精加工内轮廓时,为避免刀痕,保证表面粗糙度,最好采用“圆进圆出”,粗加工时,可以直接法向进刀,但一般情况下应尽量避免。有时为编程方便或要求不高时,可以接近切向进刀,或重复加工进刀等,如图 5-13 所示($a\rightarrow b\rightarrow\cdots\rightarrow g$)。

(2)铣正方形槽时，应先在工件上预钻工艺孔或利用已有底孔，避免立铣刀中心垂直切削进刀。若是切削刃过中心的立铣刀，则可以垂直进刀，但切削进给量要小，一般为平面进给量的1/2～1/3，避免刀具崩刃、折断。

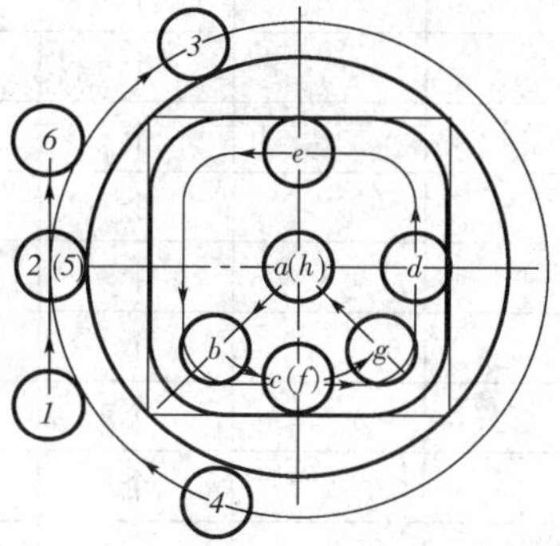

图5-12 加工路线图

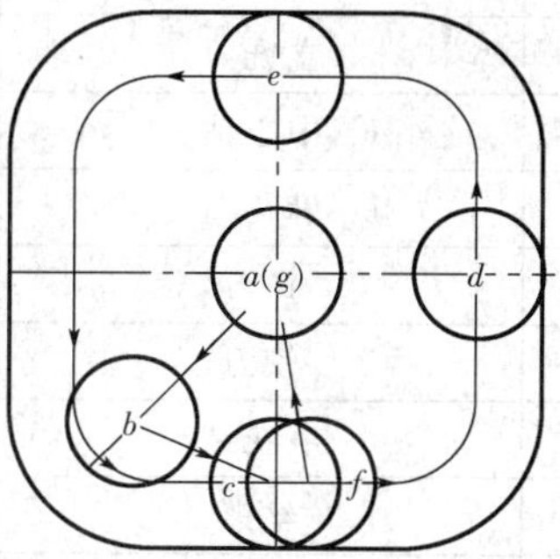

图5-13 加工路线图

示范性操作

1. 工艺分析

工装：采用机用平口虎钳装夹，底部用精度较高的平行垫块，垫块厚度与宽度适当，留下ϕ18H7镗孔位置。

工步及刀具：见表5-10和表5-11。

表5-10 零件的数控加工工序表

工步号	工步内容	刀具号	刀具名称	刀具规格(D)	主轴转速(r/min)	进给量(mm/min)
1	钻孔ϕ18H7，底孔ϕ17.8	T1	麻花钻	17.8	620	120
2	粗加工内外轮廓面	T2	三刃立铣刀	20	720	150
3	精加工内外轮廓面	T3	四刃立铣刀	20	900	200
4	精镗孔ϕ18H7	T4	精镗刀	18	1200	120
5	去毛刺倒钝					

表5-11 工具、量具、刀具清单表

序号	名称	规格	精度	单位	数量
1	寻边器	ϕ10	0.002	个	1
2	*Z*轴设定器	50	0.01	个	1
3	游标卡尺	0～150	0.02	把	1
4	游标深度尺	0～200	0.02	把	1
5	内径千分尺	0～25	0.01	把	1
6	百分表及磁力表座	0～0.8	0.01	副	1
7	粗糙度样板	N0～N1	12	副	1
8	*R*规	*R*7～*R*14.5		副	1

(续表)

序号	名称	规格	精度	单位	数量
9	万能角度尺	0°～320°	2′	把	1
10	端面铣刀	50		个	1
11	立铣刀	20		个	1
12	中心钻	A2		个	1
13	麻花钻	9.8		个	1
14	锪刀	14		个	1
15	铰刀	10H7		个	1
16	麻花钻	6.7		个	1
17	丝锥	M8		个	1
18	平行垫铁			副	若干
19	机用虎钳	QH120		个	1
20	木锤(铜锤)			个	1
21	活动扳手			把	

2. 程序编制

编程坐标系的原点设置在工件上表面中心(Z=0)。

	O0001;	主程序
N001	G80G49G40G54;	设置程序初始状态。
N002	M06T1;	钻头 $\phi18$,钻底孔 $\phi17.8$
N003	M03S620;	主轴启动
N004	G90G54G00X0Y0Z200;	快速定位
N005	G43Z50H01;	Z 轴长度补偿
N006	G81G98Z-24R3F120M8;	钻孔循环有效,留 0.2mm 余量
N007	G80G49M09;	循环取消,关切削液
N008	G91G28Z0M05;	返回参考点,主轴停止
N009	M06T2;	$\phi20$ 三刃立铣刀,粗加工内外轮廓
N010	M03S720;	主轴启动
N011	G90G54G00X-40Y-50Z200;	快速定位
N012	G43Z50H02;	Z 轴长度补偿
N013	G00Z2;	Z 轴快速定位
N014	M98P0002;	调用加工内外轮廓子程序。单边留 0.5mm 余量 D01=10.5,偏移坐标系 Z 轴设置 0.1mm 深度余量
N015	G00G49Z50;	主轴抬高
N016	G91G28Z0Y0M05;	返回参考点,主轴停止
N017	M06T3;	$\phi20$ 四刃立铣刀,精加工内外轮廓

(续表)

N018	M03S900;	主轴启动
N019	G90G54G00X－40Y－50Z200;	快速定位
N020	G43Z50H3;	Z 轴长度补偿
N021	G00Z2;	Z 轴快速定位
N022	M98P0002;	调用加工内外轮廓子程序。调整刀补值,理论值D01＝10,偏移坐标系 Z 轴设置为零
N023	G00G49Z50;	主轴抬高
N024	G91G28Z0Y0M05;	返回参考点,主轴停止
N025	M06T4;	ϕ18 精镗刀,试切调整尺寸。安装注意刀尖方向
N026	M03S1200;	主轴启动
N027	G90G0G54X0Y0Z200;	快速定位
N028	G43Z50H4;	Z 轴长度补偿
N029	G76G98Z－24R3F120M08;	精镗孔循环有效,调整加工对尺寸
N030	G49G80M09;	循环取消,关切削液。
N031	G91G28Z0M05;	返回参考点,主轴停止
N032	M30;	程序停止
	O0002;	加工内外轮廓子程序
N001	G01Z－4F100M08;	加工深度切削液开
N002	G41X－30Y－20D01F200;	左刀补顺铣,D01 根据粗精铣调整设置
N003	Y0;	切线切入
N004	G02I30;	加工外圆外形
N005	G01Y20;	切线引出
N006	G00G40X－40Y50;	刀补取消
N007	Z20;	主轴抬起
N008	X0Y0;	快速定位零点钻孔位
N009	G01Z－4F60;	进给量减小
N010	G41X－15Y－15F200D1;	注意左补偿合适位置
N011	G03X0Y－21.213R21.213;	圆弧切入
N012	G01X21.213,R12;	加工工件四方内形腔
N013	Y21.213,R12;	直线和自动倒圆角
N014	X－21.213,R12;	
N015	Y－21.213,R12;	
N016	X0.5;	加工多切入点 0.5mm
N017	G03X21.213Y0R21.213;	圆弧切出
N018	G40G00X0Y0;	取消刀补回零点
N019	G00Z50M09;	主轴抬高切削液关
	M99;	返回主程序

3. 操作步骤

(1)数控加工中心开机和返回参考点。

(2)装夹工件。

(3)安装刀具、对刀,确定刀具补偿值。

①X、Y 向对刀;

②加工中心 Z 向对刀,4 把刀。

(4)输入、验证程序。

(5)程序优化。

(6)先单段试加工,后自动加工。

(7)尺寸测量。根据对已加工零件的检测结果,如果需要,重新设置刀补值,再次执行程序加工零件,直到满足尺寸精度和粗糙度等。

(8)加工结束。

4. 操作要点

(1)装夹时只能用软木槌或橡皮锤、铜锤敲打工件,应注意平行垫铁是否有松动。

(2)镗孔时,先用对刀仪或游标卡尺留余量调整好镗刀尺寸,应用试切法来调节镗刀加工。

(3)通孔的下方不能放置垫铁,并应控制钻头的进刀深度,以免损坏平口虎钳和刀具。

(4)内轮廓、外轮廓的加工可以用 $\phi20$ 立铣刀一次精加工,半径补偿值根据实测值调整,必要时分设内轮廓、外轮廓两个刀补值完成加工。

(5)精加工的长度补偿和半径补偿值要根据粗加工或半精加工后的实际测量尺寸来确定输入精加工时的补偿值,程序中给的半径补偿值均为理论值。

任务性操作

任务:在加工中心上加工如图 5-14 所示的零件,其中工件外形 80mm×80mm×20mm,各尺寸公差、各面平行度、垂直度均为±0.05(已加工)。评分标准见 5-12。

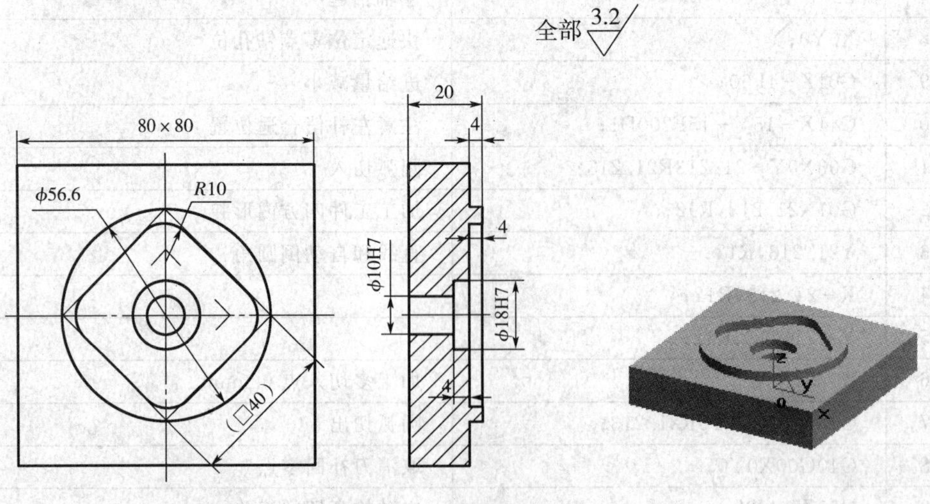

图 5-14 任务性零件图

表 5-12　评分标准

类别			检查项目	配分	评分标准	检查结果	得分
基本检查(25%)	编程		切削加工工艺制定正确	5			
			切削用量选用合理	3			
			程序正确、简单、明确且规范	8			
	操作		操作设备正确操作与维护保养	4			
			安全、文明生产	5			
零件质量(75%)	外轮廓	1	ϕ56.6±0.05	9	超差 0.01 扣 2 分		
		2	4±0.05	5	超差 0.01 扣 1 分		
		3	R_a3.2	6	每错一处扣 2 分		
	内轮廓	1	40±0.05(两处)	2×5	超差 0.01 扣 2 分		
		2	4±0.05	5	超差 0.01 扣 1 分		
		3	R10(四处)	4×2	超差无分		
		4	ϕ18H7	10	超差 0.01 扣 2 分		
		5	ϕ10H7	10	超差 0.01 扣 2 分		
		6	R_a3.2	12	每错一处扣 2 分		
			总配分	100	总得分		

第四节　数控铣床中级工综合训练(2)

知识点击

(1)掌握层降法的编制方法和铣削技能。

(2)工件的装夹方法。

(3)坐标值的计算。

(4)对内轮廓、外轮廓、铰孔、镗孔的加工满足精度要求。

示范案例

案例:在数控铣床上加工如图 5-5 所示零件,其中工件轮廓凸台、凹腔各公差±0.03,凸台高度、凹腔深度各公差±0.05,ϕ10、ϕ18 精度均为 H7,粗糙度为$\overset{1.6}{\nabla}$,工件毛坯如图5-16所示为 ϕ100mm×60mm 的已加工圆棒,材料为 45 钢,端面与轴线垂直度为 0.02。

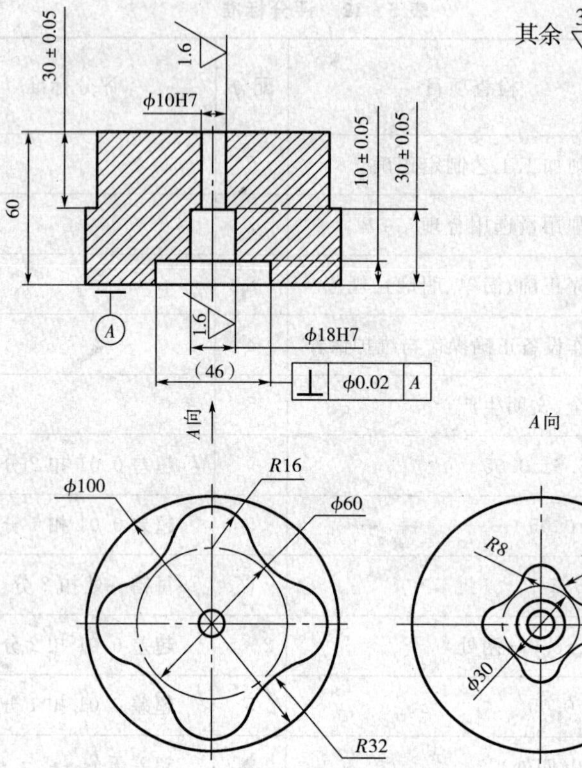

图 5-15　示范性零件图

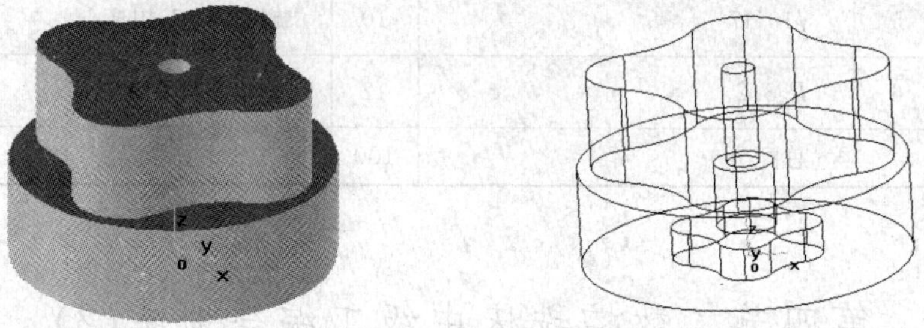

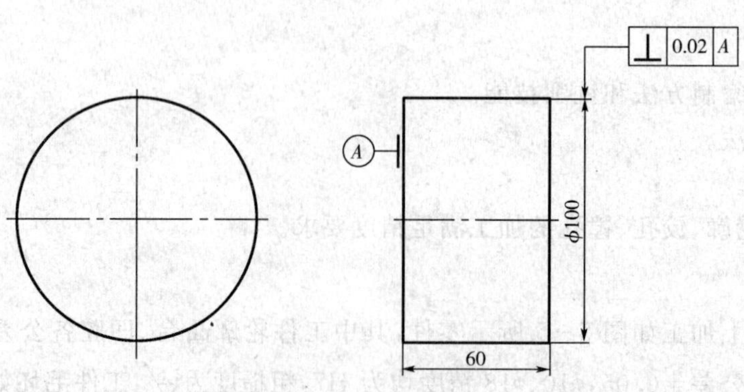

图 5-16　毛坯图

本零件需要分两次装夹加工,保证内外轮廓的位置度,装夹方法和顺序是关键。加工装夹方法主要有以下两种,分析如下:

分析 1:可以先用三爪自定心卡盘夹持外圆加工凸台轮廓,然后掉头用四爪卡盘夹持凸台,用百分表找正 ϕ10H7 孔圆心,为工件坐标系原点。此法简单易行,精度找正有保证,适于单件。

分析 2:可以先用三爪自定心卡盘夹持外圆加工凸台轮廓,自制夹具利用一面一销一孔(ϕ10H7 和 R16)定位凸台轮廓,掉头加工反面。或者先加工凹槽,再利用一面二销(ϕ10H7 和 R8)自制夹具定位凹槽,掉头加工凸台,夹具定位简图如图 5-17 所示,适于批量加工。

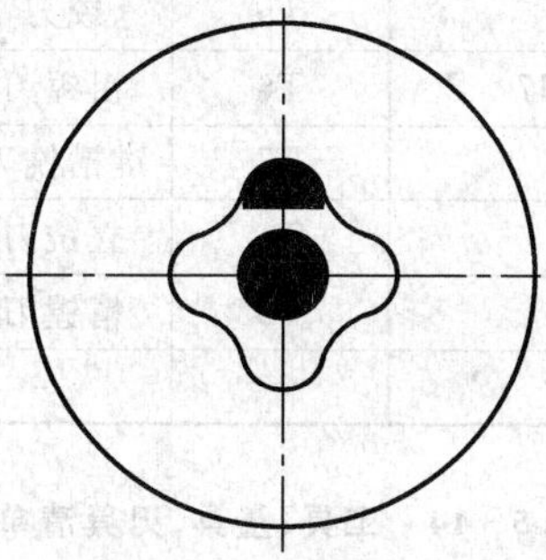

图 5-17 夹具定位

知识窗

1. 层降法加工

分几次加工深度,在粗加工去除余量时,深度尺寸一般使用增量编程或变量编程,一般进退刀点在同一位置,形成一封闭加工路径。

本案例中凸台外轮廓可以用调用子程序,增量进给深度,使用层降法加工。

2. 工装夹具

(1)数控铣床夹具的主要结构

①定位装置:包括定位元件及其组合,确定工件在夹具中的位置。常用的定位元件有定位销、V 形块、支撑钉等。

②夹紧装置:通常由夹紧元件(压板、夹爪等)、传动机构组成等。它的作用是将工件压紧夹牢,确保工件加工过程中不产生位移,减轻或防止振动。

③夹具体:用于连接夹具各元件及装置,使夹具成为一个整体的基础件,以保证夹具的精度和刚度。

(2)数控铣床常用的夹具

①通用夹具:指已经标准化、无需调整或稍加调整就可用于装夹不同工件的夹具,如:三爪自定心卡盘和四爪单动卡盘、平口钳、分度头、回转工作台等。

②专用夹具:专为某一工件的一定工序而设计制造的夹具。

示范性操作

1. 工艺分析

工装:可以先用三爪自定心卡盘夹持外圆加工凸台轮廓,然后掉头用四爪卡盘夹持凸台,用百分表找正 ϕ10H7 孔圆心,为工件坐标系原点。

工步及刀具:见表 5-13 和表 5-14。

表 5-13 零件的数控加工工序表

工步号	工步内容	刀具号	刀具名称	刀具规格(D)	主轴转速(r/min)	进给量(mm/min)
1	粗加工外轮廓凸台面	T1	端面铣刀	50	450	
2	加工 ϕ10H7 定位孔	T2	中心钻	A2	2000	
3	钻 ϕ10H7 底孔	T3	麻花钻	9.8	1300	
4	精加工外轮廓凸台面	T4	立铣刀	12	1050	
5	铰销孔	T5	铰刀	10	600	
6	掉头找正,粗镗加工 ϕ18H7	T6	粗镗刀	17.9	800	
7	粗加工内轮廓凹槽	T7	键槽铣刀	12	690	
8	精加工内外轮廓凹槽	T4	立铣刀	12	900	
9	精镗孔 ϕ18H7	T8	精镗刀	18	1200	
10	去毛刺倒钝					

表 5-14 工具、量具、刀具清单表

序号	名称	规格	精度	单位	数量
1	寻边器	ϕ10	0.002	个	1
2	Z 轴设定器	50	0.01	个	1
3	游标卡尺	0～150	0.02	把	1
4	游标深度尺	0～200	0.02	把	1
5	内径百分表	10～18	0.01	个	1
6	百分表及磁力表座	0～0.8	0.01	副	1
7	粗糙度样板	N0～N1	12	副	1
8	R 规	$R15\sim R25$ $R7\sim R14.5$,$R32$(圆弧样板)		套	1
9	平行垫铁			副	若干
10	中心钻	A2		个	1
11	端面铣刀	ϕ50		个	1
12	麻花钻	ϕ9.8		个	1
13	立铣刀	ϕ12		个	1
14	铰刀	ϕ10		个	1
15	粗镗刀	ϕ17.9		个	1
16	键槽铣刀	ϕ12		个	1
17	精镗刀	ϕ18		个	1
18	三爪自定心卡盘	ϕ200		副	1
19	四爪卡盘			副	1
20	木锤(铜锤)			个	1
21	活动扳手			把	1

2. 轨迹点(基点)的计数法(见图 5－18)

O_1、O_2 为 $R32$、$R16$ 的圆心,因为 $OA=O_2A$,在直角三角形 O_1O_2A 中,$O_1A=OA-30$,所以

$(O_1O_2)^2=O_1A^2+O_2A^2$

$(16+32)^2=(OA-30)^2+O_2A^2$

令　$OA=O_2A=X=Y$

$48^2=(X-30)^2+X^2$

$X^2-30X-702=0$

得　$X=45.447$

所以　$X=Y=45.447$

$O_1A=15.447$

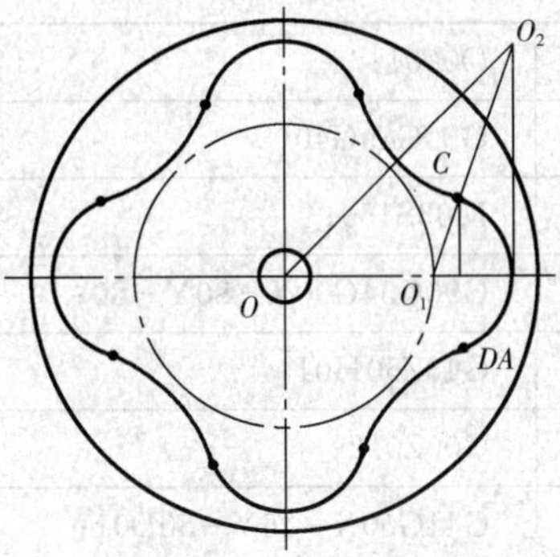

图 5－18　轨迹点(基点)计数法

C 点坐标(采用三角形关系):$X=35.149$,$Y=15.149$

图中轨迹点(基点)其他坐标根据图形对称关系,都可以得到。

3. 刀具建立刀补轨迹图

粗加工凸台外轮廓,用 $\phi50$ 端面铣刀,采用切线切入切出;精加工凸台外轮廓,用立铣刀 $\phi12$,采用圆弧切入切出;工件反面加工凹槽内轮廓,用 $\phi12$ 键槽粗加工和用立铣刀 $\phi12$ 精加工,均采用圆弧切入切出,如图 5－19 所示。

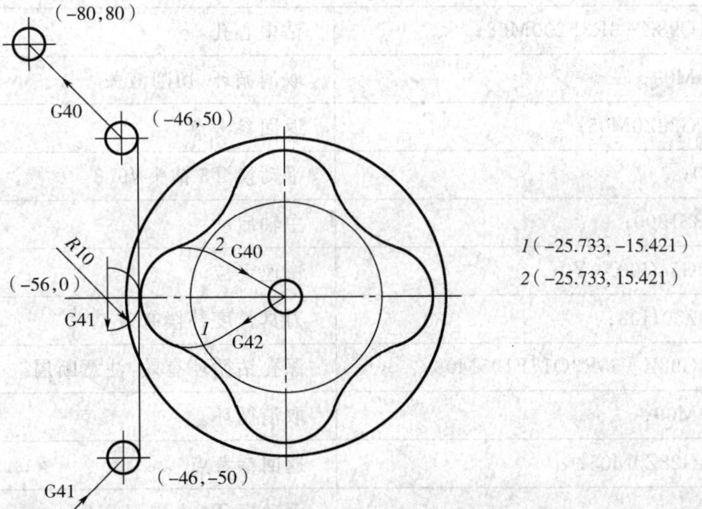

图 5－19　刀具建立刀补轨迹图

4. 程序编制

编程坐标系的原点设置在工件上表面的中心处(圆心)(Z=0)。

	O0001;	加工凸台外轮廓、铰孔主程序
N001	G80G49G40;	设置程序起始状态,换 ϕ50 端面铣刀
N002	M03S450;	主轴启动
N003	G90G54G00X-80Y-80;	快速定位于下刀点
N004	G43Z50H01;	刀具长度补偿
N005	G00Z0.2;	Z 轴快速定位,留 0.2mm 精加工余量
N006	G41G00X-46Y-50D01;	D01=25.5,半径补偿留余量加工轮廓,建立左补偿
N007	G01Y0F200;	直线插补,切线切入
N008	M98P60003;	调用子程序 6 次,粗加工凸台轮廓
N009	G90G01X-46Y50;	切线切出
N010	G40G00X-80Y80;	取消刀补
N011	G00G49Z50;	主轴抬刀
N012	G91G28Z0M05;	返回参考点,主轴停止
N013	M00;	手动换 T2 中心钻
N014	M03S2000;	主轴启动
N015	G90G54G00X0Y0;	快速定位
N016	G43Z50H02;	刀具长度有效
N017	G81G98Z-3R3F200M08;	钻中心孔
N018	G80M09;	取消循环,切削液关
N019	G91G28Z0M05;	返回参考点
N020	M00;	手动换 T3 钻头 ϕ9.8
N021	M03S1300;	主轴启动
N022	G90G54G00X0Y0;	快速定位
N023	G43Z50H03;	刀具长度补偿有效
N024	G73G98Z-65R3Q17F195M08;	深孔钻循环有效,注意断屑
N025	G80M09;	取消循环
N026	G91G28Z0M05;	返回参考点
N027	M00;	手动换 T4 立铣刀 ϕ12
N028	M03S1050;	主轴启动
N029	G90G54G00X-56Y0;	快速定位
N030	G43Z50H04;	刀具长度有效

(续表)

N031	G00Z-30；	精加工到深度
N032	G41G01X-56Y-10D04F500；	刀具半径左补偿,D04=6
N033	G03X-46Y0R10F150；	圆弧切入
N034	M98P0004；	调用子程序加工外轮廓
N035	G03X-56Y10R10F150；	圆弧切出
N036	G40G01Y0；	取消刀补
N037	G0Z50M09；	主轴抬高,切削液关
N038	G91G28Z0Y0M05；	返回参考点,主轴停止
N039	M00；	手动换 T5,铰刀 ϕ10H7
N040	M03S600；	主轴启动
N041	G90G54G00X0Y0；	快速定位
N042	G43Z50H05；	刀具长度补偿有效
N043	G81G98Z-63R3F150M08；	铰孔循环有效,注意深度
N044	G80M09；	取消循环
N045	G91G28Z0M05；	返回参考点
N046	M30；	程序停止并返回开始

工件反面,用百分表找正 ϕ10H7 孔圆心,坐标零点设置在工件上表面 ϕ10H7 孔的圆心。

	O0002；	加工凹槽内轮廓、镗孔主程序
N001	G80G49G40；	设置程序起始状态,粗镗刀 ϕ17.9
N002	M03S800；	主轴启动
N003	G90G54G00X0Y0；	刀具快速定位初始位置
N004	G43Z50H06；	刀具长度补偿有效
N005	G82G98Z-30R3P1000F80M08；；	镗孔循环有效,注意深度
N006	G80M09；	取消循环
N007	G91G28Z0M05；	返回参考点
N008	M00；	手动换 T7,ϕ12 键槽铣刀
N009	M03S690；	主轴启动
N010	G90G54G00X0Y0；	快速定位于下刀点
N011	G43Z50H07；	刀具长度补偿
N012	G0Z0.2；	Z 轴快速定位,留 0.2mm 精加工余量
N013	G42D07F90；	D07=6.3,半径补偿留余量加工轮廓

(续表)

N014	M98P20005;	调用子程序 2 次,粗加工凹槽轮廓
N015	G00G49Z50;	主轴抬刀
N016	G91G28Z0Y0M05;	返回参考点,主轴停止
N017	M00;	手动换 T4,ϕ12 立铣刀
N018	M03S900;	主轴启动
N019	G90G54G00X0Y0;	快速定位于下刀点
N020	G43Z50H04;	刀具长度补偿
N021	G00Z-10;	Z 轴快速定位,精加工到深度尺寸
N022	G42D04F200;	D04=6 半径左补偿
N023	M98P0006;	调用子程序加工凹槽轮廓
N024	G00G49Z50;	主轴抬刀
N025	G91G28Z0M05;	返回参考点,主轴停止
N026	M00;	手动换 T6,精镗刀 ϕ18H7
N027	M03S1200;	主轴启动
N028	G90G54G00X0Y0;	刀具快速定位初始位置
N029	G43Z50H06;	刀具长度补偿有效
N030	G76G98Z-30R3Q0.1F120M08;;	镗孔循环有效,注意深度
N031	G80M09;	取消循环
N032	G91G28Z0M05;	返回参考点,主轴停止
N033	M30	程序停止
	O0003;	凸台轮廓子程序
N001	G91G1Z-5F60;	增量下刀深度
N003	M98P0004;	调用轮廓子程序
N005	M99;	子程序结束,返回主程序
	O0004;	轮廓子程序
N001	G90G02X-35.149Y15.149R16F150;	绝对坐标,圆弧插补
N002	G03X-15.149Y35.149R32;	刀具连续加工工件外轮廓
N003	G02X15.149R16;	
N004	G03X35.149Y15.149R32;	
N005	G02Y-15.149R16;	
N006	G03X15.149Y-35.149R32;	
N007	G02X-15.149R16;	
N008	G03X-35.149Y-15.149R32;	

(续表)

N009	G02X-46Y0R16;	
N010	M99;	子程序结束,返回主程序
	O0005;	加工凹槽子程序
N001	G91G01Z-5F50;	深度为增量值
N002	M98P0006;	调用凹槽轮廓子程序
N003	M99;	子程序结束
	O0006;	加工凹槽子程序
N001	G51X0Y0P500;	比例缩放有效
N002	G90G42G01X-25.733Y-15.421;	建立刀具右补偿,注意补偿距离
N003	G02X-46Y0R16;	圆弧切入,半径补偿有效
N003	M98P0004;	调用轮廓子程序
N004	G02X-25.733Y15.421R16;	圆弧切出,取消半径补偿
N005	G40G01X0Y0;	取消刀具半径补偿
N006	G50;	缩放取消
N007	M99;	子程序结束,返回主程序

4. 操作步骤

(1)数控铣床开机和返回参考点。

(2)装夹工件(两次装夹)。

(3)安装刀具、对刀,确定刀具补偿值。

①*X*、*Y* 向对刀;

②*Z* 向对刀,依次安装 8 把刀具。

(4)输入、验证程序。

(5)程序优化。

(6)先单段试加工,后自动加工。

(7)尺寸测量。根据对已加工零件的检测结果,如果需要,重新设置刀补值,再次执行程序加工零件,直到满足尺寸精度和粗糙度等。

(8)加工结束。松开平口虎钳,卸下零件,去毛刺倒钝,打扫清理数控机床。

注意:精加工的长度补偿和半径补偿值要根据粗加工或半精加工后的实际测量尺寸来确定输入精加工时的补偿值,程序中给的半径补偿值均为理论值。

5. 注意事项

(1)熟练掌握三爪卡盘、四爪卡盘的装夹找正。

(2)工件两次装夹,保证加工基准找正的一致。

任务性操作

任务 1:在数控铣床上加工如图 5-20 所示零件,毛坯尺寸为 ϕ100mm×60mm,材料为 45 钢。评分标准见表 5-15。

提示:加工心形轮廓时的坐标原点可以设置局部坐标系。

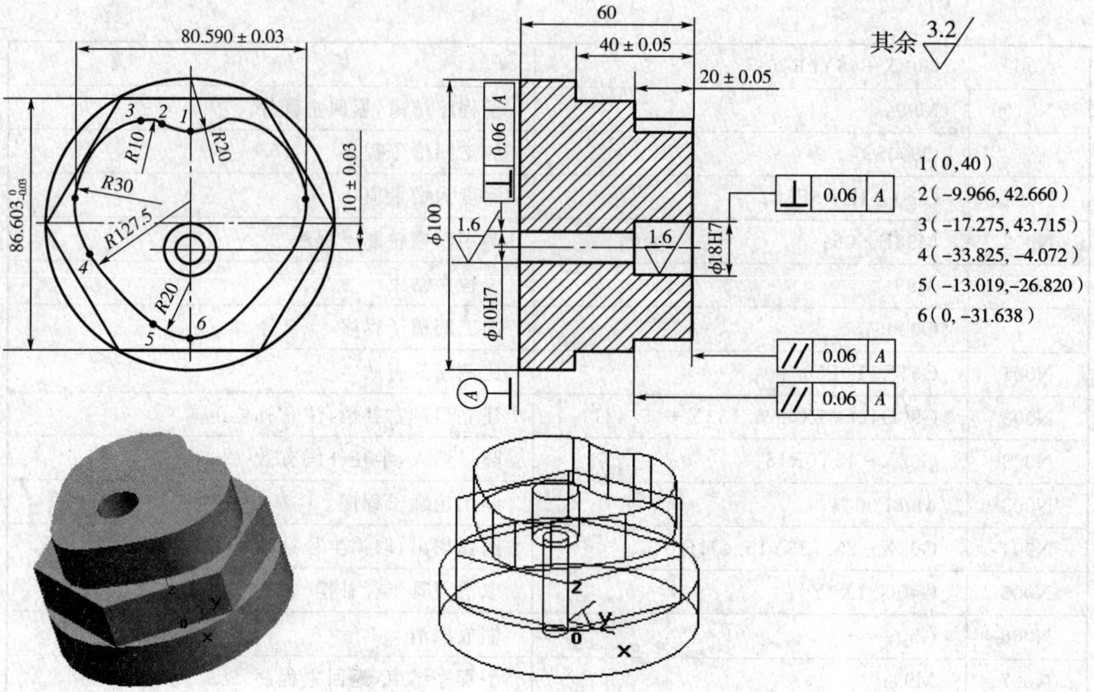

图 5-20　任务性零件图

表 5-15　评分标准

类别			检查项目	配分	评分标准	检查结果	得分
基本检查(25%)	编程		切削加工工艺制定正确	5			
			切削用量选用合理	3			
			程序正确、简单、明确且规范	8			
	操作		操作设备正确操作与维护保养	4			
			安全、文明生产	5			
零件质量(75%)	外轮廓	1	$86.603^{0}_{-0.03}$(正六边形)	3×4	超差无分		
		2	40±0.05	3	超差 0.01 扣 1 分		
		3	80.590±0.03(心形)	5	超差无分		
		4	$R20$	2×2	超差无分		
		5	$R10$	2×2	超差无分		
		6	$R30$	2×2	超差无分		
		7	$R127.5$	2×2	超差无分		
		8	20±0.05	2	超差 0.01 扣 1 分		
		9	// 0.06 A	2×3	超差无分		
		10	$R_a3.2$	6	每错一处扣 2 分		
	孔	1	20±0.05	3	超差无分		
		2	ϕ18H7	5	超差无分		
		3	ϕ10H7	5	超差无分、		
		4	⊥ 0.06 A	2×3	超差无分		
		5	$R_a1.6$	6	每错一处扣 2 分		
			总配分	100	总得分		

第五节　加工中心中级工综合训练(2)

知识点击

(1)熟练掌握工件的装夹找正,保证对称度要求。

(2)掌握封闭键槽的铣削技能。

(3)能使用半径补偿功能对内轮廓、外轮廓加工。

(4)对内外轮廓、销孔、螺纹孔的加工满足精度要求。

示范案例

案例:在数控铣床上加工如图 5-21 所示零件。

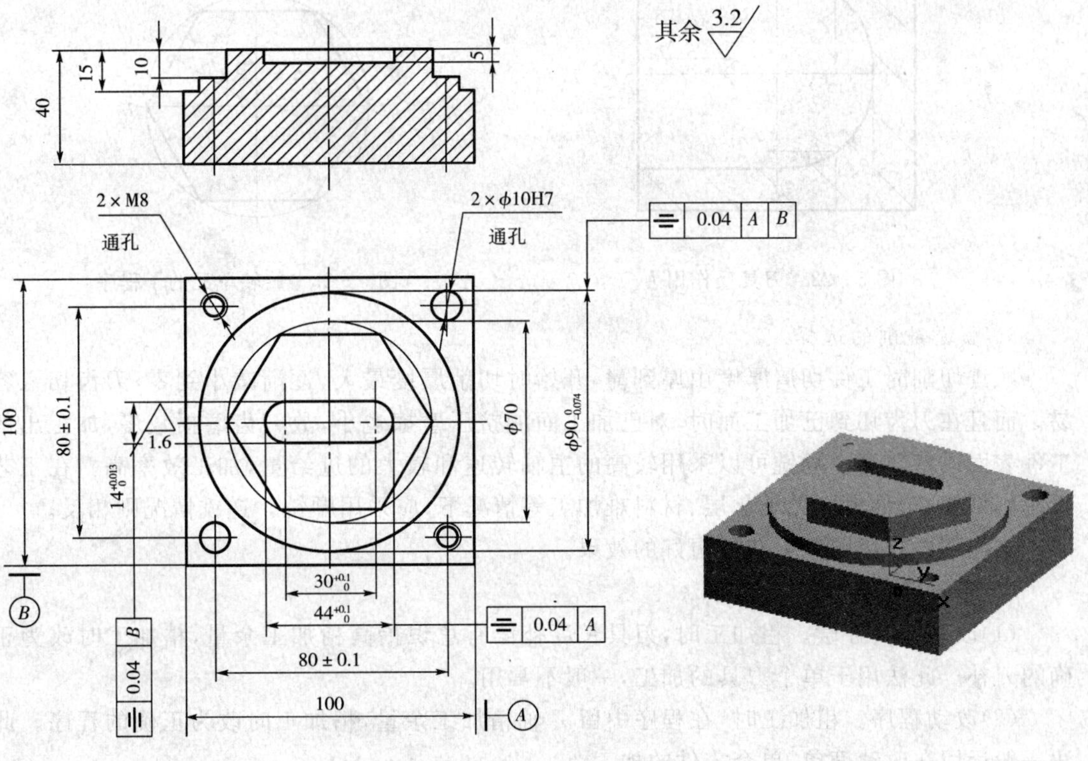

图 5-21　示范性零件图

分析:本零件外轮廓的深度可以利用立铣刀一次去除余量,也可用端面铣刀分层加工。六角形外轮廓使用旋转坐标系和子程序加工,2×ϕ10H7 销孔定中心、钻铰孔,封闭的键槽需预钻工艺孔。

知识窗

1. 封闭键槽的加工

ϕ14 的封闭键槽不能用 ϕ14 的键槽铣刀直接铣,因为铣刀会向前进方向逆铣的侧边

(下部)偏斜,影响对称度公差,槽宽尺寸也不能保证。因此在加工位置精度、尺寸精度要求高的槽时,一定要用直径小些的刀具粗铣,然后按插补的方法走一个完整的轮廓,保证各精度要求。刀具沿 V 向运动,各点反作用力如图 5-22 所示(注意各点向下分力,刀具下偏)。

2. 调用子程序旋转加工

当轮廓是由若干个相同的图形围绕一个中心旋转而成时,将其中一个图形编成子程序,用坐标系旋转指令调用若干个子程序,使编程简单。作为旋转单元的子程序,必须包括全部基本要素。例如 n 边形的基本要素包括一条边和一个 $360°/n$ 的角。图 5-23 所示的子程序走刀路径应该是($BC+CD$),角度是通过两条边的夹角来表示的,注意 α 和 β 是互补的关系。

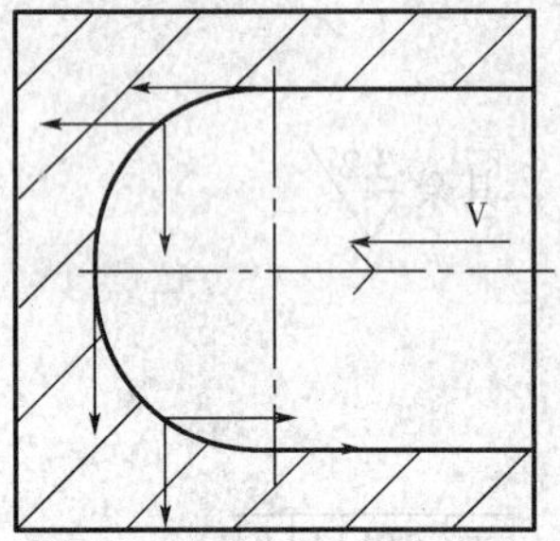

图 5-22　刀具反作用力

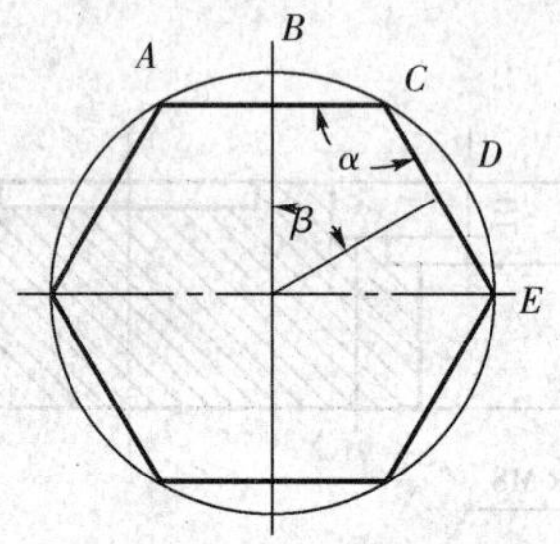

图 5-23　旋转单元的子程序

3. 顺逆铣削的选择

顺铣切削时工件切屑厚度由厚到薄,开始时切削厚度最大,逐渐减小到零,刀齿切入容易。而且在刀齿切到已加工面时,对已加工面的挤压摩擦也小,故刀齿磨损较慢,加工出的工件表面质量较高。顺铣可以采用较高的主轴转速和较大的进给量,加工效率高。在工艺系统刚性好、工件表面无硬化层、材料难加工等情况下,应采用顺铣。逆铣情况则相反。

本案例中采用顺铣会获得更好的效果。

4. 留 Z 轴精加工余量的方法

(1)改动刀具补偿。粗加工时,刀具长度补偿有意识抬高精加工余量,精加工时改为正确的刀补。此法用于单个刀具的加工,一般不常用。

(2)改动程序。粗加工时,在程序中留 Z 轴精加工余量,精加工时改为正确的程序。此法一般运用在改动简单、单个零件的加工。

(3)在号 00 的偏移坐标系中设置。在 Z 轴中设置精加工余量,精加工时清零。此法中所有坐标系均抬高,适于单个零件加工。

(4)在程序中设置。粗精加工编程中设 Z 轴坐标值或分别设置两个 H 值,或在程序中利用刀具磨损补偿值 G10L11P_G91R_。适于批量加工。

示范性操作

1. 工艺分析

工装:采用机用平口虎钳装夹,底部用精度较高的平行垫块,垫块厚度与宽度适当。

工步及刀具:见表 5-16 和表 5-17。

表 5-16 零件的数控加工工序表

工步号	工步内容	刀具号	刀具名称	刀具规格 (D)	主轴转速 (r/min)	进给量 (mm/min)
1	粗加工 10、15 凸台,底面留 0.1、侧面留 0.3 余量	T1	端面铣刀	50	450	200
2	精加工 10、15 凸台	T1	端面铣刀	50	800	150
3	定各中心孔,预钻键槽下刀点	T2	中心钻	A2	2000	200
4	预钻 ϕ10H7 销孔、键槽下刀点	T3	麻花钻	9.8	1300	195
5	去除键槽余量,精加工键槽	T4	键槽铣刀	12	690	84
6		T4	键槽铣刀	12	1050	150
7	铰 ϕ10H7 销孔	T5	铰刀	10	600	150
8	钻 M8 底孔	T6	麻花钻	6.7	1900	285
9	攻 M8	T7	丝锥	M8	200	250
10	去毛刺倒钝					

表 5-17 工具、量具、刃具清单表

序号	名称	规格	精度	单位	数量
1	寻边器	ϕ10	0.002	个	1
2	Z 轴设定器	50	0.01	个	1
3	游标卡尺	0～150	0.02	把	1
4	游标深度尺	0～200	0.02	把	1
5	内径百分表	10～18	0.01	个	1
6	百分表及磁力表座	0～0.8	0.01	副	1
7	粗糙度样板	N0～N1	12	副	1
8	万能角度尺	0°～320°	2′	把	1
9	R 规	$R7$～$R14.5$		副	1
10	平行垫铁			副	若干
11	中心钻	A2		个	1
12	端面铣刀	ϕ50		个	1
13	麻花钻	ϕ9.8		个	1
14	键槽刀	ϕ12		个	1
15	铰刀	ϕ10H7		把	1
16	麻花钻	ϕ6.7		个	1
17	丝锥	M8		个	1
18	机用虎钳	QH120		个	1
19	木锤(铜锤)			个	1
20	活动扳手			把	

2. 程序编制

编程坐标系的原点设置在工件上表面中心(Z=0)。

	O0001;	主程序
N001	M06T1;	端面铣刀粗加工
N002	G80G49G40G69;	设置程序起始状态,ϕ50 端面铣刀粗加工
N003	M03S450;	主轴启动
N004	G90G54G00X0Y80;	刀具快速定位
N005	G43Z50H01;	刀具长度补偿
N006	G00Z0.2;	Z 轴快速定位
N007	G01Z-5F500;	深度分两次加工
N008	D01M98P0002;	调用旋转单元子程序加工,D01=25.3
N009	D01M98P50003;	连续 5 次调用旋转子程序,加工完粗六方形
N010	G69G90G00X0Y80;	旋转取消至起始点
N011	G01Z-9.9F500;	Z 向留 0.1 余量
N012	D01M98P0002;	调用旋转单元子程序加工,D01=25.3
N013	D01M98P50003;	连续调用旋转子程序,加工完六方形,D01=25.3
N014	G69G90G00X0Y80	旋转取消至起始点
N015	G00X-80;	快速定位
N016	Z-14.9F500;	Z 向留 0.1 余量
N017	D01M98P0004;	调用加工 ϕ90 圆的子程序,粗加工 ϕ90 圆,D01=25.3
N018	G01Z-15F500;	Z 向加工到尺寸
N019	D02M98P0004;	调用加工 ϕ90 圆的子程序,精加工 ϕ90 圆,D01=25
N020	G01Z-10F500;	Z 向加工到尺寸
N021	G00X0Y80;	刀具快速定位
N022	D02M98P0002;	调用旋转单元子程序加工,D02=25
N023	D02M98P60003;	连续 6 次调用旋转子程序,完成六方形精加工,D02=25
N024	G69G00X80Y80;	旋转取消
N025	G00Z50M09;	主轴抬高,切削液关
N026	G91G28Z0M05;	主轴回参考点,主轴停止
N027	M06T2;	自动换 T2 中心钻
N028	M03S2000;	主轴启动
N029	G90G00X-40Y-40;	快速到达定位点
N030	G43Z50H02;	刀具长度补偿
N031	G81G99Z-18R3F200M08;	钻孔循环有效
N032	Y40;	定中心孔

(续表)

N033	X40;	定中心孔
N034	Y-40;	定中心孔
N035	G98X15Y0;	键槽下刀处的预钻孔,返回初始平面
N037	G80M09;	循环取消,切削液关
N038	G91G28Z0Y0M05;	主轴回参考点,主轴停止
N039	M06T3;	自动换 T3 麻花钻 ϕ9.8
N040	M03S2000;	主轴启动
N041	G90G00X-40Y-40;	快速到达销孔定位点
N042	G43Z50H03;	刀具长度补偿
N043	G81G99Z-45R3F200M08;	钻孔循环有效,保证钻通
N044	X40Y40;	另一销孔位置
N045	G98X15Y0Z-5R3;	键槽下刀点,注意深度,返回初始平面
N046	G80M09;	循环取消,切削液关
N048	G91G28Z0Y0M5;	主轴回参考点,主轴停止
N049	M06T4;	自动换 T4 键槽铣刀 ϕ12
N050	M03S690;	主轴启动,粗加工
N051	G90G00X15Y0;	快速到达键槽下刀点
N052	G43Z50H04;	刀具长度补偿
N053	G0Z0.5;	Z 轴快速定位
N054	G1Z-4.9F40M08;	粗加工留 0.1 余量
N055	X-15F90;	去除键槽余量
N056	G01Z-5;	精加工深度到尺寸
N057	G41X15Y-7D04S1050F150;	刀具左补偿到键槽切点位置,D04=6
N058	G03Y7R7;	加工一端圆弧
N059	G01X-15;	直线插补
N060	G03Y-7R7;	加工另一端圆弧
N061	G01X15;	直线插补
N062	G40X0Y0;	取消刀具半径补偿
N063	G00Z50M09;	循环取消,切削液关
N064	G91G28Z0Y0M05;	主轴回参考点
N065	M06T5;	自动换 T5 铰刀,ϕ10H7
N066	M03S600;	主轴启动
N067	G90G00X-40Y-40;	快速定位至定位点
N068	G43Z50H03;	刀具长度补偿
N069	G81G99Z-45R3F150M08;	铰孔循环有效
N070	G98X40Y40;	铰另一孔

(续表)

N071	G80M09;	循环取消,切削液关
N072	G91G28Z0Y0M5;	主轴回参考点
N073	M06T6;	自动换 T6,麻花钻 ϕ6.7
N074	M03S1900;	主轴启动
N075	G90G0X40Y-40;	快速定位螺纹孔位
N076	G43Z50H06;	刀具长度补偿
N077	G81G98Z-45R3F285M8;	钻孔循环有效
N078	G99X-40Y40;	钻另一孔,返回初始平面
N079	G80M09;	循环取消,切削液关
N080	G91G28Z0Y0M05;	主轴回参考点
N081	M06T7;	自动换 T7,丝锥 M8
N082	M3S200;	主轴启动
N083	G90G0X-40Y40;	快速定位螺纹孔位
N084	G43Z50H06M08;	刀具长度补偿,切削液开
N085	G84G98Z-45R3F250M29;	刚性攻螺纹循环有效,注意走刀速度配合
N086	G99X40Y-40;	攻另一孔,返回初始平面
N087	G80M09;	循环取消,切削液关
N088	G91G28Z0Y0M05;	主轴停止回参考点
	M30;	程序停止
	O0002;	六方形循环,基本单元子程序(*BC*+*CD*)
N001	G90G41G01X0Y30.311F200;	建立刀具半径补偿 *D*01=25.3
N002	X17.5;	直线插补 *BC*
N003	X26.250Y15.155	直线插补 *CD*
N004	G40;	取消刀补
N005	M99;	子程序结束,返回主程序
	O0003;	旋转子程序
N001	G68X0Y0G91R-60;	旋转坐标系角度为增量值
N002	G90M98P0002;	调用基本单元子程序
N003	M99;	子程序结束,返回主程序
	O0004;	加工 ϕ90 圆子程序
N001	G54G41G00X-45Y45;	建立刀具半径补偿
N002	G01X0F500;	直线插补,切线切入
N003	G02J-45F100;	粗加工 ϕ90 圆
N004	G01X5;	进给离开切点
N005	G00G40X-80Y80;	半径补偿取消至工件外
N006	M99;	子程序结束,返回主程序

3. 操作步骤

(1)数控加工中心开机和返回参考点。

(2)装夹工件。

(3)安装刀具、对刀,确定刀具补偿值。

①X、Y 向对刀;

②加工中心 Z 向对刀,七把刀。

(4)输入、验证程序。

(5)程序优化。

(6)先单段试加工,后自动加工。

(7)尺寸测量。根据对已加工零件的检测结果,如果需要,重新设置刀补值,再次执行程序加工零件,直到满足尺寸精度和粗糙度等。

(8)加工结束。

想一想 议一议

想一想本节[示范案例]中主程序和子程序互相调用关系,并画出调用关系框图。

4. 注意事项

(1)对称度的保证

在装夹找正时,使用寻边器确定零点采用碰双边法,或采用百分表双边找正,半精加工后,寻边器或百分表核实调整。

(2)精度的保证

精加工时,刀具应完好锋利,余量合理均匀,切削参数选择适当。半精加工时,应掌握每次进刀的名义尺寸和实际尺寸的误差值,在精加工时给予修正,最后理想尺寸一般选择公差范围内的中间值(平均值),或者根据实际使用情况确定公差值。

(3)切削用量选择

选择切削用量依据工件的加工精度和表面粗糙度,也要考虑工件的装夹状态,刀具伸出长度、冷却情况、机床刚性等。在加工中注意加工情况,随时调整,达到优化切削参数。

(4)试切程序部位

试切程序时,从加工件质量方面考虑,需要设计试切部位,即保证可以划出切痕而不损害工件质量,用于检查加工程序是否正确。

(5)铰刀线速度的影响

铰刀线速度对孔径尺寸有影响。当线速度过大时,将产生扩孔现象,也就是加工出的孔比名义尺寸大;当线速度过小时,将产生缩孔现象,也就是加工出的孔比名义尺寸小。

(6)精加工的长度补偿和半径补偿值要根据粗加工或半精加工后的实际测量尺寸来确定输入精加工时的补偿值,程序中给的半径补偿值均为理论值。

5. 正六边形可以采用 FANUC 极坐标编程

(1)极坐标(G15,G16)

终点的坐标值可以用极坐标(半径和角度)输入。

编程格式：

G16；(启动极坐标指令)

⋮　(极坐标方式)

G15；(取消极坐标指令)

(2)程序编制

①加工的轨迹如图 5-24 所示：$P_1P_2 \to P_2H \to HA \to AC \to CE \to EF \to FP_3 \to P_3P_1$。

建立刀补：P_1P_2。

实施刀补：$P_2H \to HA \to AC \to CE \to EF \to FP_3$。

取消刀补：P_3P_1。

②各点的坐标值：

$P_1(0,-100)$，$P_2(0,-60.624)$。

极坐标：$H(35,180)$，$A(35,120)$，$C(35,60)$，$E(35,0)$，$F(35,-60)$，$C(35,-120)$。

零件数控铣床加工程序如下表，零点分别设置在需加工平面位置的中心处。

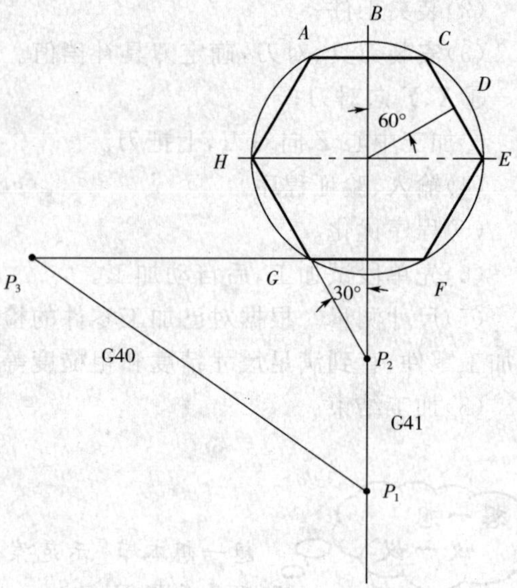

图 5-24　加工的轨迹

	O0001；	加工凸台外轮廓程序
N001	M06T1；	端面铣刀粗加工 $\phi50$
N002	G80G49G40G69；	设置程序起始状态，$\phi50$ 端面铣刀粗加工
N003	M03S450；	主轴启动
N004	G90G54G00X0Y-100；	刀具快速定位
N005	G43Z50H01；	刀具长度补偿
N006	G00Z0.2；	Z 轴快速定位
N007	G01Z-5F500；	深度分两次加工
N008	D01M98P0002；	正六边形子程序粗加工，D01=25.3
N009	G90G01Z-9.9F500	Z 向留 0.1 余量
N010	D01M98P0002；	正六边形子程序粗加工，D01=25.3
N011	G00Z5；	快速提刀
N012	G00X-80Y80；	快速定位
N013	Z-14.9F500；	Z 向留 0.1 余量
N014	D01M98P0004；	调用加工 $\phi90$ 圆的子程序，粗加工 $\phi90$ 圆，D01=25.3

（续表）

N015	G01Z－15F500；	Z 向加工到尺寸
N016	D02M98P0004；	调用加工 ϕ90 圆的子程序，精加工 ϕ90 圆，D01＝25
N017	G00Z5；	快速提刀
N018	G00X0Y－100；	刀具快速定位
N019	G01Z－10F500；	Z 向加工到尺寸
N020	D02M98P0002；	精加工正六边形，调子程序，D02＝25
N021	G00Z50M09；	主轴抬高，切削液关
N022	G91G28Z0M05；	主轴回参考点，主轴停
N024	M06T2；	自动换 T2 中心钻
N025	后面的主程序同上，省略	
	O0002；	正六边形子程序
N001	G9041G01X0Y－60.624F500；	建立刀具半径补偿 P_1P_2，D01＝25.3
N002	G16X35Y180；	启动极坐标，直线插补 P_2H
N003	Y120；	直线插补 HA
N004	Y60；	直线插补 AC
N005	Y0；	直线插补 CE
N006	Y－60；	直线插补 EF
N007	G15G90X－100Y－30.312；	取消极坐标指令，直线插补 FP_3
N008	G00G40X0Y－100	取消刀补，回 P_1 点
N009	M99；	子程序结束，返回主程序
	O0004；	调用加工 ϕ90 圆的子程序
N001	G54G41G00X－45Y45；	建立刀具半径补偿
N002	G01X0F500；	直线插补，切线切入
N003	G02J－45F100；	粗加工 ϕ90 圆
N004	G01X5；	进给离开切点
N005	G00G40X－80Y80；	半径补偿取消至工件外
N006	M99；	子程序结束，返回主程序

任务性操作

任务：在数控铣床(加工中心)上加工如图 5－25 所示零件。评分标准见表 5－18。

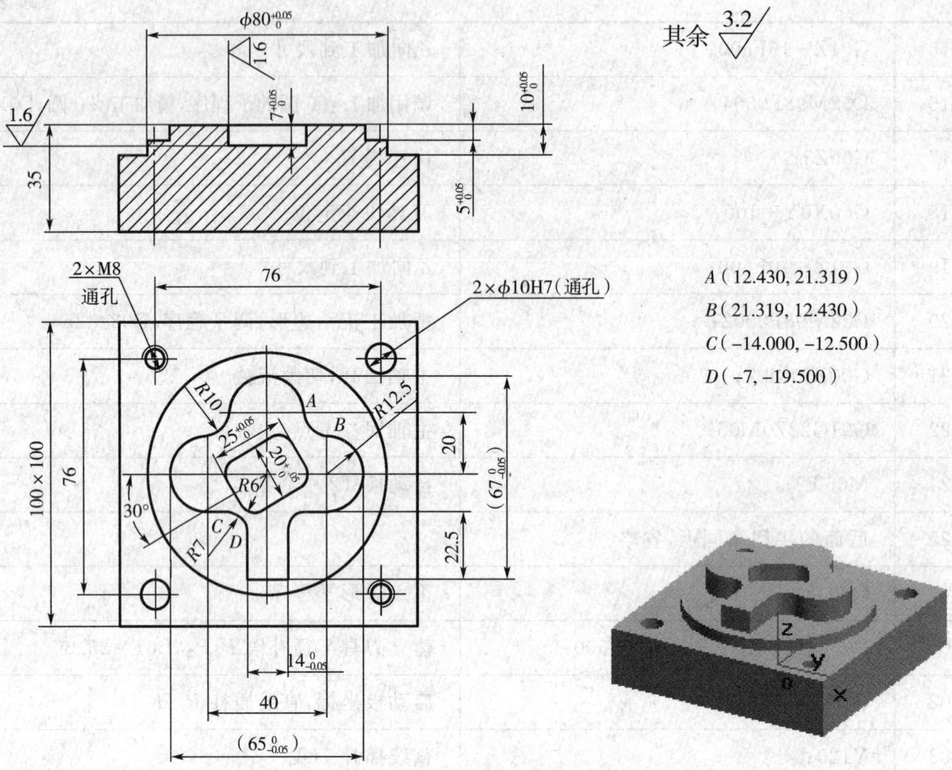

图 5-25　任务性零件图

表 5-18　评分标准

类别			检查项目	配分	评分标准	检查结果	得分
基本检查(25%)	编程		切削加工工艺制定正确	5			
			切削用量选用合理	3			
			程序正确、简单、明确且规范	8			
	操作		操作设备正确操作与维护保养	4			
			安全、文明生产	5			
零件质量(75%)	外轮廓	1	$\phi80^{+0.05}_{0}$	5	超差 0.01 扣 2 分		
		2	$10^{+0.05}_{0}$	3	超差 0.01 扣 1 分		
		3	$67.5^{0}_{-0.05}$	4	超差 0.01 扣 1 分		
		4	$65^{0}_{-0.05}$	4	超差 0.01 扣 1 分		
		5	$R10$	2×1	超差无分		
		6	$R12.5$	3×1	超差无分		
		7	$R7$	2×1	超差无分		
		8	22.5	1	超差无分		
		9	$14^{0}_{-0.05}$	2	超差 0.01 扣 1 分		
		10	$5^{+0.05}_{0}$	3	超差 0.01 扣 1 分		
		11	$R_a3.2$	10	每错一处扣 1 分		

(续表)

类别			检查项目	配分	评分标准	检查结果	得分
零件质量(75%)	内轮廓与孔、螺纹	1	$20_{0}^{+0.05}$	4	超差 0.01 扣 1 分		
		2	$25_{0}^{+0.03}$	4	超差 0.01 扣 1 分		
		3	$R6$	4×0.5	超差无分		
		4	$7_{0}^{+0.05}$	4	超差 0.01 扣 1 分		
		5	30°	2	超差无分		
		6	$Ra1.6$	6	每错一处扣 1 分		
		7	76	2×1	超差无分		
		8	ϕ10H7	2×3	超差无分		
		9	M8	2×3	超差无分		
		10	$R_a3.2$	2	每错一处扣 1 分		
			总配分	100	总得分		

第六节　加工中心中级工配合件训练

知识点击

(1)熟练使用半径补偿功能对内轮廓、外轮廓加工,直线插补自动倒圆角。

(2)熟练掌握和灵活运用局部坐标系功能、坐标系旋转功能。

(3)熟练掌握配合件的编制方法和铣削技能。

(4)对两个配合要素的配合件加工满足配合公差。

示范案例

案例:在数控铣床上加工如图 5-26 所示配合件,材料为 45 号钢,工件外形尺寸为 100mm×100mm×30mm,除上表面外,其他表面均已加工,并完全符合尺寸与表面粗糙度要求。

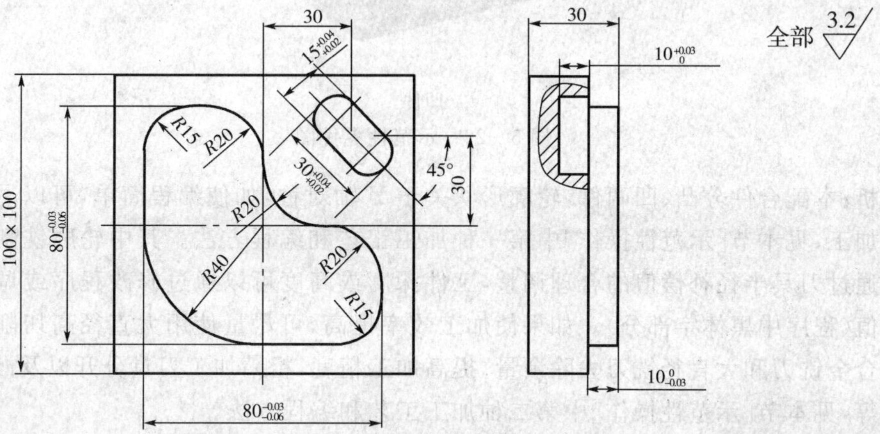

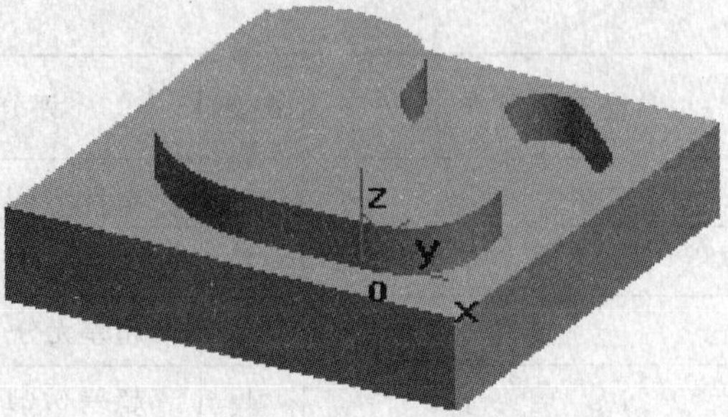

凸件

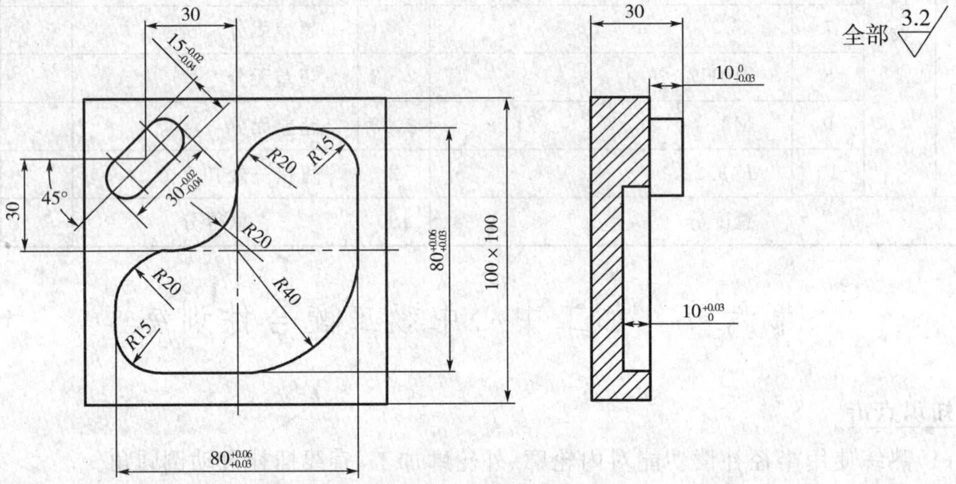

凹件

图 5-26　示范性零件图

分析：本配合件分凸、凹两件，轮廓形状关于 Y 轴对称，如使编程简单，可以尽量运用同一程序加工，见本节[示范性操作]中第一种加工工艺和编程方法。其中轮廓铣削的粗精加工可以通过刀具半径补偿值的合理调整，工件深度或高度可以通过修改程序或调整刀具长度补偿值(程序中黑体字部分)。如果使加工效率提高，可尽量使用大直径高切削速度的端面硬质合金铣刀和大直径铣刀去除余量，提高加工精度，粗精加工刀具分开以及凸凹件都采用顺铣等，见本节[示范性操作]中第二种加工工艺和编程方法。

知识窗

1. 凸件、凹件的加工顺序

凸件、凹件的配合加工，一般情况下先加工凸件，后凹件，这是因为：

(1)凸件加工时，便于测量尺寸，容易保证加工精度。在与凹件配合时，凸件可作为精度参考基准，从而保证凹件的加工精度。

(2)合装配合时，便于对凸件进行必要的修磨，如对棱角、拐角、刀具转向停留处和接刀处等。凹件不便手工修磨，在加工完工后未拆卸前，如配合有问题，可用机床加工，直到满足各项要求。

2. 凸件、凹件的编程技巧

凸件、凹件的配合要素一般都有相同或相似的轮廓形状，可以把轮廓走刀轨迹编辑成子程序，在凸凹件中都以调用(有的为镜像关系)。如果凸凹件的所有配合要素都相同，只需改变刀具的下刀和出刀位置，就可以运用同一程序加工(有的为镜像关系)。

3. 凸件、凹件的坐标系设置

凸凹件配合的位置关系，一般常见的有如图 5 - 27 所示的几种。如果一零件设置编程好后，可利用镜像这一程序完成另一零件的加工，具体见图 5 - 27 所示。

(1)图 5 - 27a 至图 5 - 27c 的工件坐标系零点都为工件中心点，从图纸放置上可以看出分别关于 X 轴、Y 轴、零点镜像，只是凸凹工件放置不同，其实都是可以看作同一种镜像，所以要编程和加工时要仔细的判别。加工凸凹件时，用对刀方法建立的工件坐标系还设在工件的中心，加工凹件时，如果凸凹件的所有配合要素都相同，只需改变刀具的下刀和出刀位置，就可以运用同一程序采用镜像功能 G51. 1X0 加工凹件。

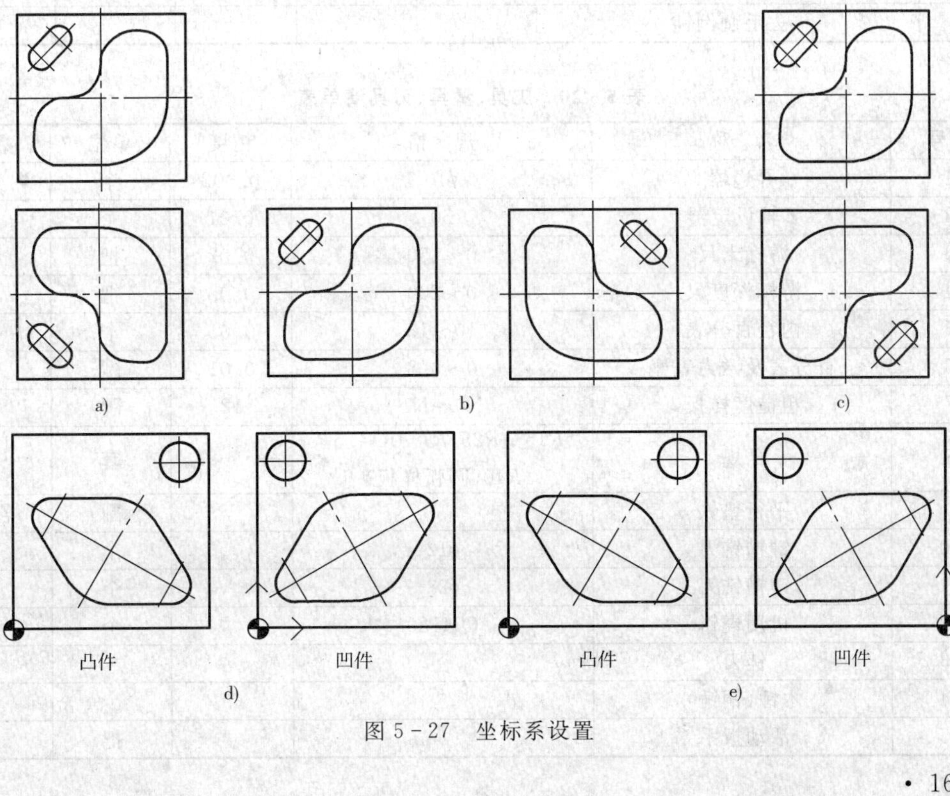

图 5 - 27　坐标系设置

(2)图 5－27d 中,凸凹件的编程坐标系都设置在工件的左下角。加工凸件时,用对刀方法建立的工件坐标系还设在工件的左下角;但加工凹件时,凹件的工件坐标系可改设在工件的右下角;如果凸凹件的所有配合要素都相同,只需改变刀具的下刀和出刀位置,就可以采用镜像功能 G51.1X0 运用同一程序加工凹件,图 5－27d 的原点设置改为图 5－27e 所示。

4. 凸件、凹件的精度保证

凸件轮廓公差应控制在公差值的下限值,凹件轮廓公差应控制在上限值,保证配合间隙量。轮廓配合面要光滑连续,不能有刀痕、刀棱等配合缺陷。配合要素轮廓应一次精加工完成,刀具半径补偿值根据实测值调整。不便测量处可用机床测量。

示范性操作

一、第一种加工工艺和编程方法

1. 凸件的工艺分析

工装:采用机用平口虎钳装夹,底部用精度较高的平行垫块,垫块厚度与宽度适当。

凸件的工艺制定及刀具:见表 5－19 和表 5－20。

表 5－19　凸件的数控加工工序表

工步号	工步内容	刀具号	刀具名称	刀具规格(D)	主轴转速(r/min)	进给量(mm/min)
1	加工凸台	T1	键槽铣刀	28	690	84
2	去除边角余量	T1	键槽铣刀	28	690	
3	加工凹槽	T2	键槽铣刀	12	1050	50
4	精加工凸台	T1	键槽铣刀	28	860	150
5	精加工凹槽	T2	键槽铣刀	12	1250	100
6	去毛刺倒钝					

表 5－20　工具、量具、刀具清单表

序号	名　称	规　格	精度	单位	数量
1	寻边器	$\phi10$	0.002	个	1
2	Z 轴设定器	50	0.01	个	1
3	游标卡尺	0～150	0.02	把	1
4	游标深度尺	0～200	0.02	把	1
5	内径百分表	10～18	0.01	个	1
6	百分表及磁力表座	0～0.8	0.01	副	1
7	粗糙度样板	N0～N1	12	副	1
8	*R* 规	*R*15～*R*25,*R*7～*R*14.5,*R*40(圆弧样板)		套	1
9	平行垫铁			副	若干
10	键槽铣刀	$\phi12$		个	1
11	键槽铣刀	$\phi28$		个	1
12	机用虎钳	QH120		个	1
13	锉刀				
14	木锤(铜锤)			个	1
15	活动扳手			把	1

2. 凸件的程序编制

零点分别设置在需加工到平面位置的中心(Z=0)。

	O0001；	凸件粗加工程序
N001	G80G49G40G69；	设置程序起始状态
N002	M06T01；	ϕ28 键槽铣刀粗加工凸台轮廓外余量
N003	M03**S690**；(S860；)	主轴启动(S860 为精加工参数)
N004	G90G54G00X-80Y-80；	起刀点放在工件外
N005	G43Z50H01；	刀具长度补偿
N006	G0Z0.1；	Z 轴快速定位
N007	**Z-9.9**；(Z-10；)	深度留有 0.1mm 余量(精加工时深度 10mm)
N008	G41G01X-40Y-50D01F84M08；	刀具左补偿，D01=14.5，粗加工(精加工时刀补 D01=14)
N009	Y40，R15；	直线插补自动倒圆角
N010	X-25；	
N011	X0，R20；	直线插补自动倒圆角
N012	Y20；	
N013	G03X20Y0R20；	圆弧插补
N014	G01X40，R20；	直线插补自动倒圆角
N015	Y-20；	
N016	Y-40，R15；	直线插补自动倒圆角
N017	X0；	
N018	X-40，R40；	直线插补自动倒圆角
N019	Y60；	切线切出工件外面，刀具离开工件
N020	G40G00X-80；	工件外面快速取消刀补
N021	G0Z50M09；	抬刀，关切削液
N022	G91G28Z0M05；	主轴回零
N023	M01；	选择性停止，除边角等余量
N024	M06T02；	ϕ12 键槽铣刀粗加工凹槽内余量
N025	M03**S1050**；(S1250；)	主轴启动(S1250 为精加工参数)
N026	G90G54G00X30Y30；	快速定位
N027	G52X30Y30Z-10；	建立局部坐标系
N028	G68X0Y0R-45；	坐标系旋转
N029	G43Z50H02；	刀具长度补偿

(续表)

N030	G00Z2;	Z 轴快速定位
N031	X－7.5Y0;	快速定位
N032	G01**Z－9.9**F50M08;(Z－10;)	深度留有 0.1mm 余量(精加工时深度 10mm)
N033	X7.5F84;	粗加工键槽
N034	G41G01X－7.5Y0D02;	刀具左补偿,D02=6.5,粗加工(精加工时刀补 D02=6)
N035	G03X0Y－7.5R7.5;	圆弧切入
N036	G01X7.5;	直线插补
N037	G03Y7.5R7.5;	圆弧插补
N038	G01X－7.5;	直线插补
N039	G03X－7.5R7.5;	圆弧插补
N040	G01X0;	直线插补
N041	G03X7.5Y0R7.5;	圆弧切出
N042	G40G01X0Y0;	取消刀补
N043	G00G49Z50M09;	抬刀,关切削液
N044	G69;	取消坐标系旋转
N045	G52X0Y0Z0;	取消局部坐标系
N046	G91G28Z0M05;	主轴回零
N047	M30;	程序结束

凸件精加工程序只要改变切削参数和刀具半径补偿值就可完成。

注意:精加工的长度补偿和半径补偿值要根据粗加工或半精加工后的实际测量尺寸来确定输入精加工时的补偿值,可总结半精加工中的刀具磨损、让刀等情况给定补偿值。程序中给的半径补偿值均为理论值。

3. 凹件的工艺制定及刀具(见表 5－21)

表 5－21　凹件的数控加工工序表

工步号	工步内容	刀具号	刀具名称	刀具规格 (D)	主轴转速 (r/min)	进给量 (mm/min)
1	去除凸台余量	T1	键槽铣刀	28	690	84
2	手动去除边角余量	T1	键槽铣刀	28	690	
3	去除凹槽余量	T1	键槽铣刀	28	690	84
4	精加工凹槽、凸台	T1	键槽铣刀	28	860	170
5	去毛刺倒钝					

4. 凹件的程序编制

零点分别设置在需加工到平面位置的中心处(Z=0)。

	O0002;	凹件粗加工程序
N001	G80G49G40G69;	设置程序起始状态
N002	M06T01;	ϕ28 键槽铣刀粗加工凸台外余量
N003	M03S690;(**S860**;)	主轴启动(S860 为精加工参数)
N004	G51.1X0;	镜像功能
N005	G90G54G00X30Y30;	快速定位
N006	G52X30Y30Z0;	建立局部坐标系
N007	G68X0Y0R-45;	坐标系旋转
N008	G43Z50H01;	刀具长度补偿
N009	X70Y-20;	快速到工件外
N010	G00Z-5;	Z 轴快速定位
N011	G01Z-9.9F200M08;	深度留有 0.1mm 余量(精加工时深度 10mm)
N012	G41X30Y-7.5D01F80;	刀具左补偿 D01=14.5 粗加工(精加工时刀补 D01=14)
N013	G01X-7.5;	直线插补
N014	G02Y7.5R7.5;	圆弧插补
N015	G01X7.5;	直线插补
N016	G02Y-7.5R7.5;	圆弧插补
N017	G01X-30;	直线切出
N018	G00Z50;	提刀
N019	G40X0Y0;	取消刀补
N020	G69;	取消坐标系旋转
N021	G52X0Y0Z0	取消局部坐标系
N022	G90G54G00X-14Y0;	起刀点放在凹槽轮廓内
N023	G00Z5;	Z 轴快速定位
N024	G01Z-9.9F50;(**Z-10**;)	深度留有 0.1mm 余量(精加工时深度 10mm)
N025	G42G01X-14Y-26D01F80M08;	刀具右补偿 D1=14.5,粗加工(精加工时刀补 D1=14)
N026	G02X-40Y0R26;	圆弧切入
N027	Y40,R15;	直线插补自动倒圆角
N028	X-25;	
N029	X0,R20;	直线插补自动倒圆角
N030	Y20;	
N031	G03X20Y0R20	圆弧插补

(续表)

N032	G01X40,R20;	直线插补自动倒圆角
N033	Y-20;	
N034	Y-40,R15;	直线插补自动倒圆角
N035	X0;	
N036	X-40,R40;	直线插补自动倒圆角
N037	Y0;	
N038	G02X-14Y26R26;	圆弧切出
N039	G40G01X-14Y0;	取消刀补
N040	G00G49Z50M09;	抬刀,关切削液
N041	G50.1X0;	取消镜像功能
N042	G91G28Z0M05;	主轴回零
N043	M30;	程序结束

凹件精加工程序只要改变切削参数和刀具半径补偿值就可完成。

二、第二种加工工艺和编程方法

1. 工艺分析(见表5-22和表5-23)

表5-22 凸件的数控加工工序表

工步号	工步内容	刀具号	刀具名称	刀具规格(D)	主轴转速(r/min)	进给量(mm/min)
1	去除凸台四方大余量	T1	端面铣刀	50	400	200
2	去除凸台边三圆弧连接处余量	T4	键槽铣刀	28	690	84
3	预钻孔,铣刀下刀点	T2	钻头	12	1100	150
4	去除凹槽余量,底面留0.1、侧面留0.3余量	T3	键槽铣刀	12	1050	84
5	精加工凸台、凹槽	T5	立铣刀	12	1250	100
6	去毛刺倒钝					

表5-23 凹件的数控加工工序表

工步号	工步内容	刀具号	刀具名称	刀具规格(D)	主轴转速(r/min)	进给量(mm/min)
1	去除凸台余量,底面留0.1、侧面留0.3余量	T1	端面铣刀	50	400	200
2	预钻孔,铣刀下刀点	T2	钻头	12	1100	150
3	粗加工凹槽型腔,底面留0.1,侧面留0.3余量	T4	键槽铣刀	28	690	84
4	精加工凹槽、凸台	T5	立铣刀	12	1050	84
5	去毛刺倒钝					

2. 程序编制

凸件数控铣加工程序如下表，零点分别设置在需加工到平面位置的中心处(Z=0)。

	O0001；	凸件主程序
N001	G80G49G40G69；	设置程序起始状态
N002	M06T01；	ϕ50 端面铣刀粗加工凸台外余量
N003	M03S400；	主轴启动
N004	G90G54G00X80Y80；	刀具快速定位
N005	G43Z50H01；	刀具长度补偿
N006	G0Z2；	Z 轴快速定位
N007	M98P50101M08；	连续调用子程序，去除余量
N008	G01G90Z-10F200；	精加工凸台高度
N009	M98P0102；	连续调用子程序，去除余量
N010	G0Z50M9；	主轴抬起，关切削液
N011	G91G28Z0；	Z 轴回参考点
N012	M06T04；	ϕ28 铣刀粗加工凸台外余量
N013	M03S690；	主轴启动
N014	G90G54G00X65Y-40；	刀具快速定位
N015	G43Z50H04；	刀具长度补偿
N016	G00Z2；	Z 轴快速定位
N017	G01Z-10F180；	Z 向不留余量
N018	G42X40D01M08；	刀具半径右补偿 D1=25.5，粗加工
N019	Y-20；	圆弧起点
N020	G03X20Y0R20；	三圆弧加工去余量
N021	G02X0Y20R20；	
N022	G03X-20Y40R20；	
N023	G01X-65；	直线切出
N024	G0Z50M9	
N025	G40X0Y0；	取消刀补
N026	G91G28Z0M05；	回参考点
N027	M06T02；	ϕ12 钻头
N028	M03S1100；	主轴启动
N029	G90G54G00X30Y30；	刀具快速定位
N030	G43Z50H02；	刀具长度补偿
N031	G68X30Y30R-45；	坐标系旋转
N032	G81G98X22.5Y30Z-19.9R-7F150M08；	钻孔循环有效
N033	X37.5；	键槽另一圆弧中心

(续表)

N034	G69G80M09;	坐标系旋转、钻孔循环取消
N035	G91G28Z0M05;	回参考点
N036	M06T03;	键槽铣刀 $\phi12$
N037	M03S1050;	主轴启动
N038	G90G00X30Y30;	刀具快速定位
N039	G43Z50H03;	刀具长度补偿
N040	G68X30Y30R－45;	坐标系旋转
N041	G00X37.5Y30;	到达下刀点
N042	Z－8;	Z 轴定位
N043	G01Z－19.9F80M08;	切削深度留有 0.1 余量
N044	D03M98P0103;	调用子程序粗加工键槽,留 0.5 余量,D03＝6.5
N045	G69G00Z50M09;	坐标系旋转取消
N046	G91G28Z0Y0M05;	回参考点
N047	M06T05;	立铣刀 $\phi12$ 精加工凸台、凹槽
N048	M03S1250;	主轴启动
N049	G90G00X－65Y－65;	刀具快速定位
N050	G43Z50H05;	刀具长度补偿
N051	G00Z－10;	Z 轴定位,切削深度加工到尺寸
N052	D05M98P0104;	调用子程序精加工凸台,D05＝6
N053	G00Z10;	主轴抬起
N054	G68X30Y30R－45;	坐标系旋转
N057	G00X37.5Y30;	到达下刀点
N058	Z－8;	Z 轴定位
N059	G01Z－20F80M08;	切削深度加工到尺寸
N060	D05M98P0103;	调用子程序精加工键槽 D05＝6
N061	G69G00Z50M09;	坐标系旋转取消
N062	G91G28Z0Y0M5;	回参考点
N063	M30;	程序停止
	O0101;	$\phi50$ 端面铣刀去除余量
N001	G91G1Z－2F200;	分 5 次增量下刀,留 0.1 余量
N002	M98P0102;	调用凸台外形轨迹子程序
N003	M99;	子程序结束,返回主程序
	O0102;	凸台外形轨迹
N001	G90G42G01X80Y40D01;	右刀补去除余量,留 0.5,D01＝25.5
N002	G01X－40,R15;	直线插补,自动倒角

(续表)

N003	Y0;	直线插补
N004	Y-40,R40;	直线插补,自动倒角
N005	X25;	直线插补
N006	G03X40Y-25R15;	圆弧插补
N007	Y0;	直线插补
N008	X0Y40;	去除边角大部份余量
N009	G40X80Y80F1000;	取消刀补,回下刀点
N010	M99;	子程序结束,返回上级程序
	O0103;	ϕ12 键槽铣刀去除键槽余量
N001	G41G01X22.5Y30;	刀具左补偿
N002	G03X30Y22.5R7.5;	圆弧切入
N003	G01X37.5;	直线插补
N004	G03Y37.5R7.5;	圆弧插补
N005	G01X22.5;	直线插补
N006	G02Y22.5R7.5;	圆弧插补
N007	G01X30;	直线插补
N008	G03X37.5Y30R7.5;	圆弧切出
N009	G40G01X22.5Y30;	取消刀补
N010	M99;	子程序结束,返回主程序
	O0104;	凸台外形轨迹
N001	G41G01X-40Y-20F84;	刀具左补偿
N002	Y40,R15;	直线插补,自动倒角
N003	X-25;	
N004	X0,R20;	直线插补,自动倒角
N005	Y20;	
N006	G03X20Y0R20;	圆弧插补
N007	G01X40,R20;	直线插补,自动倒角
N008	Y-20;	
N009	Y-40,R15;	直线插补,自动倒角
N010	X0;	直线插补
N011	X-40,R40;	直线插补,自动倒角
N012	Y60;	直线切出
N013	G00Z10;	
N014	G40X0Y0;	取消刀补
N015	M99;	子程序结束,返回主程序

凹件程序(略)。

想一想 议一议　指出本节[示范性操作]中两种凸件加工工艺和程序的不同,体会各自的优缺点。

做一做 比一比　根据本节[示范性操作]中凸件第二种加工工艺编辑程序,模拟加工。

任务性操作

任务:在加工中心上加工如图 5-28 所示配合件,材料为 45 号钢,工件外形尺寸为 100mm×100mm×30mm,除上表面外,其他表面均已加工,并完全符合尺寸与表面粗糙度要求。评分标准见表 5-24。

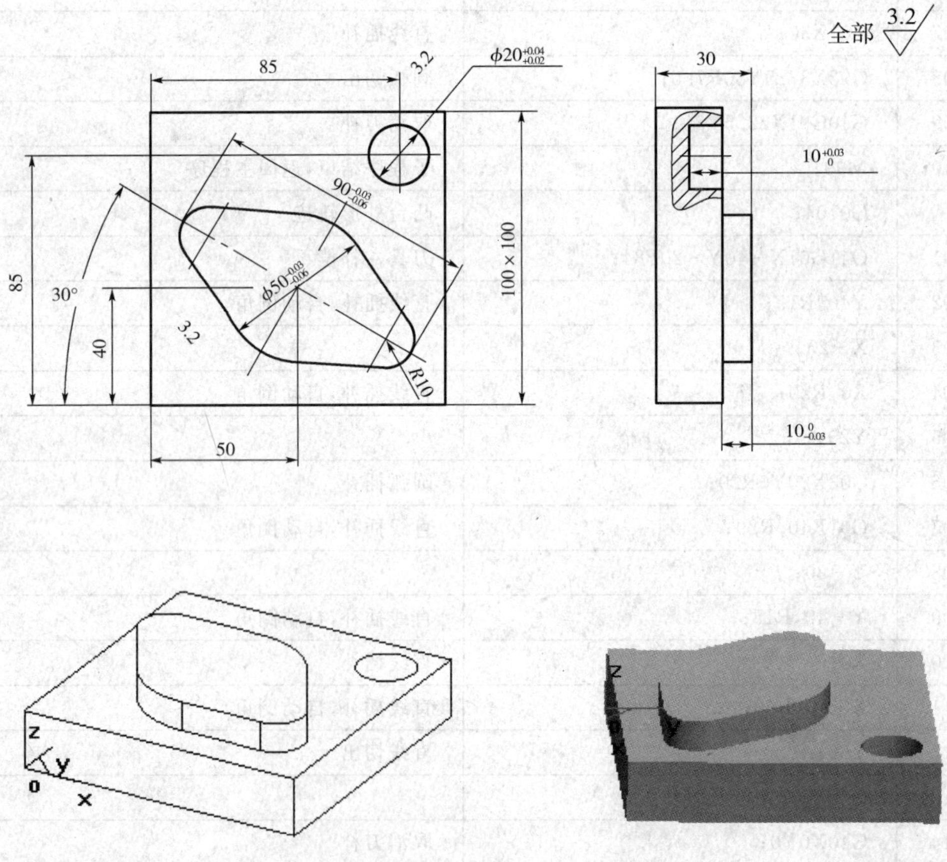

凸件

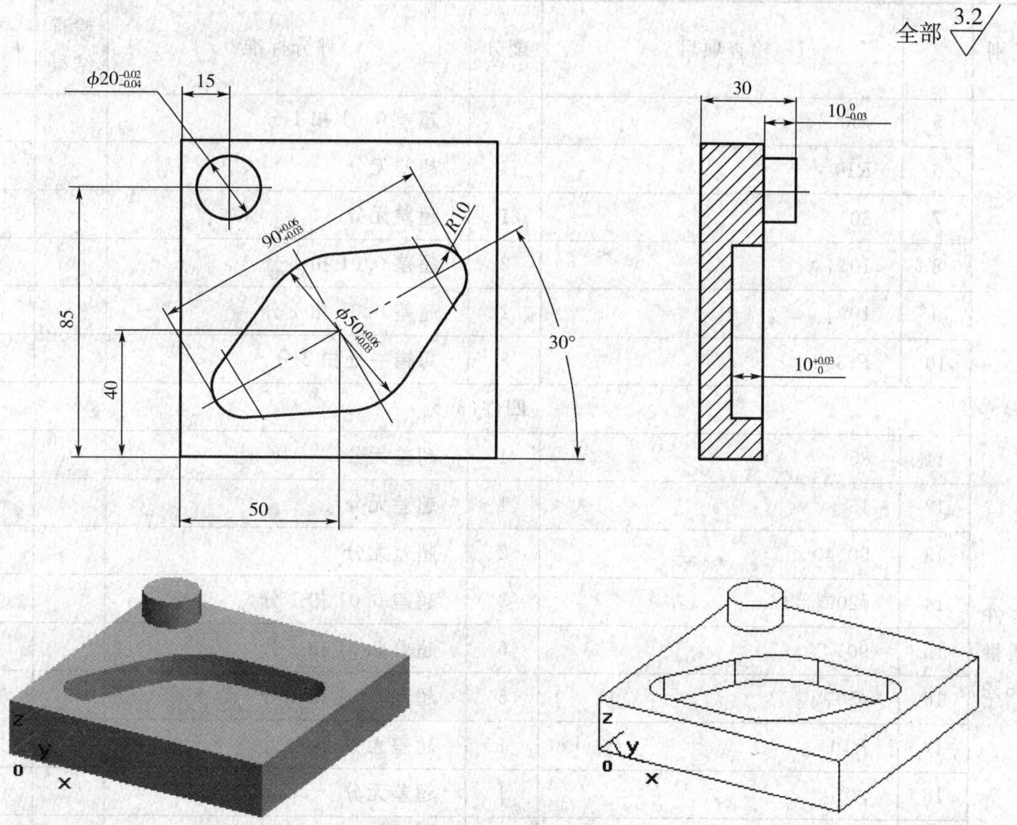

凹件

图 5-28　任务性零件图

表 5-24　评分标准

类别		检查项目	配分	评分标准	检查结果	得分
基本检查(25%)	编程	切削加工工艺制定正确	5			
		切削用量选用合理	3			
		程序正确、简单、明确且规范	8			
	操作	操作设备正确操作与维护保养	4			
		安全、文明生产	5			
零件质量(75%)	凸件(30%)					
	1	85(两处)	2×1	超差无分		
	2	$\phi 20^{+0.02}_{+0.04}$	4	超差 0.01 扣 1 分		
	3	40、50	2	超差无分		
	4	$90^{-0.03}_{-0.06}$	4	超差 0.01 扣 1 分		

(续表)

类别		检查项目	配分	评分标准	检查结果	得分
	5	$\phi50^{-0.03}_{-0.06}$	4	超差 0.01 扣 1 分		
	6	$R10$	1	超差无分		
	7	30°	1	超差无分		
	8	$10^{0}_{+0.03}$	2	超差 0.01 扣 1 分		
	9	$10^{0}_{-0.03}$	2	超差 0.01 扣 1 分		
	10	$R_a3.2$	8	每错一处扣 2 分		
	凹件(35%)					
	11	85	1	超差无分		
	12	15	1	超差无分		
	13	50、40	2	超差无分		
零件质量(75%)	14	$\phi20^{-0.02}_{-0.04}$	3	超差 0.01 扣 1 分		
	15	$90^{+0.06}_{+0.03}$	6	超差 0.01 扣 1 分		
	16	$\phi50^{+0.06}_{+0.03}$	6	超差 0.01 扣 1 分		
	17	$R10$	1	超差无分		
	18	30°	1	超差无分		
	19	10	2	超差 0.01 扣 1 分		
	20	$10^{0}_{-0.03}$	2	超差 0.01 扣 2 分		
	21	$R_a3.2$	10	每错一处扣 2.5 分		
	残料清角、凸件与凹件轮廓配合(10%)					
	22	外轮廓加工后的残料必须切除，内轮廓必须清角	5	每留一个残料岛屿扣 1 分；没有清角每处扣 1 分，扣完为止		
	23	凸件与凹件轮廓配合间隙在 0.03～0.06 范围内	5	超差不得分		
总配分			100	总得分		

第七节 “CAXA 制造工程师 2004”自动编程综合训练

知识点击

本节内容涉及的知识点有：区域式粗(精)加工、轮廓线精加工、等高线粗加工、导动线精加工和钻孔。

示范案例

案例:试运用“CAXA 制造工程师 2004”完成如图 5－29 所示工件的建模、生成刀路轨迹、生成 G 代码并通过 DNC 在线数控加工,材料为 45 钢,图中未注公差±0.05。

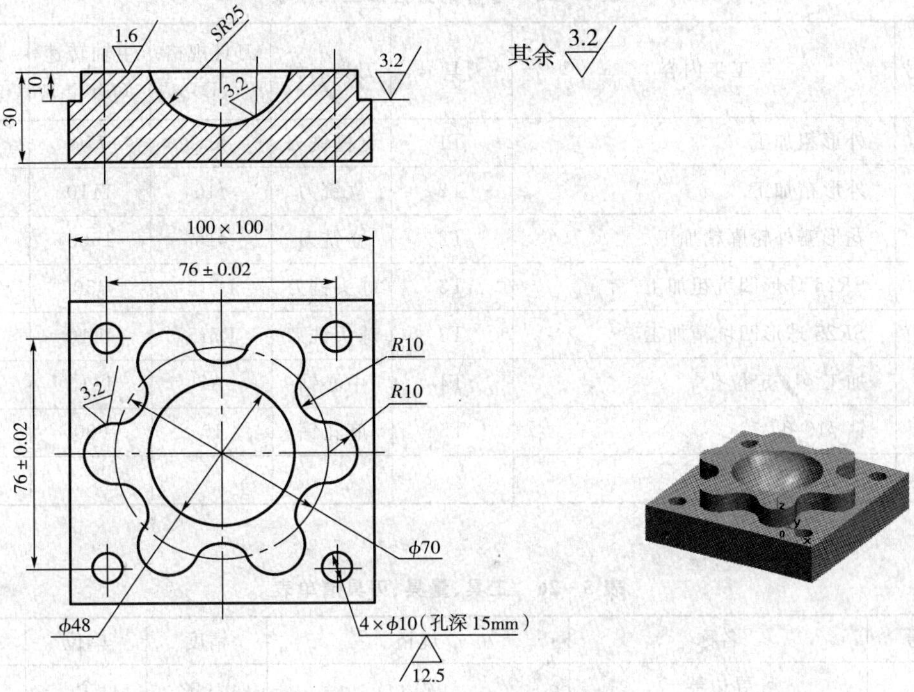

图 5－29 示范性零件图

示范性操作

1. 工艺分析

(1)零件图的工艺分析

零件的花形瓣上表面粗糙度 1.6μm,为粗铣、半精铣、精铣三步;其余工件表面为粗铣、精铣两步。铣削加工后,需用锉刀或油石去掉毛刺。

(2)确定装夹方案

用底面、侧立平面定位,平口虎夹钳夹紧。

(3)确定加工顺序及走刀路线

按照基面先行、先面后孔、先粗后精的原则确定加工顺序。

①毛坯加工确定加工定位基准面:铣六个平面(特别是上平面,已加工)。

②外型粗加工:采用区域式粗加工。

③外型精加工:采用区域式精加工。

④花形瓣精加工:采用轮廓线精加工。

⑤*SR*25 球形凹坑粗加工:采用等高线粗加工。

⑥*SR*25 球形凹坑精加工:采用导动线精加工。

⑦定中心孔:采用手工编程。

⑧钻孔。

(4)零件的数控加工工序见表5-25。

(5)工具、量具、刃具的选择见表5-26。

表5-25 零件的数控加工工序表

工步号	工步内容	刀具号	刀具名称	刀具规格(D)	主轴转速(r/min)	进给量(mm/min)
1	外形粗加工	T1	键槽铣刀	ϕ16	750	150
2	外形精加工	T2	立铣刀	ϕ16	1110	100
3	花形瓣外轮廓精加工	T2	立铣刀	ϕ16	1500	100
4	*SR*25 球形凹坑粗加工	T3	球头铣刀	D5r5	650	150
5	*SR*25 球形凹坑精加工	T3	球头铣刀	D5r5	1110	120
6	加工ϕ10定位孔	T4	中心钻	A2	1110	30
7	钻ϕ10孔	T5	麻花钻	10	600	50
8	去毛刺倒钝					

表5-26 工具、量具、刃具清单表

序号	名称	规格	精度	单位	数量
1	寻边器	ϕ10	0.002	个	1
2	*Z*轴设定器	50	0.01	个	1
3	游标卡尺	0～150	0.02	把	1
4	游标深度尺	0～200	0.02	把	1
5	内径百分表	10～18	0.01	个	1
6	百分表及磁力表座	0～0.8	0.01	副	1
7	粗糙度样板	N0～N1	12	副	1
8	*R*规	*R*7～*R*14.5		套	1
9	平行垫铁			副	若干
10	键槽铣刀	ϕ16		个	1
11	立铣刀	ϕ16		个	1
12	球头铣刀	*R*5r5		个	1
13	中心钻	A2		个	1
14	麻花钻	ϕ10		个	1
15	机用虎钳	QH120		个	1
16	木锤(铜锤)			个	1
17	活动扳手			把	1

(6)设置工件坐标系原点

X:毛坯上表面的中心;

Y:毛坯上表面的中心;

Z:取上表面下 30mm;

坐标系设定在 G54。

2. 使用 CAXA 制造工程软件进行三维造型

(1)生成一个轮廓特征的三个步骤分别是确定基准面、绘制草图、生成特征。一个零件是由多个特征累加而成。

基准面:绘制草图之前必须选择一个草图依托的面,称为基准面。

草图:实体生成所依赖的曲线组合,称为草图。

特征造型:通过各种造型方法得到的三维实体,称为特征造型。

(2)三维造型(如图 5-30 所示)步骤(略)。

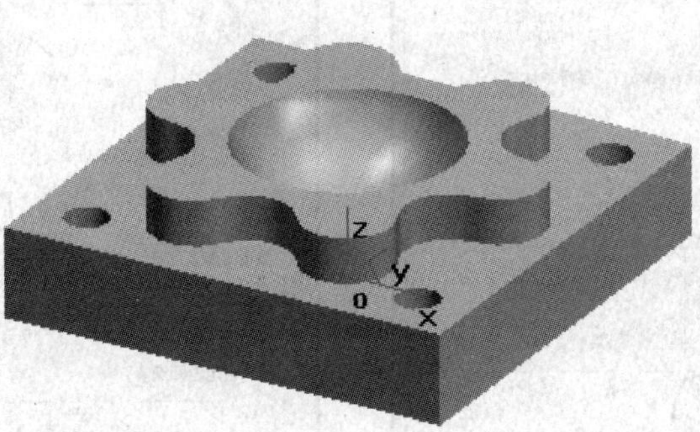

图 5-30 三维造型

3. 计算机编程生成刀具轨迹

操作步骤:

(1)定义毛坯

①单击特征树下方的“加工管理”图标“”,进入“加工管理”模块。

②双击毛坯图标“”,出现如图 5-31 所示的对话框,单击“毛坯定义”中的“参照模型”单选按钮“参照模型”,使其成为选中状态。

③单击“确定”按钮,完成毛坯参数的设置。结果如图 5-32 所示。

图 5-31 加工管理

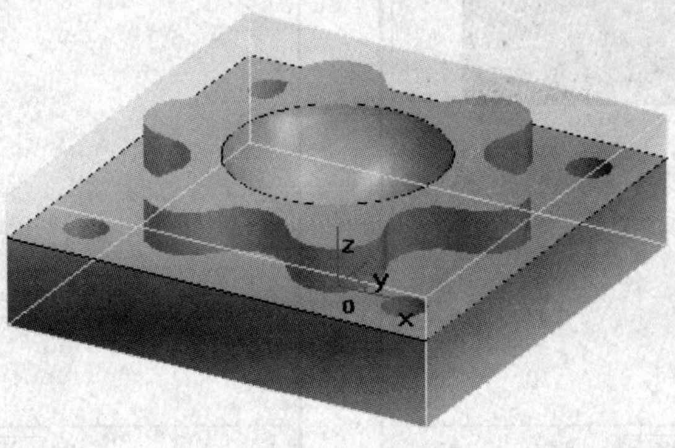

图 5-32 定义毛坯

(2)区域式粗加工(用 $\phi16$ 的键槽铣刀粗加工)

①单击毛坯图标“”→“掩藏毛坯”。

②单击“区域式粗加工”图标“”→在对话框中(如图 5-33 所示),分别在“加工参数”、“切入切出”、“切削用量”、“下刀方式”、“刀具参数”、“加工边界”中设置参数→单击“确定”按钮,结果如图 5-34 所示。

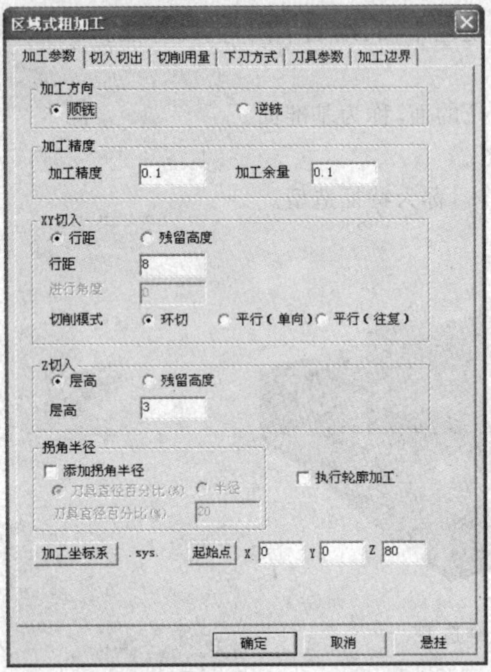

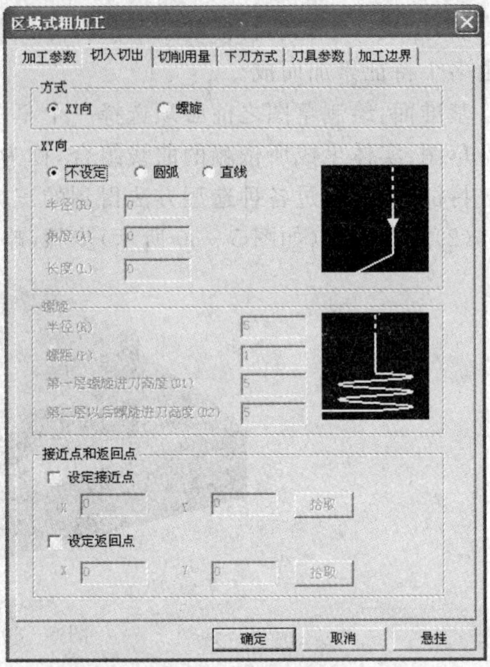

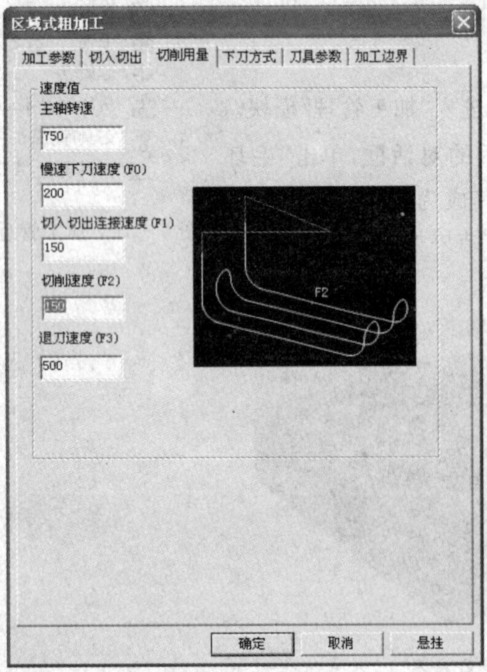

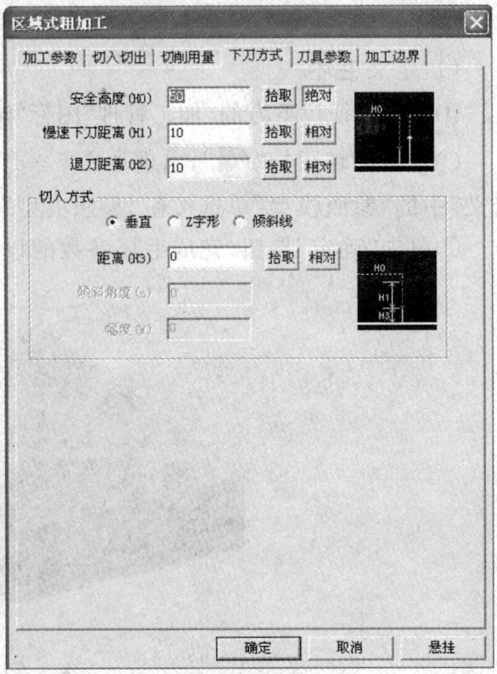

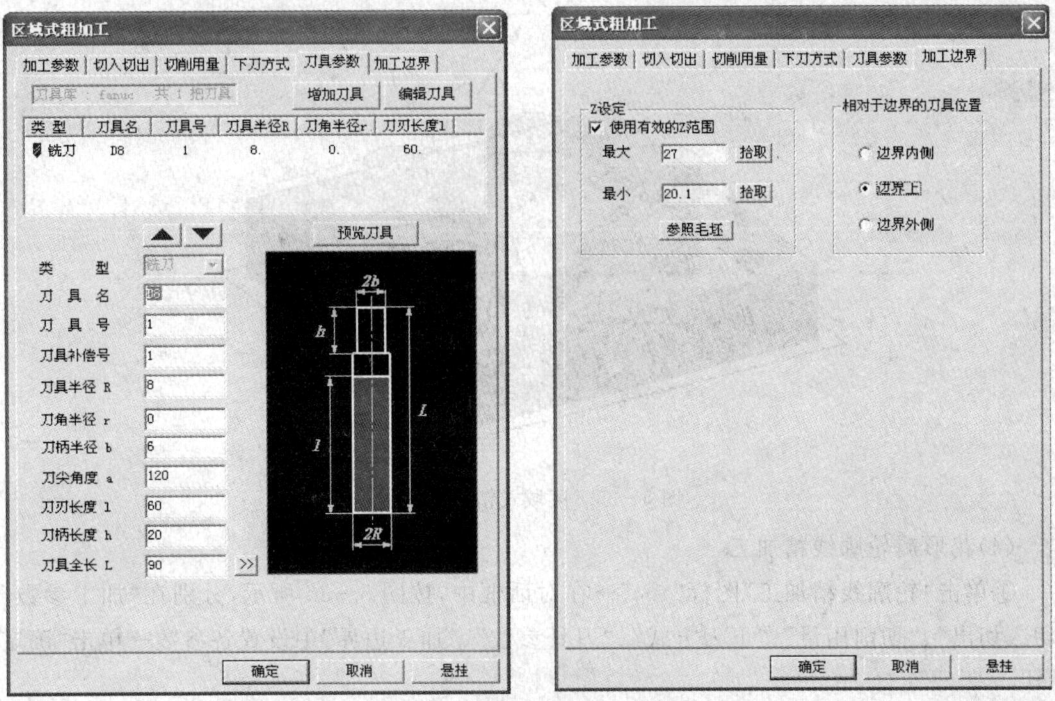

图 5－33　区域式粗加工对话框

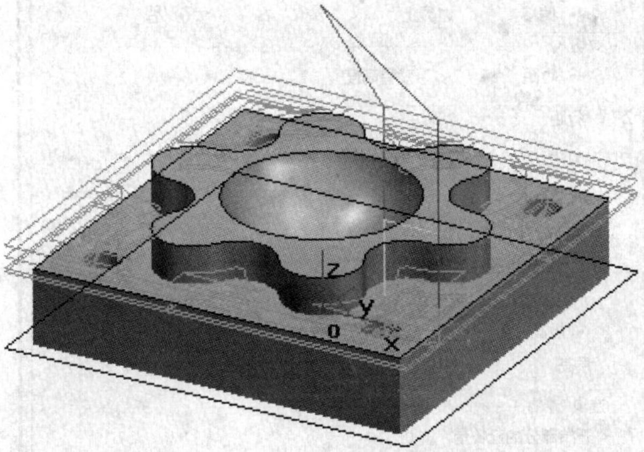

图 5－34　区域式粗加工轨迹

(3)区域式精加工

单击“区域式粗加工”图标“ ”→在对话框中，按图 5－33 所示，分别设置“加工参数”中“加工精度”为“0.01”，“加工余量”为“0”，“层高”为“10”，“行距”为“7”，“执行轮廓加工”选择“√”，“切入切出”、“下刀方式”同粗加工，“切削用量”的主轴转速 1110r/min、进给量 100mm/min，“刀具参数”选择 $\phi16$ 的立铣刀，“加工边界”中“最大”和“最小”都为“20”，单击“确定”按钮，结果如图 5－35 所示。

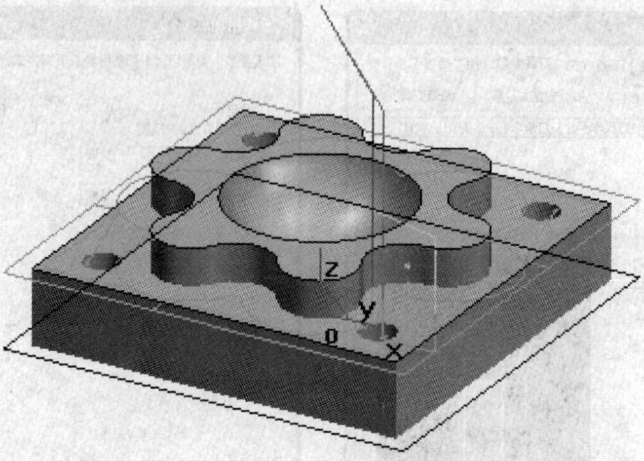

图 5-35　区域式精加工轨迹

(4)花形瓣轮廓线精加工

①单击“轮廓线精加工”图标“ ”→在对话框中,按图 5-36 所示,分别在“加工参数”、“切入切出”、“切削用量”、“下刀方式”、“刀具参数”、“加工边界”中设置各参数→单击“确定”按钮。

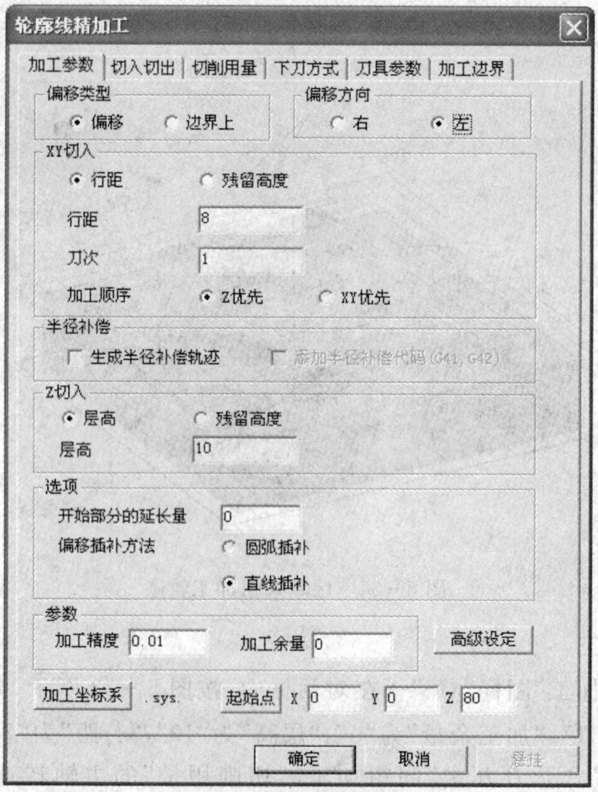

图 5-36　轮廓线精加工

②提示行提示“拾取轮廓”,拾取花形瓣轮廓,右击确认。

花形瓣精加工,实际测量工件尺寸,调整刀具参数(或 G54),精加工至要求尺寸,结果如图 5-37 所示。

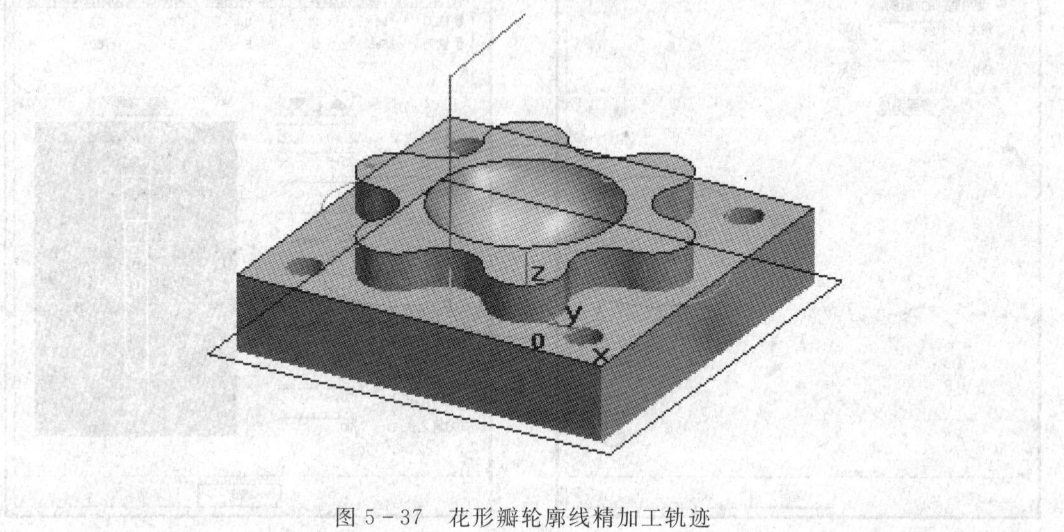

图 5-37 花形瓣轮廓线精加工轨迹

(5)等高线粗加工(球头铣刀)

①单击“等高线粗加工”图标“ ”→在对话框中,按图 5-38 所示,分别在“加工参数”、“切入切出”、“切削用量”、“下刀方式”、“刀具参数”、“加工边界”中设置各参数→单击“确定”按钮。

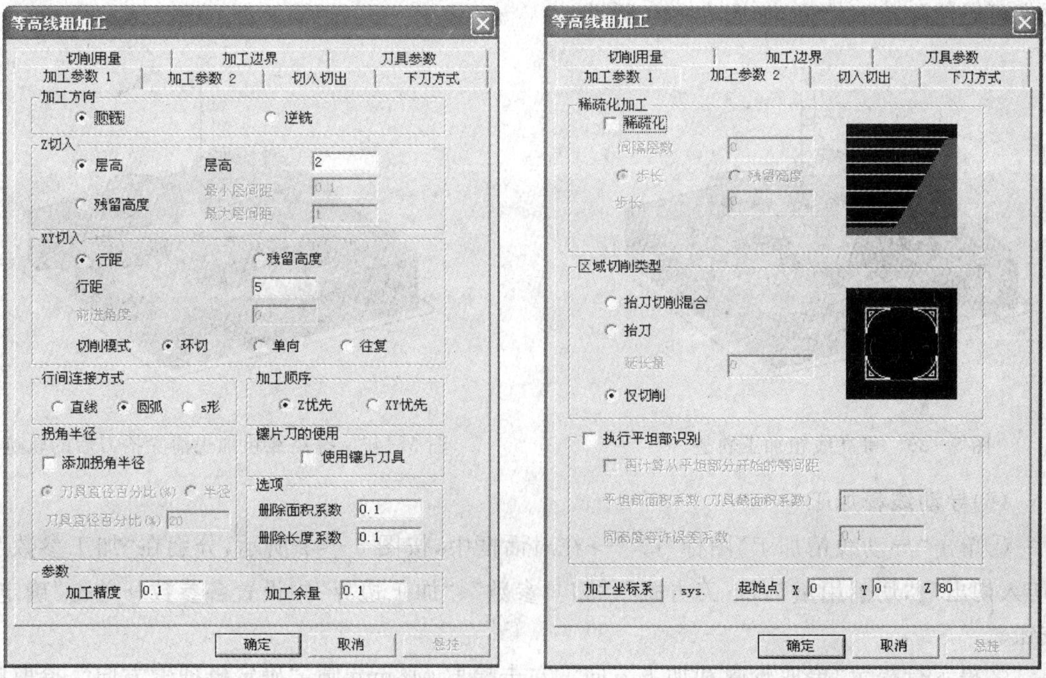

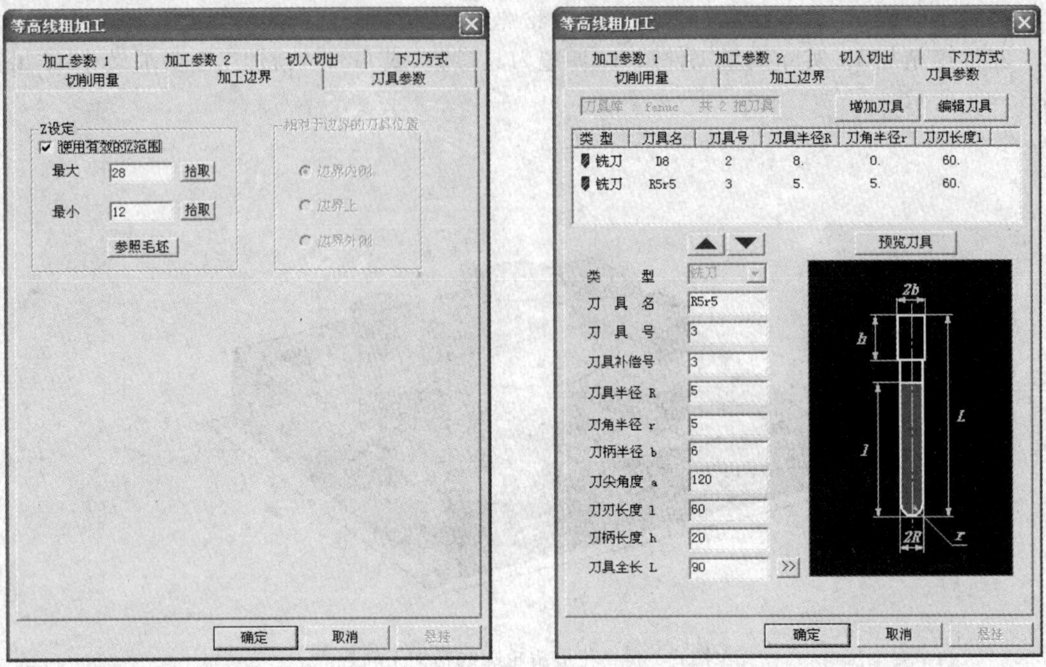

图 5-38　等高线粗加工

②提示行提示“拾取加工对象”,单击实体,右击确认。提示行提示“拾取加工边界”,拾取 ϕ48mm 圆,生成刀具轨迹图,如图 5-39 所示。

③从 $SR25$ 球形凹坑粗加工轨迹上可以看到在加工区域有较多的抬刀轨迹,为了提高效率可以清除抬刀轨迹,如图 5-40 所示

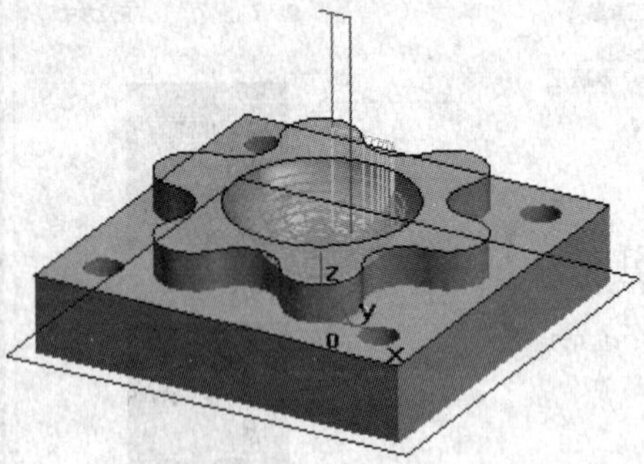

图 5-39　等高线粗加工轨迹

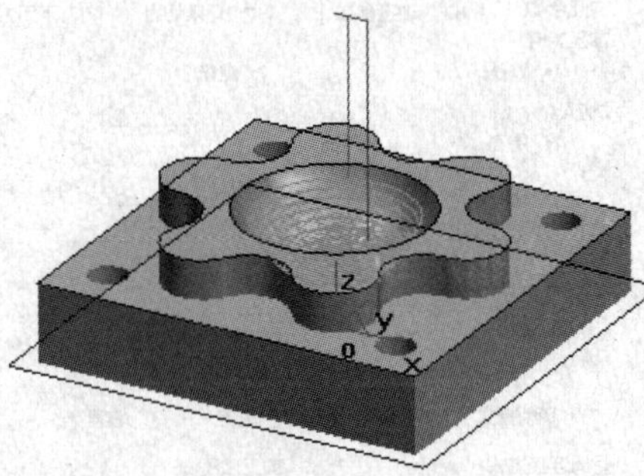

图 5-40　等高线粗加工清除抬刀后的轨迹

(6)导动线精加工

①单击“导动线精加工”图标“ ”→在对话框中,按图 5-41 所示,分别在“加工参数”、“切入切出”、“切削用量”、“下刀方式”、“刀具参数”、“加工边界”中设置各参数→单击“确定”按钮。

②提示行提示“拾取轮廓和加工方向”,左击拾取 ϕ48mm 圆,“确定链搜索方向”,拾取顺时针方向,右键确认。提示行提示“拾取截面线”,生成刀具轨迹,如图 5-42 所示。

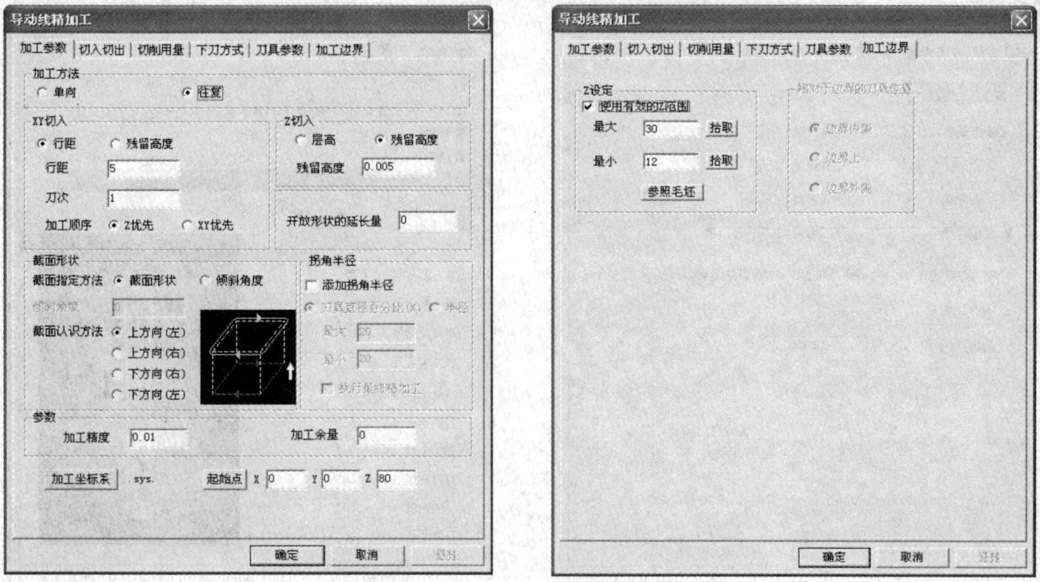

图 5 - 41　导动线精加工

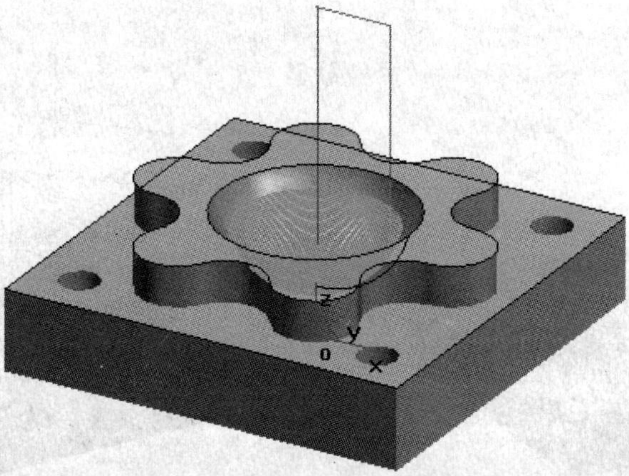

图 5 - 42　导动线精加工轨迹

(7)孔加工

①单击“孔加工”图标“ ”→在对话框中，按图 5 - 43 所示，分别在“加工参数”“刀具参数”中设置各参数→单击“确定”按钮。

②提示行提示“拾取点”，左击拾取四个 ϕ10mm 圆心，右键确认。生成刀具轨迹，如图 5 - 44所示。

(8)全部加工轨迹如图 5 - 45 所示。

4. 数控仿真、后置处理、生成 G 代码，校核 G 代码，进行必要的修改

(内容请参考第四章第二节“‘CA×A 制造工程师 2004’自动编程入门”，仿真加工结果见图 5 - 46 所示。)

5. 数控加工

(内容请参考第四章第二节。)

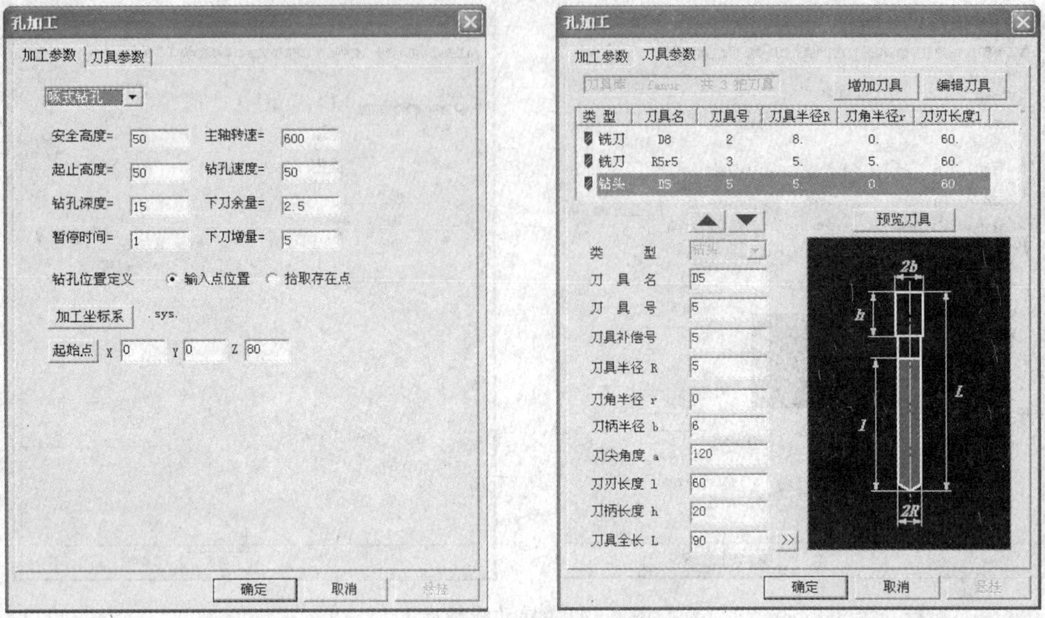

图 5-43　孔加工

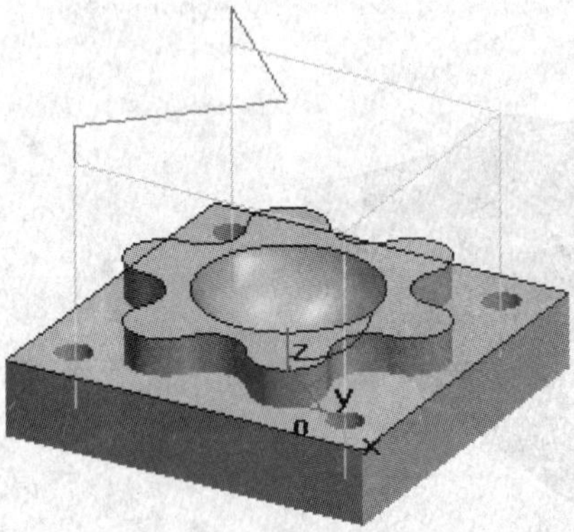

图 5-44　孔加工轨迹

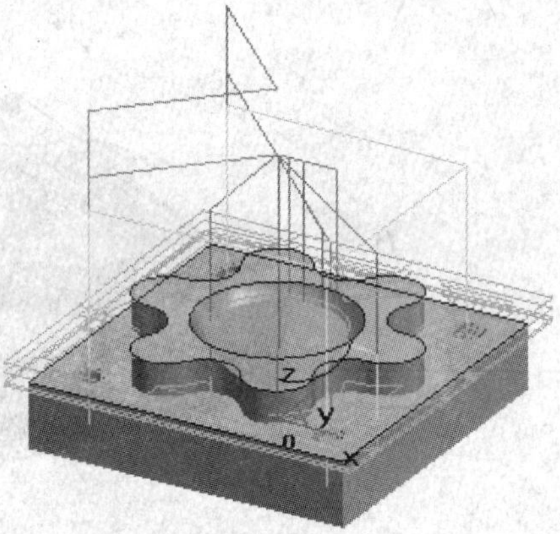

图 5-45　全部加工轨迹

图 5-46　仿真加工结果

任务性操作

任务:试运用“CAXA 制造工程师 2004”完成如图 5-47 所示工件的建模、生成刀路轨迹、生成 G 代码并通过 DNC 在线数控加工,材料为 45 钢,图中未注公差±0.05。

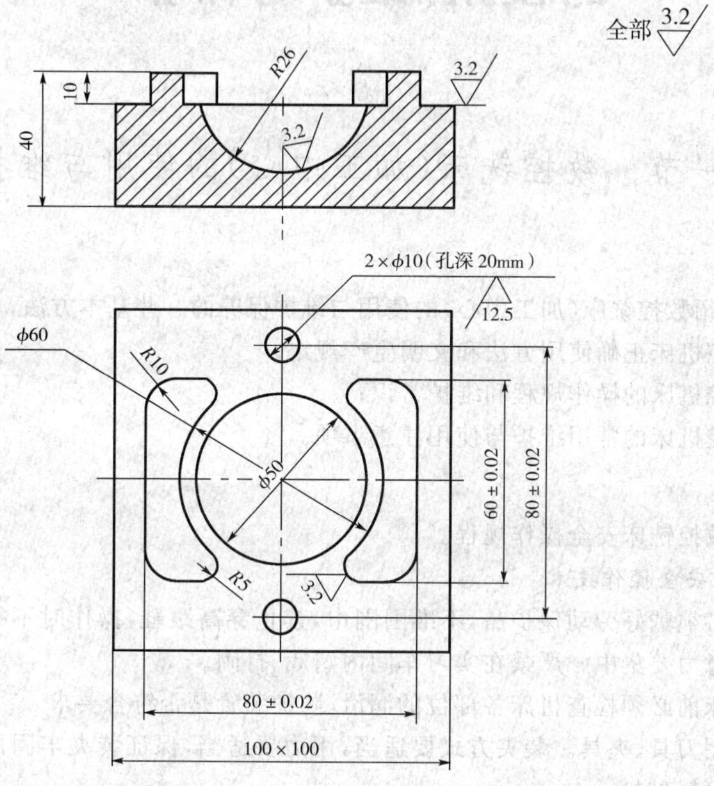

图 5-47 任务性零件图

第六章 数控铣床(加工中心)的使用、维护与保养

第一节 数控铣床(加工中心)的使用与维护

知识点击

本节主要介绍数控铣床(加工中心)的使用与维护保养的一些基本方法,要求:

(1)了解数控机床正确使用方法和文明生产规定;

(2)掌握数控机床的操作规程和维护常识;

(3)熟悉数控机床的常用维护与使用注意事项。

示范案例

案例:介绍数控铣床安全操作规程。

1. 数控铣床安全操作技术

(1)工作前必须戴好劳动保护品,不准围围巾,禁止穿高跟鞋,操作时不得戴手套,不得与他人闲谈,注意力要集中。严禁在实习车间内嬉戏、打闹。

(2)开动机床前必须检查机床各部位的润滑、防护装置是否符合要求。

(3)合理选用刀具、夹具。装夹方式要适当,用力要适当,保证装夹牢固可靠,不得猛力敲打,可用木锤轻轻敲打。

(4)操作时要随时观察工件装夹是否有松动,如有松动应立即停车,以防砸伤人。操作中观察工件时,站位要适当。

(5)机床快速移动时,应注意四周情况,防止碰撞。

(6)如遇数控机床电动机异常发热、声音不正常等情况,应立即停车。

(7)操作要文明,机床导轨及工作台上不要随意放置工具、量具和工件等。机床运转时,禁止触动转动部位,也不要将身体靠在机床上。不准从机床运转部件上方传递物品。

(8)遵守工艺规程,不要任意修改数控系统内制造厂家设定的参数和操作程序。

(9)操作完毕后,擦净机床,清理工作场地,断开电源。

2. 数控铣床操作规程

(1)机床通电后,检查各开关、按钮和键是否正常、灵活,机床有无异常现象。

(2)检查电压、油压是否正常,有手动润滑的部位先要进行手动润滑。

(3)各坐标轴手动回零,若某轴在回零前已在零位,必须先将该轴移动离零点一段距离后,再手动回零。

(4)工作台面上、导轨上不得有异物。

(5)机床空运转达15分钟以上,使机床达到热平衡状态。

(6)程序输入后,应认真核对,保证无误。

(7)按工艺规程操作夹具,安装找正工件。

(8)未装工件以前,空运行一次程序,看程序能否顺利执行,刀具长度选取和夹具安装是否合理,有无超程现象。

(9)将工件坐标系输入到偏置页面,并对坐标值、正负号、小数点进行认真核对。

(10)刀具补偿值输入到偏置页面,要认真核对。

(11)装夹工具,注意螺钉压板是否妨碍刀具运动,检查零件毛坯和尺寸超长现象。

(12)首次加工的零件,必须对照图样工艺、程序和刀具调整卡,进行首件试切。

(13)在程序运行中,要重点观察数控系统上的几种显示:

①坐标显示(按 POS 键),可了解目前刀具运动点在机床坐标及工件坐标系中的位置。了解程序段落的位移量,还剩余多少位移量等。

②程序显示(按 PROGM 键),可看出正在执行程序段各状态指令以及下几个程序段的内容。

③模拟显示(按 GRAPH 键),可看出刀具运动轨迹的图形显示。

(14)试切和加工中,刃磨刀具和更换刀具后,要重新测量修改好刀补值。

(15)按规定切断电源。

(16)清扫机床。

(17)认真填写记录。

知识窗

一、数控机床的的使用及其管理

1. 机床选用原则

规格选择要适当;精度选择要合理;系统选择要实用;附件选择要配套;技术服务要考虑好。

2. 设备管理

定人、定机、定岗;制定规范,及时记录,做好采购和管理工作;备用件要定期通电。

3. 使用要求

(1)程序编制要对应,由于数控机床不同和系统不同,其程序的格式可能也不同。

(2)维修人员的知识要全面,既要有一定的电气知识,又要掌握机床的机械结构和操作技术。

(3)附件、刀具、夹具选择要合理。

二、数控机床的维护知识

1. 数控机床的维护与保养

数控机床是典型的机电一体化产品,它集机、电、液、气于一体。只有正确的操作和精心的维护,才能充分发挥它的技术优势。正确的操作使用能防止机床非正常磨损,避免突发故障;精心的维护可使机床保持良好的技术状态,及时发现和消灭故障隐患于未然,防止恶性事故的发生,从而保障安全运行。因此,数控机床的正确使用与精心维护,是贯彻以防为主的设备维修管理方针的重要环节。

按机床使用说明书要求,制定和建立必要的定期、定级保养制度。下面是一些常见、通用的日常维护保养要点。

(1)数控系统的维护

数控系统经过一段较长时间的使用,某些元器件性能总是要老化甚至损坏的,为了尽量延长使用寿命,防止各种故障,特别是恶性事故的发生,就必须对数控系统进行日常的维护。

①严格遵守操作规程和日常维护制度。

②尽量少开数控柜和强电柜的门。

为降低数控系统的外部环境温度影响,不允许随便开启柜门。对一些已受外部尘埃、油雾污染的接插件和电路板,可采用专用电子清洁剂喷洗,尽量保持干燥和清洁。

③定时清扫数控柜的散热通风系统。

应每天检查数控柜上的各个冷却风扇工作是否正常。视工作环境的状况,每半年或每季度检查一次风道过滤器是否有堵塞现象。若过滤网上灰尘积聚过多,需及时清理,否则将会引起数控柜内温度过高,造成过热报警或数控系统工作不可靠。

④定期检查和更换直流电动机电刷。

现代数控机床上有用交流伺服电动机和交流主轴电动机取代直流伺服电动机和直流主轴电动机的倾向,但20世纪80年代生产的数控机床,大都使用直流伺服系统。直流电动机电刷的过度磨损,会影响电动机的性能,甚至造成电动机损坏。为此,应对电动机电刷进行定期检查和更换。数控铣床、加工中心等应每年检查一次。

⑤定期更换存储器用电池。

一般数控系统存储器采用CMOS RAM器件,内部设有可充电电池维持电路,以保证数控系统不通电期间,能保持存储的内容。在正常电源供电时,由+5V电源经一个二极管向CMOS RAM供电,并对可充电电池进行充电。而当数控系统切断电源时,则改为由电池供电来维持CMOS RAM内的信息。在一般情况下,即使电池尚未失效,也应每年更换一次电池,以确保系统能正常工作。电池的更换一定要在数控系统供电状态下进行,以免存储参数丢失,并注意不要接反。

⑥备用电路板的维护。

印刷电路板长期不用容易出现故障,因此,对已购置的备用电路板应定期装到数控系统中通电运行一段时间,以防损坏。

⑦其他措施。

经常监视电网电压,通常不允许超过额定值的10%~15%。

(2)设备的维护(机床部件)

与传统机床相比,数控机床的机械结构较简单,但机械部件的精度提高了,相应地对维护提出了更高要求。

①主传动链的维护

数控机床主传动链严禁超性能使用,出现不正常现象时,应立即停机排除故障。使用带传动的主轴系统,需定期调整主轴驱动带的松紧程度,防止因带打滑造成的丢转现象。注意观察主轴箱温度,检查主轴润滑恒温油箱,调节温度范围,防止各种杂质进入油箱,及时补充油量。每年更换一次润滑油,并清洗过滤器。主轴中刀具夹紧装置长时间使用后,需及时调整液压缸活塞的位移量,以免影响刀具的夹紧。注意检查调整气压至标准值。

②滚珠丝杠螺母副的维护

应定期检查、调整丝杠螺母副的轴向间隙,保证反向传动精度和轴向刚度。定期检查丝杠支承与床身的连接是否有松动以及支承轴承是否损坏。用润滑油润滑的滚珠丝杠，每次机床工作前加油一次。丝杠防护装置损坏要及时更换防护罩，以防灰尘或切屑进入。

③刀库及换刀机械手的维护

用手动方式往刀库上装刀时，要确保装到位，装牢靠，检查刀座上的锁紧是否可靠。严禁把超重、超长的刀具装入刀库，防止机械手换刀时掉刀或刀具与工件、夹具等发生碰撞。采用顺序选刀方式须注意刀具放置在刀库上的顺序是否正确，其他选刀方式也要注意所校刀具号是否与所需刀具一致，防止换错刀具发生事故。经常检查刀库的回零位置是否正确，检查机床主轴回换刀点位置是否到位，并及时调整，否则不能完成换刀动作。

开机时，应先使刀库和机械手空运行，检查各部分工作是否正常，特别是各行程开关和电磁阀能否正常动作。检查机械手液压系统的压力是否正常，刀具在机械手上锁紧是否可靠，若发现异常应及时处理。

(3)液压、气压系统的维护

应定期对液压系统进行油质化验检查和更换液压油；定期对各润滑、液压、气压系统的过滤器或分滤网进行清洗或更换；定期对气压系统分水滤气器放水；定期检查更换密封件，保持液压、气压系统的密封性。

(4)机床精度的维护

严格执行机床的操作规程和维护规程，文明操作，严禁超性能使用，加强对机床精度的护养。要定期进行机床水平和机械精度检查并且校正。机械精度的校正方法有软、硬两种。其软方法主要是通过系统参数补偿，如丝杠反向间隙补偿、各坐标定位精度定点补偿、机床回参考点位置校正等；硬方法一般要在机床大修时进行，如进行导轨修刮、滚珠丝杠螺母副预紧调整反向间隙等。

另外，应使机床保持良好的润滑状态。定期检查清洗自动润滑系统，添加或更换油脂油液，使丝杠、导轨等各运动部位始终保持良好的润滑状态，降低机械磨损速度。要适时对各坐标轴进行超程限位试验，尤其是对于硬件限位开关，由于切削液等原因使其产生锈蚀，平时又主要靠软件限位起保护作用，但关键时刻如锈蚀不起作用将产生碰撞，甚至损坏滚珠丝杠，严重影响其机械精度。试验时只要用手按一下限位开关看是否出现超程警报即可。

三、数控铣床(加工中心)的日常维护保养

1. 数控铣床日常维护保养

序号	检查周期	检查项目	检查要求
1	1天	导轨润滑油箱	确认油标量正常，及时添加润滑油，润滑泵工作正常
2	1天	各轴导轨面	清除切屑及脏物，查润滑油是否充分，导轨面不得有损伤
3	1天	气源压力	查系统气压，保证符合要求
4	1天	气水分离器	去除滤出的水分，保证正常工作
5	1天	气液转换器、增压器油面	即时补充油液
6	1天	主轴润滑恒温油箱	保证油量充足，油温正常

（续表）

序号	检查周期	检查项目	检查要求
7	1天	液压系统	油箱、油泵无异常声响，压力正常，管路无泄漏
8	1天	液压平衡系统	压力正常，平衡阀工作正常
9	1天	CNC的输入/输出单元	电子系统清洁，机构润滑良好，正常
10	1天	各种电气柜散热通风装置	各电气柜冷却风扇工作正常，风道过滤网无堵塞
11	1天	各种防护装置	应无松动、漏水现象
12	半年	滚珠丝杠	清洗丝杠并更换润滑油
13	半年	液压油路	清洗溢流阀、减压阀、滤油器、油箱，换油
14	半年	主轴润滑恒温油箱	清洗过滤器，更换润滑油
15	一年	直流伺服电动机碳刷	清洁换向器内石墨、去毛刺；撤较短的，并跑合后使用
16	一年	润滑液压泵、滤油器	清理润滑油池底，更换滤油器
17	不定期	导轨镶条、压紧滚轮	按机床说明书调整
18	不定期	冷却水箱	检查液面高度，太脏时换液，清理水箱，经常清洗过滤器
19	不定期	排屑器	经常清理切屑，检查有无卡住等情况
20	不定期	废油池	及时取走废油，以防外溢
21	不定期	主轴驱动带	调整至正常松紧

2. 加工中心的日常维护、保养及常见异常情况的解决办法

日　检

序　号	项　目		正常情况	解决方法
1	液压系统	油标	在两根红线之间	加油
		压力	3.9MPa	调节压力螺钉
		油温	＞15度	打开加热开关
		过滤器	绿色显示	清洗
2	主轴润滑系统	过程检测	电源灯亮，油压泵正常运转	和机械工程师联系
		油标	油面显示1/2以上	加油
3	导轨润滑系统	油标	在两根红线之间	加油
4	冷却系统	油标	油面显示2/3以上	加油
5	气压系统	压力	0.49MPa	调节压力阀
		润滑油油标	大约1/2	加油

周 检

序 号	项 目		解决方法
1	机床零件	移动零件	清扫机床
		其他细节	
2	主轴润滑系统	散热片	除尘
		空气过滤器	

月 检

序 号	项 目		正常情况	解决方法
1	电 源	电源电压	50Hz、220V～380V	测量、调整
2	空气干燥器	过滤器	正常工作	清洗

半 年 检

序 号	项 目		解决方法
1	液压系统	液压油	更换液压油
		油 箱	
2	主轴润滑系统	润滑油	更换润滑油
3	传动轴	滚珠丝杠	加润滑油

不定期检

序 号	项 目		解决方法
1	冷却油箱、水箱	液压油	检查液面高度,清洗油箱(水箱)和过滤器,
		水油箱	
2	废油池	油量	及时取走积存在废油池的废油,以免溢出
3	排屑器	铁屑	经常清理切屑,检查有无卡住等现象

四、加工中心的安全操作规程

1. 加工中心加工前的注意事项

(1)机床通电后,检查各开关、按钮和键是否正常、灵活,机床有无异常现象。

(2)检查电压、油压、气压是否正常,有手动润滑的部位先进行手动润滑。

(3)各坐标轴手动回零(机床原点)。若某轴在回零点位置前处在零点位置,必须先将该轴移动至距离原点100mm以外的位置,再进行手动回零点。

(4)在进行工作台回转交换时,台面上、护罩上、导轨上不得有障碍物。

(5)为了使机床达到热平衡状态,必须使机床空运转15分钟以上。

(6)程序输入完毕后,应认真校对,确保无误。包括代码、指令、地址、数值、正负号、小数点及语法的查对。

(7)按工艺规程操作夹具,安装找正好工件。

(8)正确测量和计算工作坐标系,并对所得结果进行验证和验算。

(9)将工作坐标系输入到偏置页面中,并对坐标、坐标值、正负号及小数点进行认真核对。

(10)未装工件以前,空运行一次程序,看程序能否顺利执行,刀具长度选取和夹具安装是否合理,有无超程现象。

(11)刀具补偿值(半径、刀长)输入偏置页面后,要对刀具补偿号、补偿值、正负号、小数点进行认真核对。

(12)装夹工件,注意螺钉压板是否妨碍刀具运动,检查零件毛坯和尺寸超长现象。加工时要注意刀具是否会铣伤钳口等。

(13)检查各刀头的安装方向及各刀具旋转方向是否符合程序要求。

(14)查看各刀杆前后部位的形状和尺寸是否符合加工工艺要求,是否碰撞工件与夹具。

(15)镗刀头端部露出刀杆直径部分,必须小于刀尖露出刀杆直径部分。

(16)检查每把刀柄在主轴孔中是否都能拉紧。

2. 加工中心加工中的注意事项

(1)无论是首次加工的零件,还是周期性重复加工的零件,首先都必须按照图样工艺、程序和刀具调整卡,进行逐把刀逐段程序的试切。

(2)单段试切时,快速倍率开关必须置于较低挡。

(3)每把刀首次使用时,必须先验证它的实际长度与所给补偿值是否相符。

(4)在程序运行中,要重点观察数控系统上的几种显示:

①坐标显示

可了解目前刀具运动点在机床坐标系及工作坐标系中的位置,了解这一程序段的运动量,还剩余多少运动量等。

②寄存器和缓冲寄存器显示

可看出正在执行程序段各状态指令和下一程序段的内容。

③主程序和子程序

可了解正在执行程序段的具体内容。

(5)试切进刀时,在刀具运行至工作表面 30～50mm 处,必须在按下“进给保持”按钮的情况下,验证 Z 轴剩余坐标值和 X 轴、Y 轴坐标值与图样是否一致。

(6)对一些有试刀要求的刀具,采用“渐进”的方法。如镗孔,可先试镗一小段长度,检测合格后,再镗到整个长度。使用刀具半径补偿功能的刀具数据,可由小到大,边试切边修改。

(7)试切和加工中,刃磨刀具和更换刀具辅具后,一定要重新测量刀长并修改好刀补值和刀补号。

(8)程序检索时应注意光标所指位置是否合理、准确,并观察刀具与机床运动坐标方向是否正确。

(9)程序修改后,对修改部分一定要仔细计算和认真核对。

(10)手轮进给和手动连续进给操作时,必须检查各种开关所选择的位置是否正确,弄清正、负方向,认准按键,然后再进行操作。

3. 加工中心加工后的注意事项

(1)全部零件加工完毕后,应核对刀具号、刀补值,使程序、偏置页面、调整卡及工艺中的刀具号、刀补值完全一致。

(2)从刀库中卸下刀具,按照调整卡或程序,清理编号入库。

(3)相关数据信息录入,磁盘、工艺和刀具调整卡成套入库。

(4)卸下夹具。某些夹具应记录安装位置及方位,并做出记录、存档。

(5)清扫机床。

(6)将各坐标轴停在中间位置。

(7)先关 CNC 系统电源,后关机床电源。

示范性操作

介绍数控铣床和加工中心的维护步骤及注意事项。

任务性练习

(1)数控铣床的维护知识训练;

(2)总结维护方面知识。

知识链接

1. 数控机床的选用

数控机床品种多,价格高,在选用时主要考虑以下几点:

(1)确定机床的类型

应根据所加工零件的几何形状来选用相应的数控机床进行加工。当加工形状复杂的轴类、盘类和套类零件时,可选择数控车床;加工箱体、盖板样板、壳体、凸轮等单面加工的板类零件时,可选择数控铣床或立式加工中心;当加工复杂箱体、泵体、阀体、壳体、叶轮、模具和复杂曲面时,可选择卧式加工中心。

(2)确定机床的使用范围

以够用为度,不盲目追求先进性。

(3)选好规格

应根据加工的零件的工件选择,注意机床的行程范围和主轴电机的功率,以及附属工具的规格(如刀库的容量等)。

(4)精度选择

可根据加工典型零件关键部位加工精度的要求来决定。

(5)选择数控系统

与机床相匹配,综合考虑。

2. 安装和调试

(1)安装步骤

打好地基——机床拆箱与就位——各部分组装——数控系统连接(电缆、地线、电源线的连接)——通电试车(检查有无短路、参数设定是否正确等)。

(2)调试过程(按说明书)

①通电(最好按下急停按钮),观察有无异常、报警等,手动启动各部件,检查安全装置是否起作用、是否正常工作及达到额定的工作指标;手动检查各指令和参数是否相符。

②利用水平仪等对机床的精度进行调整;对机械手及工作台和PLC进行功能调试。

③机床试运行(利用考机程序),检查是否正常。

第二节　数控铣床(加工中心)的故障与排除

知识点击

本节主要介绍数控铣床(加工中心)的常用故障和排除方法,要求:

(1)了解数控机床常见故障的现象及种类;

(2)掌握数控机床故障的简单排除方法;

(3)熟悉一些简单的维修方法,正确维护机床。

示范案例

案例:指出数控铣床和加工中心的常见故障及排除方法。

故障现象如下:

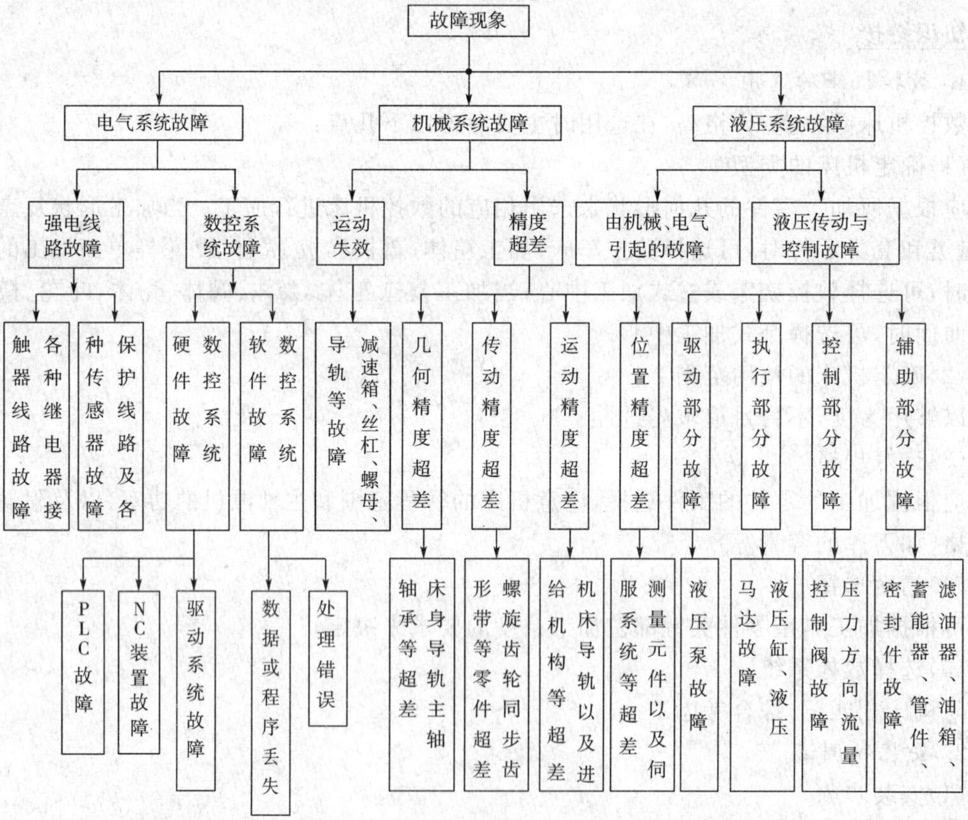

排除方法有:直观检查法;故障现象分析法;报警显示分析法;换件诊断法;测量比较法;参数检查法;敲击法;原理分析法;接口信号法;隔离法;自诊断法等。

知识窗

一、数控机床常见故障诊断及维修

1. 数控机床常见故障分类

(1)有诊断显示和无诊断显示故障

有诊断显示的故障一般与控制部分有关,根据报警内容,容易找到故障原因。无诊断显示的故障,要根据故障发生的前后现象来分析判断。例如机床通电后,在手动方式或自动方式运行时,X 轴出现爬行现象,无任何报警显示。这时可首先判断是 NC 部分故障还是伺服部分故障。具体做法是:在手摇脉冲进给方式中,可均匀地旋转手摇脉冲发生器,同时分别观察比较 CRT 显示器上 Y 轴、Z 轴与 X 轴进给数字的变化速率。通常,如数控部分正常,三个轴的上述变化速率应基本相同,从而可确定爬行故障是 X 轴的伺服部分或是机械传动所造成的。

(2)硬件故障和软件故障

排除硬件故障,需要更换某些元器件;排除软件故障,只要改变相应程序内容,或修改机床设定参数等就能排除。

(3)运动品质特性故障

机床运动品质特性下降而引起故障时,此时机床照常运行,也没有任何报警显示,但加工零件不合格。如机床定位精度超差、反向死区过大、两坐标直线插补运动中发生振荡等,针对这类故障,必须在检测仪器配合下,通过对机械部件、控制系统、伺服系统等进行调整来解决。

(4)系统性和随机性故障

系统性故障是指机床和系统的某一环节必然出现的故障;而随机性故障是指在偶然条件下出现的故障。因此,随机性故障的分析与排除更为困难。一般随机性故障往往与机械结构局部松动和错位、控制系统中部分元器件工作特性漂移及机床电气元件可靠性下降等有关。故排除这类故障要经过反复试验,然后进行综合判断。

2. 数控机床故障诊断原则

(1)先外后内

当数控机床发生故障后,维修人员应由外向内逐一进行排查。尽量避免随意地启封、拆卸,否则就会扩大故障,使机床丧失精度,降低性能。

(2)先机械后电气

首先检查机械部分是否正常,行程开关是否灵活,气动、液压部分是否有阻塞现象等。在故障检修之前,首先注意排除机械性的故障,往往可以达到事半功倍的效果。

(3)先静后动

不能盲目动手,对有故障的机床,先在断电的静止状态下,通过了解、观察测试、分析并确认为非恶性故障后,方可给机床通电。在运行时,进行动态的观察、检验和测试,查找故障。而对恶性的破坏性故障,必须先行排除危险后,方可进行通电运行再诊断。

(4)先简单后复杂

当出现多种故障互相交织掩盖,一时无从下手时,应先解决容易的问题,后解决难度较大的问题。常常简单问题解决后,难度大的问题也可能变得容易。

(5)先一般后特殊

在排除某一故障时,要先考虑最常见的可能原因,然后再分析很少发生的特殊原因。例如应先检查挡块位置,再检查脉冲编码器、位置控制等环节。

3. 数控机床的故障诊断技术

借助于诊断程序。所谓诊断程序就是对数控机床各部分包括数控系统本身进行状态或故障检测的软件。当数控机床发生故障时,可利用该程序诊断出故障源所在范围或具体位置。

(1)启动诊断

看画面,看运行,如正常则无故障。

(2)在线诊断

通过CNC系统的内装程序,在系统处于正常运行状态时,对CNC系统本身以及与CNC装置相连的各个进给伺服单元、伺服电动机、主轴伺服单元和主轴电动机以及外围设备等进行自动诊断、检查。只要系统不停电,在线诊断就不会停止。

要区分出故障发生在数控系统内部,还是在PLC或机床上。常用的有I/O接口状态显示和内部状态显示,如利用I/O接口状态显示,再结合PLC梯形图和强电控制线路图,用推理法和排出法即可判断出故障点所在的真正位置。而故障信息显示的内容一般有上百条,最多可达上千条。这许多信息大都以报警号和适当注释的形式出现。一般可分为几大类:①过热报警类;②系统报警类;③存储器报警类;④编程/设定类,这类故障均为操作、编程错误引起的软故障;⑤伺服类,即与伺服单元和伺服电动机有关的故障报警;⑥行程开关报警类;⑦印刷电路板间的连接故障类。

充分利用CNC系统提供的这些信息,就能快速准确地查明故障,排除故障。

(3)离线诊断

离线诊断是指当CNC系统出现故障后,数控系统制造厂家或专业维修中心利用专用的诊断软件和测试装置进行停机(或脱机)检查。力求把故障定位到尽可能小的范围内,如缩小到某个功能模块、某个印刷电路板上的某部分电路甚至某个芯片或元件,这种故障定位更精确,便于彻底修复故障。离线诊断可以在现场,也可以在维修中心或CNC系统制造厂进行。现代CNC系统离线诊断用软件,一般已与CNC系统控制软件一起存在CNC系统中,这样在维修诊断时更为方便。

(4)现代诊断技术

新的诊断技术主要有下述几种:

①远程诊断:即利用网络技术进行通信诊断。

②自修复系统:是在系统内设置有备用模块,在CNC系统的软件中装有自修复程序,当该软件在运行时一旦发现某个模块有故障时,系统一方面将故障信息显示在CRT上,同时自动寻找是否有备用模块。

③人工智能(AI)专家故障诊断系统:所谓专家系统是指这样的一种系统,即在处理实际问题时,需要有具有某个领域专门知识的专家,通过分析和解释数据并作出决定。

4. 数控机床的故障诊断方法

(1)直观检查法

直观检查法是维修人员首先使用的方法,在故障诊断时应采用望、听、嗅、问、摸等方法,由外向内逐一进行检查。认真查看待修的各部位,特别要注意观察电路板的元器件及线路有否烧伤、裂痕、腐蚀迹象,还应注意电路板上有否短路、断路、芯片接触不良等现象。对于他人已维修过的电路板,更要注意有无缺件、错件及断线等情况。例如,XHK716立式加工中心,在安装调试时,CRT显示器突然出现无显示故障,而机床还可继续运转,停机后再开,又一切正常,但在设备运转中却常出现这种故障。观察发现,每当车间上方的门式起重机经过时,往往会出现故障,由此初步判断是元件接触不良。检查显示板,用手触动板上元件,当触动某一集成块管脚时,CRT上显示就会消失。仔细观察发现该脚没完全插入插座中。另外,发现此集成块旁边的晶振有一个引脚没有焊锡。将这两种原因排除后,故障消除。

(2)功能程序测试法

所谓功能程序测试法是将数控系统的G、M、F、S、T功能用编程法编制成一个功能试验程序,存储在软盘上。在故障诊断时运行该程序,以判定哪个功能不良或丧失,进而找出故障发生的可能原因。常用于下列场合:

①机床加工造成废品而一时无法确定是编程、操作不当,还是数控系统故障引起时;

②数控系统出现随机性故障,一时难以区别是外来干扰,还是系统稳定性不好;

③闲置时间较长的数控机床在投入使用或对数控机床作定期检修时。

(3)自诊断功能法

现代的数控系统已具备了较强的自诊断功能,能随时监视系统的硬件和软件的工作状态。一旦发现异常,立即在CRT上显示报警信息或用发光二极管指示出故障的大致起因。利用自诊断功能,还能显示出系统与主机之间接口信号的状态,从而判断出故障发生在机械部分还是数控系统部分,并指示出故障的大致部位。这是当前维修方法中最为有效的一种方法。

(4)试探交换法

所谓试探交换法即是在分析出故障大致起因的情况下,利用备用的印刷电路板、模块板、集成电路芯片或元器件来替换有疑点的部分,从而把故障范围缩小到印刷电路板或芯片一级。采用此法之前要注意有的放矢,不能盲目换板。一般不要轻易更换CPU板及存储器板,否则有可能造成程序和机床参数的丢失,造成故障的扩大;要注意备用板上拨动开关的位置,短路棒的设置是否与原板一致等,通常是把怀疑有问题的板提到系统中去试。

(5)系统参数检查法

系统参数能直接影响数控机床的性能。参数一般存放在存储器或存放在需由电池保持的CMOS RAM中,一旦电池不足或由于外界的干扰等因素,使个别参数丢失或变化,发生混乱,使机床无法正常工作,此时,通过核对、修正参数,将故障排除。

(6)原理分析法

从逻辑上分析各点的逻辑电平和特征参数(如电压值与波形),然后用万用表、逻辑笔、示波器或逻辑分析仪进行测量、分析和判断,从而对故障进行定位。

除上述常用的故障检测方法之外,还有测量比较法、敲击法、局部升温法等。在维修实践中,应按照不同的故障现象,可同时选用多种方法灵活应用,综合分析,才能逐步缩小故障范围,较快地排除故障。

示范性操作

数控铣床维修实例:

(1)国产 XK5032 数控铣床 Z 轴滚珠丝杠螺母副卡死,Z 轴电机不转动,开动 Z 轴电机报警,工作台在最低位置不能上升。

故障分析:可能是过行程引起。拆卸 Z 轴电机,用液压千斤顶顶住工作台,将滚珠丝杠螺母副取出,滚道被挤扁是丝杠对螺母不能转动的原因。

故障排除:拆卸间隙调整压板,取出 U 形外滚道钢管,旋出滚珠丝杠或螺母,修整 U 形外滚道管。

(2)国产 XK5032 数控铣床过载报警和机床爬行故障。

故障分析:过载报警可能是:①机床负荷异常,引起电机过载;②速度控制单元上的电路板设定错误;③电路板不良;④电机故障;⑤电机的检测部件故障等。

机床爬行先从机床着手,检查进给传动链,后检查程序。

故障排除:排除电机故障,将 G61 改为 G64。

任务性练习

(1)了解数控机床的故障产生的典型原因;

(2)说出数控机床的故障判断和排除方法。

知识链接

一、数控机床常见故障排除

数控机床的故障现象种类繁多,原因复杂,但按其发生的部位基本上可分为以下几类:

1. 机械故障

序号	故障现象	故障原因	排除方法
1	电动机振荡	丝杠和电机轴不同心	重新连接
2	伺服驱动不断寻平衡点	丝杠和螺母间隙过大	调整间隙到范围值
3	主轴运转声音异常	切削加工使主轴轴承破损	卸下主轴箱,更换轴承
4	主轴不转动	①主轴转动指令是否输出 ②保护开关没有压合或失灵 ③卡盘未夹紧工件 ④变挡复合开关损坏 ⑤变挡电磁阀体内泄漏	①电器人员检查处理 ②检修压合保护开关或更换 ③调整或修理卡盘 ④更换复合开关 ⑤更换电磁阀
5	主轴发热	①主轴轴承预紧过大 ②轴承研伤或损坏 ③润滑油脏或有杂质	①调整预紧力 ②更换轴承 ③清洗主轴箱、更换新油

(续表)

序号	故障现象	故障原因	排除方法
6	主轴箱内噪声大	①主轴与电动机连接带过紧 ②润滑油不足 ③主轴轴承后盖松动 ④带轮平衡不好	①移动电机使连接带松紧合适 ②加润滑油 ③拧紧锁紧螺母 ④调整动平衡
7	加工精度达不到	机床在运输过程中受到冲击	检查有影响部位和导轨副,重新调整或修复
8	工作台 XY 向不能移动	①润滑油不足 ②工作台移动导轨间隙过小 ③工作台移动导轨面研伤 ④电机与丝杠联轴节螺钉松动 ⑤丝杠螺母间隙过小或预紧力太大	①加足润滑油,调节自动供油时间 ②调整间隙,使各轴灵活移动 ③用细纱布去掉划痕 ④拧紧螺钉 ⑤重新调整,并调整补偿值
9	粗糙度值高	①导轨的润滑油不足,爬行 ②滚珠丝杠有局部拉毛或研伤 ③丝杠轴承损坏,运动不平稳 ④伺服电机未调整,耗电增益过大	①加润滑油,排除故障 ②更换或修理丝杠 ③更换损坏轴承 ④调整伺服电机控制系统
10	丝杠螺母润滑不良	①分油器是否分油 ②油管是否堵塞	①检查定量分油器 ②清除污物使油管畅通
11	滚珠丝杠副有噪声	①滚珠丝杠轴承盖压合不良 ②滚珠丝杠润滑不良 ③滚珠破损 ④电机与丝杠联轴器松动	①调整压盖,使其压紧轴承 ②检查分油器和油路,使润滑油充足 ③更换滚珠 ④拧紧锁紧螺钉
12	刀具交换时掉刀	①主轴箱未到换刀位置 ②机械手抓不住刀	①重新操作主轴箱,使其到达换刀位置 ②调整机械手手臂旋出 75 度气杆上的螺栓
13	刀具不能夹紧	①气压不够 ②刀具松卡弹簧上的螺帽松动 ③油缸漏油	①检查气压是否漏气 ②拧紧锁紧螺帽 ③解决油缸漏油问题
14	刀具夹紧后不能松动	松锁刀的弹簧压合过紧	旋转螺帽,使最大载荷不超过额定值
15	转塔转位时碰牙	抬起速度或抬起延时时间短	调整抬起延时时间,增加延时时间
16	转塔转位不停	①两计数开关不灵或复位开关损坏 ②转塔上的 24V 电源线断	①调整和修复 ②接好
17	刀具从机械手中脱落	刀具超重,机械手卡紧销损坏	刀具不得超重,更换机械手卡紧销
18	换刀时找不到刀	刀位编码用组合行程开关、接近开关等,元件损坏或接触、灵敏度不够	更换

2. 电气故障

数控系统的使用寿命平均为 8～10 年，其中的电子元件出现故障概率占重要组成部分。常用的故障诊断方法有：直观法、仪器检查法、信号与报警指示分析法、接口状态检查法、参数调整法、备件置换法、交叉换位法、特殊处理法。

序号	故障现象	故障原因	排除方法
1	数控系统不通电	①电源变压器无输入 ②直流供电回路负载短路 ③输入单元已坏	①检查电源输入或输入单元的熔断器 ②检查 ③更换
2	开机后，CRT无图像，按键无任何反映	①电源异常 ②熔断器熔断 ③开关电源输出异常 ④STD 机箱与开关电源间连线有虚连	①恢复正常供电 ②更换保险丝 ③更换开关电源 ④重新插接连线
3	CRT 只能显示位置画面	MDI 控制板故障	更换
4	CRT 无显示，但手动或自动操作正常	系统部分能正常进行插补运算，仅显示部分有故障	更换 CRT 控制板
5	CRT 只能显示 NOTREADY，但能用 JOG 方式移动	①有报警显示 ②磁泡存储器工作不正常	①根据报警号处理 ②按操作说明书重输参数
6	程序执行中显示消失，返回监控压状态	①控制装置接地松动，在机床周围有强磁场干扰 ②电网电压波动太大	①重新接地改善周围环境 ②加装稳压装置
7	大功率管经常被击穿	①管质量差或中间元件坏 ②步进电机线圈释放回路有障碍 ③没有注重控制装置的经常保养 ④机箱过热	①替换 ②检查释放回路，更换元件 ③加强保洁 ④通风良好
8	垂直轴失控突然下滑	主板上的位置控制部分不良	更换有关电路板
9	手摇脉冲器不能工作	①系统参数设置错误 ②伺服系统故障 ③手摇脉冲器或接口不良	①检查诊断相关信号是否正确 ②排除伺服系统故障 ③检查或更换
10	偶发性停机	①系统软件设计中的问题 ②强电干扰、温度过高、湿度过大	①重启 ②通风等措施

3. 液压故障

液压传动系统的主要驱动对象有卡盘、静压导轨、液压拨叉、主轴箱的液压驱动机械手和主轴的松刀液压缸。主要故障为:流量、压力不足,油温过高,噪声,爬行等。

序号	故障现象	故障原因	排除方法
1	液压泵不供油或流量不足	①压力调节弹簧过松 ②流量调节螺钉调节不当,定子偏心方向相反 ③液压泵转速太低,叶片不能甩出 ④液压泵转向相反 ⑤油的粘度过高,使叶片运动不灵活 ⑥油量不足,吸油管露出油面吸入空气 ⑦吸油管堵塞 ⑧进油口漏气 ⑨叶片在转子槽内卡死	①压力调节弹簧顺时针转动,拧紧 ②按逆时针方向逐步转动流量调节螺钉 ③将转速控制在最低转数以上 ④调转向 ⑤换用规定牌号的油 ⑥加油到规定的位置,将滤油器埋入油下 ⑦清除堵塞物 ⑧修理或更换密封件 ⑨拆开油泵修理,清除毛刺重新装配
2	液压泵有异常噪声或压力下降	①油量不足,滤油器露出油面 ②吸油管吸入空气 ③回油管高出油面,空气进入油池 ④进油口滤油器容量不足 ⑤滤油器局部堵塞 ⑥液压泵转速过高或装反 ⑦液压泵与电机连接同轴度差 ⑧定子与叶片磨损,轴承和轴损坏 ⑨泵与其他机械共振	①加油到规定位置 ②找出泄漏部位,修理或更换零件 ③保证回油管埋入最低油面下一定深度 ④更换滤油器,进油容量是油泵最大排量的 2 倍以上 ⑤清洗滤油器 ⑥按规定方向安装转子 ⑦同轴度应在 0.05mm 以内 ⑧更换 ⑨按额定压力工作
3	滚珠丝杠润滑不良	①分油管是否分油 ②油管是否堵塞	①检查定量分油器 ②清除污物保证畅通
4	液压泵发热,油温过高	①液压泵工作压力超载 ②吸油管和系统回油管距离太近 ③油箱油量不足 ④摩擦引起机械损失泄漏引起容积损失 ⑤压力过高	①电器人员检查处理 ②调整油管,使油不直接进入油泵 ③按规定加油 ④检查或更换零件及密封圈 ⑤油的粘度过大,按规定加油
5	系统及工作压力低,运动部件爬行	泄漏	①检查漏油部件,修理或更换 ②检查是否有高压腔向低压腔的内泄 ③将泄漏的管件、接头、阀体修理或更换
6	尾座顶不紧或不运动	①压力不足 ②液压缸活塞拉毛或卡死 ③密封圈损坏 ④液压阀断线或卡死 ⑤套筒研损	①用压力表检查 ②更换或维修 ③更换密封圈 ④清洗更换阀体或重新接线 ⑤修理研损部件
7	导轨滑润不良	①分油器堵塞 ②油管破裂或渗漏 ③没有气体动力源 ④油路堵塞	①更换损坏的定量分油器 ②清洗更换油管 ③检查气动柱塞泵是否堵塞、灵活 ④清除污物,使油路畅通

二、数控铣床故障排除时注意事项

(1)故障诊断要准确

数控机床的故障分析和处理较为复杂,同样的故障现象,造成的原因不一定相同。

(2)故障排除要细心

特别是在带电排除故障时,要特别细心防止损毁机器和造成事故。

(3)故障排完要记录

当故障出现时,要及时的询问调查、现场记录、故障分析、确定原因、做好故障排除准备,故障排完要总结和归纳。只有不断的总结,才能获得正确迅速的排除方法。

附 录

附录1 FANUC0i－MC系统G功能代码

G代码	组	功 能	
G00	01	定位	
◤G01		直线插补	
G02		圆弧插补/螺旋线插补CW	
G03		圆弧插补/螺旋线插补CCW	
G04	00	停刀，准确停止	
G05.1		AI先行控制	
G07.1(G107)		圆柱插补	
G08		先行控制	
G09		准确停止	
G10		可编程数据输入	
G11		可编程数据输入方式取消	
◤G15	17	极坐标指令取消	
G16		极坐标指令	
◤G17	02	选择XP、YP平面	XP:*X*轴或其平行轴；YP:Y轴或其平行轴；ZP:*Z*轴或其平行轴
G18		选择ZP、XP平面	
G19		选择YP、ZP平面	
G20	06	英寸输入	
◤G21		毫米输入	
◤G22	04	存储行程检测功能有效	
G23		存储行程检测功能无效	
◤G25	24	主轴速度波动监测功能无效	
G26		主轴速度波动监测功能有效	
G27	00	返回参考点检测	
G28		返回参考点	
G29		从参考点返回	

(续表)

G代码	组	功　　能
G30	00	返回第2、第3、第4参考点
G31		跳转功能
G33	01	螺纹切削
G37	00	自动刀具长度测量
G39		拐角偏置圆弧插补
◤G40	07	刀具半径补偿取消/三维补偿取消
G41		左侧刀具半径补偿/三维补偿
G42		右侧刀具半径补偿
◤G40.1(G150)	19	法线方向控制取消方式
G41.1(G151)		法线方向控制左侧接通
G42.1(G152)		法线方向控制右侧接通
G43	08	正向刀具长度补偿
G44		负向刀具长度补偿
G45	00	刀具偏置值增加
G46		刀具偏置值减小
G47		2倍刀具偏置值
G48		1/2倍刀具偏置值
◤G49	08	刀具长度补偿取消
◤G50	11	比例缩放取消
G51		比例缩放有效
◤G50.1	22	可编程镜像取消
G51.1		可编程镜像有效
G52	00	局部坐标系设定
G53		选择机床坐标系
◤G54	14	选择工件坐标系1
G54.1		选择附加工件坐标系
G55		选择工件坐标系2
G56		选择工件坐标系3
G57		选择工件坐标系4
G58		选择工件坐标系5
G59		选择工件坐标系6
G60	00/01	单方向定位
G61	15	准确停止方式

（续表）

G代码	组	功 能
G62	15	自动拐角倍率
G63		攻丝方式
◤ G64		切削方式
G65	00	宏程序调用
G66	12	宏程序模态调用
◤ G67		宏程序模态调用取消
G68	16	坐标旋转/三维坐标转换
◤ G69		坐标旋转取消/三维坐标转换取消
G73	09	排屑钻孔循环
G74		左旋攻丝循环
G76		精镗循环
◤ G80		固定循环取消/外部操作功能取消
G81		钻孔循环、锪镗循环或外部操作功能
G82		钻孔循环或反镗循环
G83		排屑钻孔循环
G84		攻丝循环
G85		镗孔循环
G86		镗孔循环
G87		背镗循环
G88		镗孔循环
G89		镗孔循环
◤ G90	03	绝对值编程
G91		增量值编程
G92	00	设定工件坐标系或最大主轴速度箝制
G92.1		工件坐标系预置
◤ G94	05	每分进给
G95		每转进给
G96	13	恒表面速度控制
◤ G97		恒表面速度控制取消
◤ G98	10	固定循环返回到初始点
G99		固定循环返回到 R 点
◤ G160	20	横向进磨控制取消(磨床)
G161		横向进磨控制(磨床)

附录2 FANUC系统M功能代码

辅助功能M指令:在一个程序段中只能有一个M代码,如果在一个程序段中指令了两个或两个以上的M代码时,只有最后一个M代码有效,其余的M代码均无效。

代码	含义	用途
M00	程序停止	实际是一个暂停指令。当执行有M00指令的程序段后,主轴的转动、进给、切削液都将停止。它与单程序段停止相同,模态信息全部被保存,以便进行某一手动操作,如换刀、测量工件的尺寸等。按“循环启动”键,继续执行后面的程序。
M01	选择停止	与M00的功能基本相似,只有在按下“选择停止”后,M01才有效,否则机床继续执行后面的程序段;按“循环启动”键,继续执行后面的程序
M02	程序结束	该指令为程序的最后一条,表示执行完程序内所有指令后,主轴停止,进给停止,切削液关闭,机床处于复位状态
M03	主轴正转	用于主轴顺时针方向转动
M04	主轴反转	用于主轴逆时针方向转动
M05	主轴停止转动	用于主轴停止转动
M06	换刀	用于加工中心的自动换刀动作
M08	冷却液开	用于冷却液开
M09	冷却液关	用于冷却液关
M30	程序结束	使用M30时,除表示执行M02的内容外,还返回到程序的第一条语句,准备下一个工件的加工
M98	子程序调用	用于调用子程序
M99	子程序返回	用于子程序结束及返回主程序

附录3 华中世纪星HNC—21M数控装置G功能代码

G代码	组	功能
G00	01	定位
◤G01		直线插补
G02		顺圆插补
G03		逆圆插补
G04	00	停刀,准确停止

（续表）

G 代码	组	功 能
G07	16	虚轴制定
G09	00	准停校验
◤ G17	02	选择 *XY* 平面
G18		选择 *ZX* 平面
G19		选择 *YZ* 平面
G20	08	英寸输入
◤ G21		毫米输入
G22		脉冲当量
G24	03	镜像有效
◤ G25		镜像取消
G28	00	返回参考点
G29		从参考点返回
◤ G40	09	刀具半径补偿取消
G41		左侧刀具半径补偿
G42		右侧刀具半径补偿
G43	10	正向刀具长度补偿
G44		负向刀具长度补偿
◤ G49		刀具长度补偿取消
◤ G50	04	比例缩放取消
G51		比例缩放有效
G52	00	局部坐标系设定
G53		选择机床坐标系
◤ G54	11	选择工件坐标系 1
G55		选择工件坐标系 2
G56		选择工件坐标系 3
G57		选择工件坐标系 4
G58		选择工件坐标系 5
G59		选择工件坐标系 6

(续表)

G代码	组	功　能
G60	00	单方向定位
G61	12	准确停止校验方式
G64		连续切削方式
G65	00	子程序调用
G68	05	坐标旋转
◤ G69		坐标旋转取消
G73	06	高速深孔加工循环
G74		反攻丝循环
G76		精镗循环
◤ G80		固定循环取消
G81		钻孔循环
G82		带暂停的固定循环
G83		深孔加工循环
G84		攻丝循环
G85		镗孔循环
G86		镗孔循环
G87		反镗循环
G88		镗孔循环
G89		镗孔循环
◤ G90	03	绝对值编程
G91		增量值编程
G92	00	设定工件坐标系
◤ G94	14	每分进给
G95		每转进给
◤ G98	15	固定循环返回到初始点
G99		固定循环返回到 R 点

注:(1)00 组中的 G 代码是非模态指令,其他组的 G 代码是模态指令;

(2)标记◤的 G 代码为缺省值。

附录4 加工中心操作工国家职业标准

1. 基本要求

1.1 职业道德

1.1.1 职业道德基本知识

1.1.2 职业守则

(1)遵守国家法律、法规和有关规定；

(2)具有高度的责任心、爱岗敬业、团结合作；

(3)严格执行相关标准、工作程序与规范、工艺文件和安全操作规程；

(4)学习新知识新技能、勇于开拓和创新；

(5)爱护设备、系统及工具、夹具、量具；

(6)着装整洁、符合规定，保持工作环境清洁有序，文明生产。

1.2 基础知识

1.2.1 基础理论知识

(1)机械制图；

(2)工程材料及金属热处理知识；

(3)机电控制知识；

(4)计算机基础知识；

(5)专业英语基础。

1.2.2 机械加工基础知识

(1)机械原理；

(2)常用设备知识(分类、用途、基本结构及维护保养方法)；

(3)常用金属切削刀具知识；

(4)典型零件加工工艺；

(5)设备润滑和冷却液的使用方法；

(6)工具、夹具、量具的使用与维护知识；

(7)铣工、镗工基本操作知识。

1.2.3 安全文明生产与环境保护知识

(1)安全操作与劳动保护知识；

(2)文明生产知识；

(3)环境保护知识。

1.2.4 质量管理知识

(1)企业的质量方针；

(2)岗位质量要求；

(3)岗位质量保证措施与责任。

1.2.5 相关法律、法规知识

(1)劳动法的相关知识；

(2)环境保护法的相关知识；

(3)知识产权保护法的相关知识。

2. 工作要求

本标准对中级、高级、技师和高级技师的技能要求依次递进,高级别涵盖低级别的要求。

2.1 中级

职业功能	工作内容	技能要求	相关知识
加工准备	读图与绘图	(1)能读懂中等复杂程度(如:凸轮、箱体、多面体)的零件图。 (2)能绘制有沟槽、台阶、斜面的简单零件图 (3)能读懂分度头尾架、弹簧夹头套筒、可转位铣刀结构等简单机构装配图	(1)复杂零件的表达方法 (2)简单零件图的画法 (3)零件三视图、局部视图和剖视图的画法
	制定加工工艺	(1)能读懂复杂零件的数控加工工艺文件 (2)能编制直线、圆弧面、孔系等简单零件的数控加工工艺文件	(1)数控加工工艺文件的制定方法 (2)数控加工工艺知识
	零件定位与装夹	(1)能使用加工中心常用夹具(如压板、虎钳、平口钳等)装夹零件 (2)能够选择定位基准,并找正零件	(1)加工中心常用夹具的使用方法 (2)定位、装夹的原理和方法 (3)零件找正的方法
	刀具准备	(1)能够根据数控加工工艺卡选择、安装和调整加工中心常用刀具 (2)能根据加工中心特性、零件材料、加工精度和工作效率等选择刀具和刀具几何参数,并确定数控加工需要的切削参数和切削用量 (3)能够使用刀具预调仪或者在机内测量工具的半径及长度 (4)能够选择、安装、使用刀柄 (5)能够刃磨常用刀具	(1)金属切削与刀具磨损知识 (2)加工中心常用刀具的种类、结构和特点 (3)加工中心、零件材料、加工精度和工作效率对刀具的要求 (4)刀具预调仪的使用方法 (5)刀具长度补偿、半径补偿与刀具参数的设置知识 (6)刀柄的分类和使用方法 (7)刀具刃磨的方法
数控编程	手工编程	(1)能够编制钻、扩、铰、镗等孔类加工程序 (2)能够编制平面铣削程序 (3)能够编制含直线插补、圆弧插补、二维轮廓的加工程序	(1)数控编程知识 (2)直线插补和圆弧插补的原理 (3)坐标点的计算方法 (4)刀具补偿的作用和计算方法
	计算机辅助编程	能够利用CAD/CAM软件完成简单平面轮廓的铣削程序	(1)CAD/CAM软件的使用方法 (2)平面轮廓的绘图与加工代码生成方法
加工中心操作	操作面板	(1)能够按照操作规程启动及停止机床 (2)能使用操作面板上的常用功能键(如回零、手动、MDI、修调等)	(1)加工中心操作说明书 (2)加工中心操作面板的使用方法

（续表）

职业功能	工作内容	技能要求	相关知识
加工中心操作	程序输入与编辑	(1)能够通过各种途径(如 DNC、网络)输入加工程序 (2)能够通过操作面板输入和编辑加工程序	(1)数控加工程序的输入方法 (2)数控加工程序的编辑方法
	对刀	(1)能进行对刀并确定相关坐标系 (2)能设置刀具参数	(1)对刀的方法 (2)坐标系的知识 (3)建立刀具参数表或文件的方法
	程序调试与运行	(1)能够进行程序检验、单步执行、空运行并完成零件试切 (2)能够使用交换工作台	(1)程序调试的方法 (2)工作台交换的方法
	刀具管理	(1)能够使用自动换刀装置 (2)能够在刀库中设置和选择刀具 (3)能够通过操作面板输入有关参数	(1)刀库的知识 (2)刀库的使用方法 (3)刀具信息的设置方法与刀具选择 (4)数控系统中加工参数的输入方法
零件加工	平面加工	能够运用数控加工程序进行平面、垂直面、斜面、阶梯面等铣削加工，并达到如下要求： ①尺寸公差等级达 IT7 级 ②形位公差等级达 IT8 级 ③表面粗糙度达 R_a(3)2μm	(1)平面铣削的基本知识 (2)刀具端刃的切削特点
	型腔加工	(1)能够运用数控加工程序进行直线、圆弧组成的平面轮廓零件铣削加工，并达到如下要求： ①尺寸公差等级达 IT8 级 ②形位公差等级达 IT8 级 ③表面粗糙度达 R_a(3)2μm (2)能够运用数控加工程序进行复杂零件的型腔加工，并达到如下要求： ①尺寸公差等级达 IT8 级 ②形位公差等级达 IT8 级 ③表面粗糙度达 R_a(3)2μm	(1)平面轮廓铣削的基本知识 (2)刀具侧刃的切削特点
	曲面加工	能够运用数控加工程序铣削圆锥面、圆柱面等简单曲面，并达到如下要求： ①尺寸公差等级达 IT8 级 ②形位公差等级达 IT8 级 ③表面粗糙度达 R_a(3)2μm	(1)曲面铣削的基本知识 (2)球头刀具的切削特点

(续表)

职业功能	工作内容	技能要求	相关知识
零件加工	孔系加工	能够运用数控加工程序进行孔系加工,并达到如下要求: ①尺寸公差等级达 IT7 级 ②形位公差等级达 IT8 级 ③表面粗糙度达 $R_a(3)2\mu m$	麻花钻、扩孔钻、丝锥、镗刀及铰刀的加工方法
	槽类加工	能够运用数控加工程序进行槽、键槽的加工,并达到如下要求: ①尺寸公差等级达 IT8 级 ②形位公差等级达 IT8 级 ③表面粗糙度达 $R_a(3)2\mu m$	槽、键槽的加工方法
	精度检验	能够使用常用量具进行零件的精度检验	(1)常用量具的使用方法 (2)零件精度检验及测量方法
维护与故障诊断	加工中心日常维护	能够根据说明书完成加工中心的定期及不定期维护保养,包括:机械、电、气、液压、数控系统检查和日常保养等	(1)加工中心说明书 (2)加工中心日常保养方法 (3)加工中心操作规程 (4)数控系统(进口、国产数控系统)说明书
	加工中心故障诊断	(1)能读懂数控系统的报警信息 (2)能发现加工中心的一般故障	(1)数控系统的报警信息 (2)机床的故障诊断方法
	机床精度检查	能进行机床水平的检查	(1)水平仪的使用方法 (2)机床垫铁的调整方法

(2)2 高级

职业功能	工作内容	技能要求	相关知识
加工准备	读图与绘图	(1)能够读懂装配图并拆画零件图 (2)能够测绘零件 (3)能够读懂加工中心主轴系统、进给系统的机构装配图	(1)根据装配图拆画零件图的方法 (2)零件的测绘方法 (3)加工中心主轴与进给系统基本构造知识。
	制定加工工艺	能编制箱体类零件的加工中心加工工艺文件	箱体类零件数控加工工艺文件的制定
	零件定位与装夹	(1)能根据零件的装夹要求正确选择和使用组合夹具和专用夹具 (2)能选择和使用专用夹具装夹异型零件。 (3)能分析并计算加工中心夹具的定位误差 (4)能够设计与自制装夹辅具(如轴套、定位件等)	(1)加工中心组合夹具和专用夹具的使用、调整方法 (2)专用夹具的使用方法 (3)夹具定位误差的分析与计算方法 (4)装夹辅具的设计与制造方法

（续表）

职业功能	工作内容	技能要求	相关知识
加工准备	刀具准备	(1)能够选用专用工具 (2)能够根据难加工材料的特点，选择刀具的材料、结构和几何参数	(1)专用刀具的种类、用途、特点和刃磨方法 (2)切削难加工材料时的刀具材料和几何参数的确定方法
数控编程	手工编程	(1)能够编制较复杂的二维轮廓铣削程序 (2)能够运用固定循环、子程序进行零件的加工程序编制 (3)能够运用变量编程	(1)较复杂二维节点的计算方法 (2)球、锥、台等几何体外轮廓节点计算 (3)固定循环和子程序的编程方法 (4)变量编程的规则和方法
	计算机辅助编程	(1)能够利用CAD/CAM软件进行中等复杂程度的实体造型(含曲面造型) (2)能够生成平面轮廓、平面区域、三维曲面、曲面轮廓、曲面区域、曲线的刀具轨迹 (3)能进行刀具参数的设定 (4)能进行加工参数的设置 (5)能确定刀具的切入切出位置与轨迹 (6)能够编辑刀具轨迹 (7)能够根据不同的数控系统生成G代码	(1)实体造型的方法 (2)曲面造型的方法 (3)刀具参数的设置方法 (4)刀具轨迹生成的方法 (5)各种材料切削用量的数据 (6)有关刀具切入切出的方法对加工质量影响的知识 (7)轨迹编辑的方法 (8)后置处理程序的设置和使用方法
	数控加工仿真	能利用数控加工仿真软件实施加工过程仿真、加工代码检查与干涉检查	数控加工仿真软件的使用方法
加工中心操作	程序调试与运行	能够在机床中断加工后正确恢复加工	加工中心的中断与恢复加工的方法
	在线加工	能够使用在线加工功能，运行大型加工程序	加工中心的在线加工方法
零件加工	平面加工	能够编制数控加工程序进行平面、垂直面、斜面、阶梯面等铣削加工，并达到如下要求： ①尺寸公差等级达IT7级 ②形位公差等级达IT8级 ③表面粗糙度达$R_a(3)2\mu m$	平面铣削的加工方法
	型腔加工	能够编制数控加工程序进行模具型腔加工，并达到如下要求： ①尺寸公差等级达IT8级 ②形位公差等级达IT8级 ③表面粗糙度达$R_a(3)2\mu m$	模具型腔的加工方法

(续表)

职业功能	工作内容	技能要求	相关知识
零件加工	曲面加工	能够使用加工中心进行多轴铣削加工叶轮、叶片,并达到如下要求: ①尺寸公差等级达 IT8 级 ②形位公差等级达 IT8 级 ③表面粗糙度达 R_a(3)2μm	叶轮、叶片的加工方法
	孔类加工	(1)能够编制数控加工程序相贯孔加工,并达到如下要求: ①尺寸公差等级达 IT8 级 ②形位公差等级达 IT8 级 ③表面粗糙度达 R_a(3)2μm (2)能进行调头镗孔,并达到如下要求: ①尺寸公差等级达 IT7 级 ②形位公差等级达 IT8 级 ③表面粗糙度达 R_a(3)2μm (3)能够编制数控加工程序进行刚性攻丝,并达到如下要求: ①尺寸公差等级达 IT8 级 ②形位公差等级达 IT8 级 ③表面粗糙度达 R_a(3)2μm	相贯孔加工、调头镗孔、刚性攻丝的方法
	沟槽加工	(1)能够编制数控加工程序进行深槽、特形沟槽的加工,并达到如下要求: ①尺寸公差等级达 IT8 级 ②形位公差等级达 IT8 级 ③表面粗糙度达 R_a(3)2μm (2)能够编制数控加工程序进行螺旋槽、柱面凸轮的铣削加工,并达到如下要求: ①尺寸公差等级达 IT8 级 ②形位公差等级达 IT8 级 ③表面粗糙度达 R_a(3)2μm	深槽、特形沟槽、螺旋槽、柱面凸轮的加工方法
	配合件加工	能够编制数控加工程序进行配合件加工,尺寸配合公差等级达 IT8	(1)配合件的加工方法 (2)尺寸链换算的方法
	精度检验	(1)能对复杂、异形零件进行精度检验 (2)能够根据测量结果分析产生误差的原因 (3)能够通过修正刀具补偿值和修正程序来减少加工误差	(1)复杂、异形零件的精度检验方法 (2)产生加工误差的主要原因及其消除方法

（续表）

职业功能	工作内容	技能要求	相关知识
维护与故障诊断	日常维护	能完成加工中心的定期维护保养	加工中心的定期维护手册
	故障诊断	能发现加工中心的一般机械故障	加工中心机械故障和排除方法加工中心液压原理和常用液压元件
	机床精度检验	能够进行机床几何精度和切削精度检验	机床几何精度和切削精度检验内容及方法

参考文献

1. FANUC 0i—MC 操作说明书.

2. 华中系统操作手册.

3. 徐宏海,谢富春. 数控铣床. 北京:化工工业出版社,2003.10.

4. 胡晓东. 数控机床操作与维护技术基础. 北京:电子工业出版社,2005.

5. 李桂云. 数控机床操作与维护技术技术基础——基本常识. 北京:高等教育出版社,2004.